高等职业院校“十三五”规划教材·软件技术系列

SQL Server 2017
数据库应用技术项目化教程

卢　扬　周　欢　张光桃　主　编
田永晔　施　俊　骆梅柳　副主编

電子工業出版社
Publishing House of Electronics Industry
北京•BEIJING

内 容 简 介

本书采用项目引导、任务驱动的模式进行编写。全书分为两部分：示范篇和实训篇。

示范篇以“学生成绩管理系统”数据库项目为主线，将该数据库项目分解为多个任务，每个任务按照“任务情境”—“任务描述”—“任务分析”—“知识导读”—“任务实施”—“任务总结”的形式进行编排，详细讲述了数据库设计、数据库的创建与管理、数据表的创建与管理、数据库表数据的操纵、数据库的高级管理、数据库的运行与维护。

实训篇以“社区书房管理系统”数据库项目为主线，包括数据库设计、数据库的创建与管理、数据表的创建与管理、数据表中数据的查询、数据表中数据的更新、数据库索引的应用、数据库视图的应用、数据库存储过程的应用、数据库触发器的应用、数据库的安全管理、数据库的备份与恢复共11个实训任务，重点培养学生提出问题、分析问题和解决问题的综合能力。

本书以培养学生的数据库设计、应用和管理能力为目标，内容新颖，通俗易懂，实用性强，适合作为高等院校、高等职业院校数据库相关课程的教材，也可供广大技术人员及自学者参考。

图书在版编目（CIP）数据

SQL Server 2017数据库应用技术项目化教程 / 卢扬，周欢，张光桃主编. —北京：电子工业出版社，2019.12

ISBN 978-7-121-35778-7

Ⅰ. ①S… Ⅱ. ①卢… ②周… ③张… Ⅲ. ①关系数据库系统－高等学校－教材 Ⅳ. ①TP311.132.3

中国版本图书馆CIP数据核字（2018）第285936号

责任编辑：薛华强　　　　特约编辑：田学清
印　　刷：北京七彩京通数码快印有限公司
装　　订：北京七彩京通数码快印有限公司
出版发行：电子工业出版社
　　　　　北京市海淀区万寿路173信箱　邮编：100036
开　　本：787×1092　1/16　印张：17.5　字数：459千字
版　　次：2019年12月第1版
印　　次：2019年12月第1次印刷
定　　价：55.00元

凡所购买电子工业出版社图书有缺损问题，请向购买书店调换。若书店售缺，请与本社发行部联系，联系及邮购电话：（010）88254888，88258888。

质量投诉请发邮件至zlts@phei.com.cn，盗版侵权举报请发邮件至dbqq@phei.com.cn。

本书咨询联系方式：（010）88254569，xuehq@phei.com.cn，QQ1140210769。

前言

数据库技术是现代信息科学与技术的重要组成部分，是计算机数据处理与信息管理系统的核心。数据库技术可以有效地组织和存储计算机信息处理过程中的大量数据，减少数据存储冗余，实现数据共享，保障数据安全，并且可以高效地查询处理数据。随着信息技术的发展，数据库技术在各行各业中得到了广泛的应用。因此，社会需要大量的高素质技能型数据库技术应用方面的专业人才。为了适应社会的发展，我们总结了多年数据库教学与应用的经验，组织编写了这本以职业能力为主、突出实践技能培养、充分体现职业教育理念的教材。

本书遵循“项目引导，任务驱动”的教学理念，将全书分为两部分：示范篇和实训篇。示范篇以“学生成绩管理系统”数据库项目为主线，根据数据库管理和应用工作过程，将该数据库项目分解为六个模块，分别为数据库设计、数据库的创建与管理、数据表的创建与管理、数据库表数据的操纵、数据库的高级管理、数据库的运行与维护。

在编排时一改传统的学科体系内容编排形式，以工作过程为参照体系，每个模块又细分为若干工作任务，每个工作任务按照“任务情境”—“任务描述”—“任务分析”—“知识导读”—“任务实施”—“任务总结”的形式进行编排。首先，通过生动的“任务情境”对话，非常具象地引出任务的缘由和应用背景，引人入胜，使读者“知其然”，又“知其所以然”；然后，通过“任务描述”和“任务分析”部分，布置具体的任务内容，分析解决任务的方法；之后，在“知识导读”部分介绍相应的理论知识；接着，在“任务实施”部分给出完整的任务实施过程；最后，在“任务总结”部分归纳知识要点。学生在阅读本书并完成任务时，可以轻松地学习 SQL Server 2017 数据库的理论知识并进行实践操作，完成任务的过程既是学习的过程，也是工作的过程，教、学、做三位一体，将理论和实践相结合，充分体现了职业教育的特点。

实训篇以“社区书房管理系统”数据库项目为主线。在完成示范篇对应任务的学习和操作的基础上，结合教师的适当引导，要求学生自行设计完成任务的方案，并且实施该方案，培养学生提出问题、分析问题和解决问题的能力，使学生掌握知识，并且运用知识解决实际问题。

本书由扬州市职业大学卢扬、周欢、张光桃任主编；由扬州市职业大学田永晔、施俊，以及江苏财会职业学院骆梅柳任副主编。本书在编写过程中，还得到了中兴软件技术（济南）有限公司等合作企业的大力支持，参考和引用了相关文献的内容，在此对所参考的文献作者及合作企业有关人员表示诚挚的谢意！

由于时间仓促，加上作者水平有限，书中疏漏之处在所难免，敬请读者批评指正。

编者

目 录

第一篇 示 范 篇

第 1 章 数据库设计 …… 1
1.1 【工作任务】初识数据库系统 …… 1
1.1.1 数据库系统的基本概念 …… 2
1.1.2 数据库系统的基本特点 …… 5
1.1.3 数据库系统的内部体系结构 …… 6
1.2 【工作任务】数据库设计概述与需求分析 …… 10
1.2.1 数据抽象过程 …… 11
1.2.2 数据库设计概述 …… 11
1.2.3 数据库设计的需求分析 …… 12
1.3 【工作任务】数据库概念设计 …… 22
1.3.1 概念模型 …… 23
1.3.2 概念模型的表示方法 …… 24
1.3.3 E-R 模型的设计 …… 24
1.4 【工作任务】数据库逻辑设计 …… 27
1.4.1 关系模型的基本术语 …… 28
1.4.2 关系的定义和性质 …… 29
1.4.3 关键码 …… 30
1.4.4 E-R 模型到关系模型的转换 …… 30
1.4.5 关系模式的规范化 …… 31
1.5 【工作任务】数据库物理设计 …… 36
1.5.1 SQL 标识符 …… 37
1.5.2 SQL Server 系统数据类型 …… 38
1.5.3 数据完整性 …… 40
思考与练习 …… 42
第 2 章 数据库的创建与管理 …… 46
2.1 【工作任务】创建“学生成绩管理系统”数据库 …… 46
2.1.1 系统数据库 …… 47
2.1.2 文件和文件组 …… 48
2.1.3 数据存储方式 …… 49

2.1.4 使用“对象资源管理器”创建数据库 …… 49
2.1.5 T-SQL 简介 …… 51
2.1.6 使用 T-SQL 语句创建数据库 …… 51
2.2 【工作任务】管理“学生成绩管理系统”数据库 …… 54
2.2.1 使用“对象资源管理器”管理数据库 …… 56
2.2.2 使用 T-SQL 语句管理数据库 …… 58
思考与练习 …… 61
第 3 章 数据表的创建与管理 …… 64
3.1 【工作任务】创建“学生成绩管理系统”数据表 …… 64
3.1.1 数据表的概述 …… 65
3.1.2 完整性约束 …… 66
3.1.3 使用“对象资源管理器”创建数据表 …… 67
3.1.4 使用 T-SQL 语句创建数据表 …… 70
3.1.5 建立数据表之间的关系并创建关系图 …… 71
3.2 【工作任务】管理“学生成绩管理系统”数据表 …… 75
3.2.1 使用“对象资源管理器”管理数据表 …… 76
3.2.2 使用 T-SQL 语句管理数据表 …… 77
思考与练习 …… 80
第 4 章 数据库表数据的操纵 …… 83
4.1 【工作任务】单表查询 …… 83
4.1.1 查询简介 …… 84
4.1.2 SELECT 查询 …… 84
4.1.3 查询指定字段 …… 85
4.1.4 查询满足条件的记录 …… 86
4.1.5 查询结果的编辑 …… 89
4.1.6 按指定列名排序 …… 91
4.1.7 利用 INTO 子句创建新表并插入查询结果 …… 92
4.2 【工作任务】分组统计查询 …… 94
4.2.1 聚合（集合）函数 …… 95
4.2.2 分组统计 …… 96
4.2.3 分组筛选 …… 97
4.3 【工作任务】多表连接查询 …… 101
4.3.1 使用连接谓词连接 …… 102
4.3.2 使用 JOIN 关键字连接 …… 104
4.3.3 排名函数 …… 106
4.4 【工作任务】嵌套查询 …… 110
4.4.1 嵌套查询概述 …… 112

4.4.2 使用关系运算符的嵌套查询 ……112
4.4.3 使用谓词 IN 的嵌套查询 ……114
4.4.4 使用谓词 EXISTS 的嵌套查询 ……115
4.5 【工作任务】数据更新 ……118
4.5.1 使用“对象资源管理器”更新数据 ……120
4.5.2 使用 T-SQL 语句更新数据 ……122
4.5.3 INSERT、UPDATE 和 DELETE 语句中的子查询 ……124
4.6 【工作任务】查询优化——索引 ……128
4.6.1 索引的概念 ……129
4.6.2 索引的优点 ……129
4.6.3 索引的分类 ……129
4.6.4 索引的规则 ……130
4.6.5 使用“对象资源管理器”创建和管理索引 ……131
4.6.6 使用 T-SQL 语句创建和管理索引 ……133
思考与练习 ……134
第 5 章 数据库的高级管理 ……139
5.1 【工作任务】视图的创建与应用 ……139
5.1.1 视图的概念 ……140
5.1.2 视图的优点 ……140
5.1.3 使用“对象资源管理器”创建和管理视图 ……141
5.1.4 使用 T-SQL 语句创建和管理视图 ……143
5.1.5 通过视图管理数据 ……147
5.2 【工作任务】T-SQL 编程与应用 ……150
5.2.1 T-SQL 编程基础 ……151
5.2.2 流程控制语句 ……160
5.3 【工作任务】存储过程的创建与应用 ……166
5.3.1 存储过程的概念 ……168
5.3.2 存储过程的分类 ……168
5.3.3 存储过程的优点 ……168
5.3.4 常用的系统存储过程 ……169
5.3.5 使用“对象资源管理器”创建和管理用户自定义存储过程 ……169
5.3.6 使用 T-SQL 语句创建用户自定义存储过程 ……170
5.3.7 使用 T-SQL 语句执行用户自定义存储过程 ……173
5.3.8 使用 T-SQL 语句管理用户自定义存储过程 ……175
5.4 【工作任务】事务管理 ……180
5.4.1 事务的概念 ……182
5.4.2 事务的分类 ……183
5.4.3 事务的操作 ……183

5.5 【工作任务】触发器的创建和应用 ……186
5.5.1 触发器的概念……187
5.5.2 触发器的作用……187
5.5.3 触发器的分类……187
5.5.4 触发器的临时表……188
5.5.5 触发器的执行过程……189
5.5.6 使用“对象资源管理器”创建和管理触发器……189
5.5.7 使用 T-SQL 语句创建和管理触发器……190
思考与练习……196
第 6 章 数据库的运行与维护……200
6.1 【工作任务】数据库的安全管理……200
6.1.1 SQL Server 的安全性机制……202
6.1.2 SQL Server 的身份验证模式……203
6.1.3 SQL Server 的登录账号管理……204
6.1.4 SQL Server 的数据库用户管理……206
6.1.5 SQL Server 的权限管理……209
6.1.6 SQL Server 角色……216
6.1.7 游标……218
6.2 【工作任务】数据库的分离与附加……223
6.2.1 分离数据库……224
6.2.2 附加数据库……224
6.3 【工作任务】数据的导入与导出……226
6.3.1 导入数据……227
6.3.2 导出数据……228
6.4 【工作任务】数据库的备份与恢复……236
6.4.1 SQL Server 数据库备份方式……237
6.4.2 备份策略……245
6.4.3 备份设备……246
6.4.4 恢复数据库……247
思考与练习……249

第二篇 实 训 篇

第 7 章 实战提高……252
7.1 【实训】“社区书房管理系统”数据库设计……252
7.1.1 实训目的……252
7.1.2 实训准备……252
7.1.3 实训任务……252
7.1.4 实训报告要求……254

7.2 【实训】“社区书房管理系统”数据库的创建与管理……254
7.2.1 实训目的……254
7.2.2 实训准备……254
7.2.3 实训任务……254
7.2.4 实训报告要求……255
7.3 【实训】“社区书房管理系统”数据表的创建与管理……255
7.3.1 实训目的……255
7.3.2 实训准备……256
7.3.3 实训任务……256
7.3.4 实训报告要求……258
7.4 【实训】“社区书房管理系统”数据表中数据的查询……259
7.4.1 实训目的……259
7.4.2 实训准备……259
7.4.3 实训任务……259
7.4.4 实训报告要求……261
7.5 【实训】“社区书房管理系统”数据表中数据的更新……261
7.5.1 实训目的……261
7.5.2 实训准备……261
7.5.3 实训任务……262
7.5.4 实训报告要求……263
7.6 【实训】“社区书房管理系统”数据库索引的应用……263
7.6.1 实训目的……263
7.6.2 实训准备……263
7.6.3 实训任务……264
7.6.4 实训报告要求……264
7.7 【实训】“社区书房管理系统”数据库视图的应用……264
7.7.1 实训目的……264
7.7.2 实训准备……264
7.7.3 实训任务……264
7.7.4 实训报告要求……265
7.8 【实训】“社区书房管理系统”数据库存储过程的应用……265
7.8.1 实训目的……265
7.8.2 实训准备……266
7.8.3 实训任务……266
7.8.4 实训报告要求……267
7.9 【实训】“社区书房管理系统”数据库触发器的应用……267
7.9.1 实训目的……267
7.9.2 实训准备……267

7.9.3 实训任务 ……………………………………………………………………………267
7.9.4 实训报告要求……………………………………………………………………………267
7.10 【实训】“社区书房管理系统”数据库的安全管理 ……………………………………268
7.10.1 实训目的…………………………………………………………………………268
7.10.2 实训准备…………………………………………………………………………268
7.10.3 实训任务…………………………………………………………………………268
7.10.4 实训报告要求……………………………………………………………………268
7.11 【实训】“社区书房管理系统”数据库的备份与恢复 ………………………………269
7.11.1 实训目的…………………………………………………………………………269
7.11.2 实训准备…………………………………………………………………………269
7.11.3 实训任务…………………………………………………………………………269
7.11.4 实训报告要求……………………………………………………………………269

第一篇　示范篇

第1章 数据库设计

1.1 【工作任务】初识数据库系统

知识目标

- 理解数据库系统的基本概念。
- 了解数据库的基本特点。
- 了解数据库系统的内部体系结构。

任务情境

小 S 是一名职业院校的在读学生，作为学生干部，他经常帮助老师完成一些工作。一天，小 S 被班主任请去帮忙查询、统计上学期的班级学生成绩。因为学生成绩采用纸质文档管理的形式，所以小 S 整理了好久也没有完成。

这时，一名老师老 K 走过来，看见小 S 整理数据非常辛苦，便对小 S 说："小 S，我们可以借助信息化技术，将数据管理的工作变得便捷！"

小 S："太好了，请问具体采用什么技术可以完成这些烦琐的数据管理和分析工作呢？"

老 K："这就是数据库技术，它提供了科学、高效的数据存储与管理方法。我们先一起了解一下吧！"

任务描述

随着职业院校的发展，学生成绩档案管理的信息量成倍增长，成绩的日常维护、查询和统计工作量也越来越大。人工管理大量的数据不仅烦琐、容易出错，而且效率很低。计算机运行速度快，处理能力强，如果用计算机数据库技术管理学生成绩，就可以减轻管理人员的负担，提高工作效率和工作质量。本次任务就来熟悉和了解数据库技术。

任务分析

数据库技术是计算机科学中的一个重要分支，本任务先了解数据库系统的基本概念、基本特点和数据库系统的内部体系结构。

知识导读

1.1.1 数据库系统的基本概念

1. 数据

数据（Data）实际上就是描述事物的符号记录。

计算机中的数据一般分为两部分：一部分数据与程序仅有短时间的交互关系，随着程序的结束而消亡，它们被称为临时性（Transient）数据，这类数据一般存储于计算机内存中；另一部分数据则对系统起着长期持久的作用，它们被称为持久性（Persistent）数据，数据库系统中处理的就是这种持久性数据。

软件中的数据是有一定结构的。首先，数据有型（Type）与值（Value）之分，数据的型给出了数据表示的类型，如整型、实型、字符型等，而数据的值给出了符合给定型的值，如整型值 15。随着应用需求的扩大，数据的型有了进一步的扩大，它包括了将多种相关数据以一定结构方式组合构成特定的数据框架，这样的数据框架称为数据结构（Data Structure），在数据库中的特定条件下称为数据模式（Data Schema）。

过去的软件系统以程序为主体，而数据以私有形式从属于程序。此时数据在系统中是分散、凌乱的，这也造成了数据管理的混乱，如数据冗余度高、数据一致性差及数据的安全性差等多种弊病。自数据库系统出现以来，数据在软件系统中的地位产生了变化。在数据库系统及数据库应用系统中，数据已占有主体地位，而程序已退居附属地位。在数据库系统中需要对数据进行集中、统一的管理，以达到数据被多个应用程序共享的目的。

2. 数据库

数据库（Database，DB）是数据的集合，它具有统一的结构形式，存储于统一的存储介质中，是多种应用数据的集成，并且可被不同的应用程序共享。

数据库是按数据提供的数据模式存储数据的，它能构造复杂的数据结构以建立数据间的内在联系与复杂关系，从而构成数据的全局结构模式。

数据库中的数据具有“集成”“共享”的特点，即数据库集中了各种应用的数据，并且对其进行统一的构造与存储，从而使它们可被不同的应用程序使用。

3. 数据库管理系统

数据库管理系统（Database Management System，DBMS）是数据库的管理机构，它是一种系统软件，负责对数据库中的数据进行组织、操纵、维护，以及对数据库进行控制、保护和提供服务等。数据库具有海量级的数据，并且结构复杂，因此需要提供管理工具。数据库管理系统是数据库系统的核心，它主要有如下几方面的具体功能：

- 数据模式定义。数据库管理系统负责为数据库构建模式，也就是为数据库构建数据框架。
- 数据存取的物理构建。数据库管理系统负责为数据模式的物理存取及构建提供有效的存取方法与手段。
- 数据操纵。数据库管理系统为用户使用数据库中的数据提供方便，它一般提供查询、插入、修改及删除数据的功能。此外，它自身还具有做简单算术运算及统计的能力，而且还可以与某些程序设计语言结合，使其具有强大的数据操作能力。
- 数据的完整性、安全性定义与检查。数据库中的数据具有内在语义上的关联性与一致性，它们构成了数据的完整性，数据的完整性是保证数据库中数据正确的必要条件，因此必须经常检查以维护数据的正确。数据库中的数据具有共享性，而数据共享可能会引发数据的非法使用，因此必须要对数据正确使用做出必要的规定，并在使用时做检查，这就是数据的安全性。数据完整性与安全性的维护是数据库管理系统的基本功能。
- 数据库的并发控制与故障恢复。数据库是一个集成、共享的数据集合体，它能为多个应用程序服务，所以就存在着多个应用程序对数据库的并发操作。在并发操作中如果不加控制和管理，多个应用程序间就会相互干扰，从而对数据库中的数据造成破坏。因此，数据库管理系统要对多个应用程序的并发操作做必要的控制以保证数据不受破坏，这就是数据库的并发控制。数据库中的数据一旦遭受破坏，数据库管理系统必须有能力及时进行恢复，这就是数据库的故障恢复。
- 数据的服务。数据库管理系统提供对数据库中数据的多种服务功能，如数据复制、转存、重组、性能监测、分析等。

为完成以上 6 个功能，数据库管理系统提供了相应的数据语言（Data Language），分别是：

- 数据定义语言（Data Definition Language，DDL）。该语言负责数据模式定义与数据存取的物理构建。
- 数据操纵语言（Data Manipulation Language，DML）。该语言负责数据操纵，包括查询、增加、删除、修改等操作。
- 数据控制语言（Data Control Language，DCL）。该语言负责数据的完整性、安全性定义与检查、数据库的并发控制与故障恢复等功能，包括系统初启程序、文件读写与维护程序、存取路径管理程序、缓冲区管理程序、安全性控制程序、完整性检查程序、并发控制程序、事务管理程序、运行日志管理程序、数据库恢复程序等。

上述数据语言按其使用方式分为两种结构形式：

- 交互式命令语言。它的语言简单，能在终端上即时操作，又被称为自含型或自主型语言。
- 宿主型语言。它一般可嵌入某些宿主语言（Host Language）中，如 C/C++、Java 和 COBOL 等高级语言。

关系数据库中普遍使用结构化查询语言（Structured Query Language，SQL），它不仅具有丰富的查询功能，还兼具数据定义和数据控制功能，是集 DDL、DML 和 DCL 于一体的关系数据库语言。SQL 不要求用户指定对数据的存储方式，也不要求用户了解具体的数据存储方式，因此，具有完全不同底层结构的不同数据库系统都可以使用相同的结构化查询语言作为数据输入与管理的接口。SQL 语言也可以嵌入到其他高级语言中使用。SQL 语言简洁、易学、易用、数据统计方便直观，具有极高的灵活性和强大的功能。

此外，数据库管理系统还有为用户提供服务的服务性程序，包括数据初始装入程序、数据转换程序、性能监测程序、数据库再组织程序和通信程序等。

目前流行的 DBMS 均为关系数据库系统。例如，甲骨文的 Oracle、MySQL，Sybase 的 Powerbuilder，IBM 的 DB2，微软的 SQL Server，它们均为严格意义上的 DBMS 系统。另外有一些小型的数据库，如微软的 Visual Foxpro 和 Access 等，它们只具备数据库管理系统的一些简单功能。

4. 数据库管理员

由于数据库的共享性，因此对数据库的规划、设计、维护、监视等需要有专人管理，称他们为数据库管理员（Database Administrator，DBA）。其主要工作如下：

- 数据库设计。DBA 的主要任务之一是做数据库设计，具体地说是进行数据模式的设计。由于数据库的集成性与共享性，因此需要有专门人员（DBA）对多个应用的数据需求做全面的规划、设计与集成。
- 数据库维护。DBA 必须对数据库中的数据安全性、完整性、并发控制及系统恢复、数据定期转存等进行实施与维护。
- 改善系统性能，提高系统效率。DBA 必须随时监视数据库运行状态，不断调整内部结构，使系统保持最佳状态与最高效率。当效率下降时，DBA 需采取适当的措施，如进行数据库的重组、重构等。

5. 数据库系统

数据库系统（Database System，DBS）由如下几部分组成：数据库（数据）、数据库管理系统（软件）、数据库管理员（人员）、系统平台之一——硬件平台（硬件）、系统平台之二——软件平台（软件）。这 5 个部分构成了一个以数据库为核心的完整的运行实体，称为数据库系统。

在数据库系统中，硬件平台包括：

- 计算机。它是系统中硬件的基础平台，目前常用的有微型机、小型机、中型机、大型机及巨型机。
- 网络。过去数据库系统一般建立在单机上，但是近年来它较多建立在网络上，从目前形势看，数据库系统今后将以建立在网络上为主，而其结构形式以客户/服务器（C/S）方式与浏览器/服务器（B/S）方式为主。

在数据库系统中，软件平台包括：

- 操作系统。它是系统的基础软件平台，目前常用的有各种 UNIX（包括 Linux）与 Windows 两种。
- 数据库系统开发工具。为开发数据库应用程序所提供的工具，它包括高级程序设计语言，如 C/C++、Java 等，也包括可视化开发工具 VB、PB、Delphi 等，它还包括与 Web 有关的 HTML、XML 及一些专用开发工具等。
- 接口软件。在网络环境下的数据库系统中，数据库与应用程序、数据库与网络之间存在着多种接口，它们需要用接口软件进行连接，否则数据库系统就无法运作，这些接口软件包括 ODBC、JDBC、OLEDB、CORBA、COM、DCOM 等。

- 应用软件。它由数据库系统提供的数据库管理系统（软件）及数据库系统开发工具开发而成。

数据库系统的各个部分以一定的逻辑层次结构方式组成一个有机的整体。如果不计数据库管理员（人员），则数据库系统结构图如图 1-1 所示。

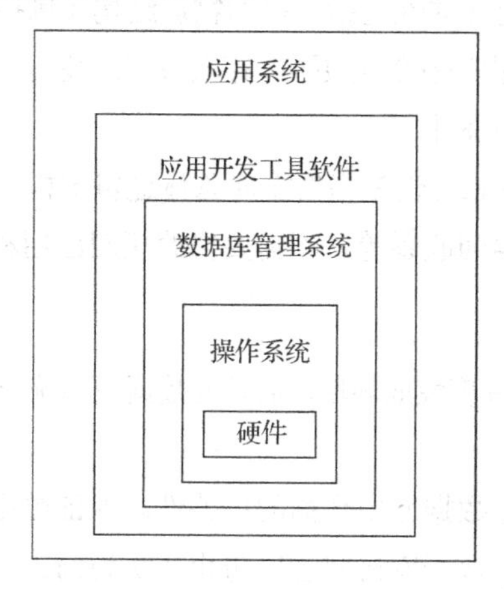

图 1-1　数据库系统结构图

1.1.2　数据库系统的基本特点

数据库技术是在文件系统基础上发展产生的，两者都以数据文件的形式组织数据，但由于数据库系统在文件系统之上加入了 DBMS 对数据进行管理，从而使得数据库系统具有以下特点。

1. 数据的集成性

数据库系统的数据集成性主要表现在如下几个方面：

- 在数据库系统中采用统一的数据结构方式，如在关系数据库中使用二维表作为统一的结构方式。
- 在数据库系统中按照多个应用的需要组织全局统一的数据结构（数据模式），数据模式不仅可以建立全局的数据结构，还可以建立数据间的语义联系，从而构成一个内在紧密联系的数据整体。
- 数据库系统中的数据模式是多个应用共同的、全局的数据结构，而每个应用的数据则是全局结构中的一部分，称为局部结构（视图），这种全局与局部的结构模式构成了数据库系统数据集成性的主要特征。

2. 数据的高共享性与低冗余性

数据的集成性使得数据可为多个应用共享，特别是在网络发达的今天，数据库与网络的结合扩大了数据关系的应用范围。数据的共享极大地降低了数据冗余性，不仅减少了不必要的存储空间，而且可以避免数据的不一致性。所谓数据的一致性是指在系统中同一数据应用在不同的地方应保持相同的值，而数据的不一致性是指在系统中同一数据应用在不同的地方有不同的值。因此，降低数据冗余性是保证系统一致性的基础。

3. 数据独立性

数据独立性是数据与程序间的互不依赖性，即数据库中数据独立于应用程序而不依赖于应用程序。也就是说，数据的逻辑结构、存储结构与存取方式的改变不会影响应用程序。

数据独立性一般分为物理独立性与逻辑独立性两级。

- 物理独立性：数据的物理独立性是指数据的物理结构（包括存储结构、存取方式等）的改变，如存储设备的更换、物理存储的更换、存取方式改变等，不会影响数据库的逻辑结构，从而不致引起应用程序的变化。
- 逻辑独立性：数据的逻辑独立性是指数据库总体逻辑结构的改变，如修改数据模式、增加新的数据类型、改变数据间联系等，不需要修改相应应用程序。

4. 数据统一管理与控制

数据库系统不仅为数据提供高度集成环境，而且为数据提供统一管理的手段，主要包含以下 3 个方面。

- 数据的完整性检查：检查数据库中数据的完整性以保证数据的正确性。
- 数据的安全性保护：检查数据库访问者以防止非法访问。
- 并发控制：控制多个应用的并发访问产生的相互干扰以保证其正确性。

1.1.3 数据库系统的内部体系结构

数据库系统在其内部具有三级模式与二级映射，三级模式分别是概念模式、内模式与外模式，二级映射则分别是概念模式到内模式的映射及外模式到概念模式的映射。这种三级模式与二级映射构成了数据库系统内部的抽象结构体系，如图 1-2 所示。

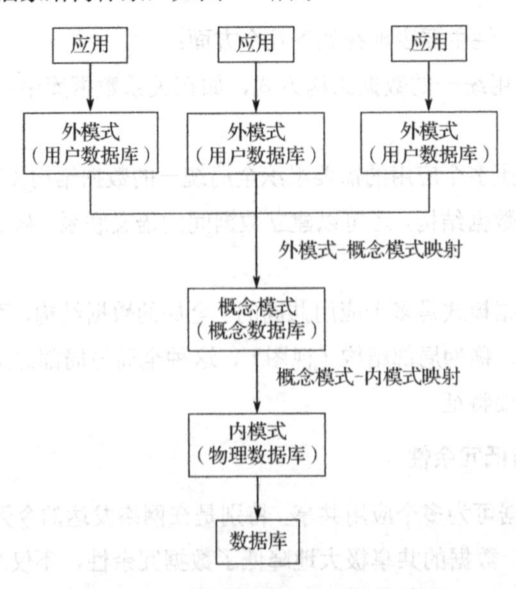

图 1-2 三级模式、二级映射关系图

1. 数据库系统的三级模式

数据模式是数据库系统中数据结构的一种表示形式，它具有不同的层次与结构方式。

1）概念模式。

概念模式（Conceptual Schema）是数据库系统中全局数据逻辑结构的描述，是全体用户（应用）公共数据视图。此种描述是一种抽象的描述，它不涉及具体的硬件环境与平台，也与具体的软件环境无关。

概念模式主要描述数据的概念记录类型及它们间的关系，它还包括一些数据间的语义约束，对它的描述可用 DBMS 中的 DDL 定义。

2）外模式。

外模式（External Schema）也称子模式（Subschema）或用户模式（User's Schema）。它是用户数据视图，也就是用户所见到的数据模式，它由概念模式推导而出。概念模式给出了系统全局的数据描述，而外模式给出了每个用户的局部数据描述。一个概念模式可以有若干个外模式，每个用户只关心与它有关的模式，这样不仅可以屏蔽大量无关信息而且有利于数据保护。在一般的 DBMS 中都提供有相关的外模式描述语言（外模式 DDL）。

3）内模式。

内模式（Internal Schema）又称物理模式（Physical Schema），它描述了数据库物理存储结构与物理存取方法，如数据存储的文件结构、索引、集簇及 Hash 等存取方式与存取路径，内模式的物理性主要体现在操作系统及文件级上，它还未深入到设备级上（如磁盘操作）。内模式对用户是透明的，但它的设计直接影响数据库的性能。DBMS 一般提供相关的内模式描述语言（内模式 DDL）。

数据模式描述了数据库的数据框架结构，数据是数据库中的真正的实体，但这些数据必须按框架描述的结构组织。以概念模式为框架组成的数据库叫作概念数据库（Conceptual Database），以外模式为框架组成的数据库叫作用户数据库（User's Database），以内模式为框架组成的数据库叫作物理数据库（Physical Database）。这三种数据库中只有物理数据库真实存在于计算机外存中，其他两种数据库并不真正存在于计算机中，而是通过二级映射由物理数据库映射而成。

模式的三个级别层次反映了模式的三个不同环境及它们的不同要求，其中内模式处于底层，它反映了数据在计算机物理结构中的实际存储形式；概念模式处于中层，它反映了设计者的数据全局逻辑要求；而外模式处于外层，它反映了用户对数据的要求。

2. 数据库系统的二级映射

数据库系统的三级模式是对数据的三个级别抽象，它将数据的具体物理实现留给物理模式，使用户与全局设计者不必关心数据库的具体实现与物理背景；同时，它通过二级映射建立了模式间的联系与转换，使得概念模式与外模式虽然并不具备物理存在，但是也能通过映射而获得实体。此外，二级映射还保证了数据库系统中数据的独立性，即数据的物理组织改变与逻辑概念级改变相互独立。

1）概念模式到内模式的映射。

该映射描述了概念模式中数据的全局逻辑结构到数据的物理存储结构间的对应关系，此种映射一般由 DBMS 实现。

2）外模式到概念模式的映射。

概念模式是一个全局模式而外模式是用户的局部模式。一个概念模式中可以定义多个外模式，而每个外模式是概念模式的一个基本视图。外模式到概念模式的映射描述了外模式与概念模式的对应关系，这种映射一般也是由 DBMS 实现的。

任务实施

老 K 向小 S 展示了“教务管理系统”，该系统能够为教务人员、教师和学生提供成绩的管理和查询等功能。我们重点了解一下录入学生成绩功能和查询学生成绩功能。

1. 录入学生成绩

在系统中选择“学生列表”模块，填写学生姓名，选择期号和科目，输入成绩，单击“保存”按钮完成成绩的录入，如图 1-3 所示。

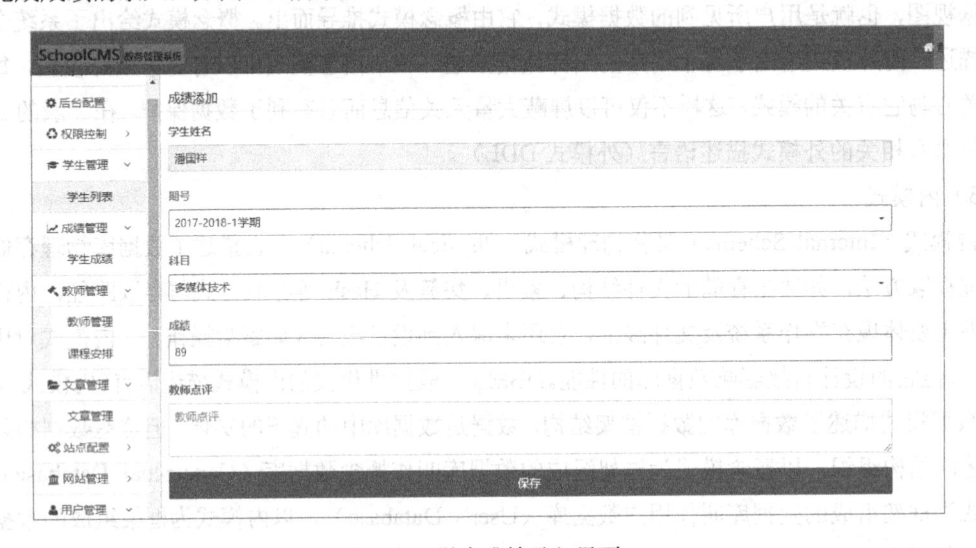

图 1-3　学生成绩录入界面

2. 查询学生成绩

在“学生成绩”模块中，通过在查询条件中填写班级、学期、课程信息，可以查询学生的课程成绩信息，如图 1-4 所示。

SchoolCMS 教务管理系统　查看首页　开启全屏　admin

后台配置　权限控制　学生管理　学生列表　成绩管理　学生成绩　教师管理　教师管理　课程安排　文章管理　文章管理　站点配置　网站管理　用户管理

学生姓名　查询　更多筛选

软件1701　2017-2018-1学期　多媒体技术　等级

导出Excel　导入Excel

学生姓名	性别	班级	期号	科目	等级	成绩	更多	操作
戴佳伟	男	软件1701	2017-2018-1学期	多媒体技术	优	92	查看更多	
蔡荣	男	软件1701	2017-2018-1学期	多媒体技术	优	92	查看更多	
曹楠	男	软件1701	2017-2018-1学期	多媒体技术	优	98	查看更多	
陈飞宇	男	软件1701	2017-2018-1学期	多媒体技术	优	93	查看更多	
丁帅	男	软件1701	2017-2018-1学期	多媒体技术	优	95	查看更多	
范开锋	男	软件1701	2017-2018-1学期	多媒体技术	优	94	查看更多	
葛建阳	男	软件1701	2017-2018-1学期	多媒体技术	优	93	查看更多	
鄢阳	男	软件1701	2017-2018-1学期	多媒体技术	优	92	查看更多	

图 1-4　学生成绩查询界面

该系统包含了学生、课程、成绩等众多信息，这些数据到底来自哪里，又是如何得到的呢？“教务管理系统”应用程序只是一个数据处理者，它所处理的数据必然是从某个数据源中取得的，这个数据源就是数据库（Database，DB）。数据库就好似一个仓库，保存着数据库应用系统需要获取的相关数据。例如，在“教务管理系统”中，学生的学号、姓名、性别、出生日期等信息都以表格的形式存储于数据库中。

数据库应用系统通过数据库管理系统（DBMS）取出数据。DBMS 管理着数据库，使得数据以一定的形式存储于计算机中。例如，“教务管理系统”通过 DBMS 管理学生信息、教师信息、成绩等数据，这些数据构成“教务管理”数据库。可见，DBMS 的主要任务是管理数据库并负责处理用户的各种请求。例如，在“教务管理系统”中，任课教师输入工号、学期等查询条件，系统将查询条件转换成 DBMS 能够接收的查询命令，DBMS 执行该命令，从数据库（DB）中查询出该任课教师任课班级的学生信息，显示在屏幕上；任课教师录入这些学生该门课程的成绩，再单击“保存”按钮，“教务管理系统”执行插入命令，在该命令传递给 DBMS 后，DBMS 负责将成绩信息保存到“学生选课成绩表”中。

通过“教务管理系统”的实例操作，我们体验了数据库的应用，对数据库应用系统、数据库管理系统、数据库和数据表有了直观认识。其基本工作流程如下：用户通过数据库应用系统从数据库取出数据时，首先输入所需的查询条件，数据库应用系统将查询条件转化为查询命令，然后将该命令发送给 DBMS，DBMS 根据收到的查询命令从数据库中取出数据返回给数据库应用系统，再由数据库应用系统以一定的格式显示出查询结果。用户通过数据库应用系统向数据库存储数据时，首先在数据库应用系统的数据输入界面输入相应的数据，输入完毕后，用户向数据库应用系统发出存储数据的命令，数据库应用系统将该命令发送给 DBMS，DBMS 执行存储命令，将数据存储于数据库中。该工作过程如图 1-5 所示。

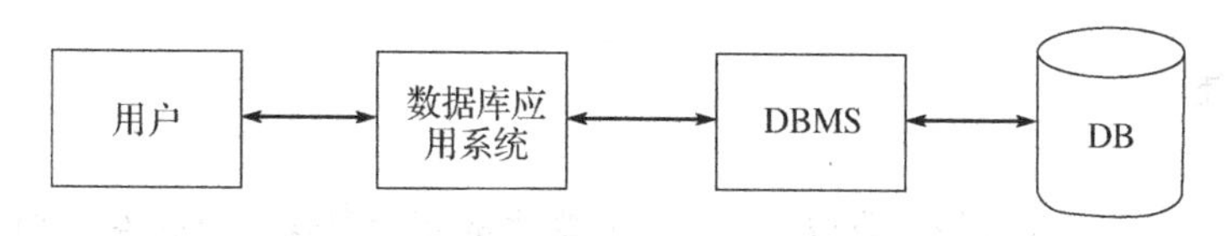

图 1-5　数据库应用系统工作过程示意图

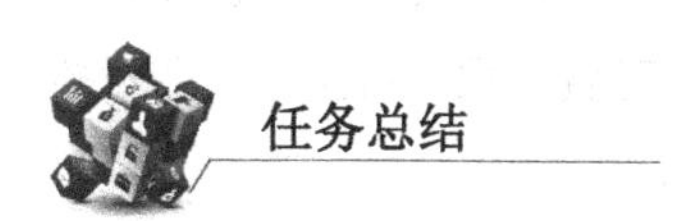

任务总结

随着计算机科学与技术的发展，计算机应用的深入与拓展，数据库在计算机应用中的地位与作用日益重要，在商业、事务处理中也占有主导地位，近年来在统计领域、多媒体领域及智能化应用领域中的地位与作用也变得十分重要。数据库系统已经成为构成计算机应用系统的重要的支持性工具。

数据库系统具有数据的集成性、数据的高共享性与低冗余性、数据独立性、数据统一管理与控制的特点。

数据库系统在其内部具有三级模式与二级映射，从而保证了数据的物理独立性和逻辑独立性。

1.2 【工作任务】数据库设计概述与需求分析

知识目标

- 理解数据库设计的方法和流程。
- 了解需求调查的内容和方法。
- 了解数据流程图。
- 了解数据字典。

能力目标

- 能进行数据库需求分析。
- 会使用数据流程图等工具分析和整理需求数据。

任务情境

小 S：“老师，之前您给我展示了‘教务管理系统’，操作起来确实很方便、快捷。我想好好学习数据库技术，争取也能开发出这样的数据库应用系统。”

老 K：“有志气，值得表扬！开发数据库应用系统的第一步是要做好系统的需求分析工作，充分了解用户需求，才能更好地做好系统设计。我们今天就从如何做好需求分析开始学习。”

任务描述

凌阳科技公司接受了为新华职业技术学院开发学生成绩管理软件的业务，软件名称定为“学生成绩管理系统”，现已为此成立了一个项目小组，项目小组设项目负责人 1 名，成员 3 名。项目小组首要的工作是设计学生成绩数据库结构，按照数据库设计的步骤，先要做需求分析工作，即对新华职业技术学院学生成绩管理工作进行调查，全面了解用户的各种需求。

任务分析

和用户密切合作，了解用户现有管理学生成绩的工作流程和学生成绩管理中所涉及的部门、人员、数据、报表及数据的加工处理等情况，收集与学生成绩管理相关的资料，并对收集的资料进行整理和分析。

完成任务的具体步骤如下：

（1）确定需求调查的方法；

（2）设计调查的内容；

（3）进行调查并收集数据资料；

（4）对调查收集的数据进行整理、分析；

（5）绘制业务流程图、数据流程图，编制数据字典。

知识导读

1.2.1　数据抽象过程

现实世界中的客观事物是不能直接被计算机进行处理的，必须将它们进行数据化后才能在计算机中进行处理，如图 1-6 所示。

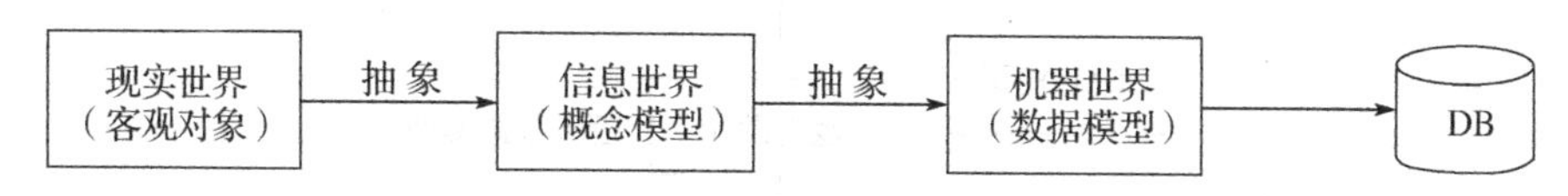

图 1-6　现实世界中客观对象的抽象过程

在数据库系统中，一般采用数据模型这个工具来对现实世界数据进行抽象。首先将现实世界中的客观对象抽象为某一种不依赖于具体计算机系统的概念模型，然后将概念模型转换成计算机中某一 DBMS 支持的数据模型。

现实世界数据化过程可由数据库设计人员通过数据库的设计来实现。

1.2.2　数据库设计概述

在数据库应用系统中的一个核心问题就是设计一个能满足用户要求，性能良好的数据库，这就是数据库设计（Database Design）。

数据库设计的基本任务是根据用户对象的信息需求、处理需求和数据库的支持环境（包括硬件、操作系统与 DBMS）设计出数据模式。信息需求主要是指用户对象的数据及其结构，它反映了数据库的静态要求；处理需求主要是指用户对象的行为和动作，它反映了数据库的动态要求。在数据库设计中有一定的制约条件，即系统设计平台，包括系统软件、工具软件及设备、网络等硬件。因此，数据库设计是在一定的平台制约下，根据信息需求与处理需求设计出性能良好的数据模式的。

数据库设计有两种方法：一种方法以信息需求为主，兼顾处理需求，称为面向数据的方法（Data-Oriented Approach）；另一种方法以处理需求为主，兼顾信息需求，称为面向过程的方法（Process-Oriented Approach）。这两种方法目前都有使用，早期由于应用系统中处理多于数据，因此使用面向过程的方法较多；近期由于大型系统中数据结构复杂、数据量庞大，而相应处理流程趋于简单，因此使用面向数据的方法较多。由于数据在系统中稳定性高，数据已成为系统的核心，因此面向数据的设计方法已成为主流方法。按照传统的系统设计方法，应用程序设计与数据库设计是分别进行的，两项设计完成之后再进行协调。目前，面向对象技术及统一建模语言（Unified Modeling Language，UML）得到广泛使用，采用 UML 进行系统分析和设计，将系统的应用程序设计和数据库设计统一起来，可有效地提高数据库设计的效率和质量，降低开发风险，提高软件部件的可重用性，降低开发成本。

数据库设计目前一般采用生命周期（Life Cycle）法，即将整个数据库应用系统的开发分解成目标独立的若干阶段。它们是：需求分析阶段、概念设计阶段、逻辑设计阶段、物理设计阶段、编码阶段、测试阶段、运行阶段、进一步修改阶段。在数据库设计中采用上面几个阶段中的前四个阶段，并重点以数据结构与模型的设计为主线，如图 1-7 所示。

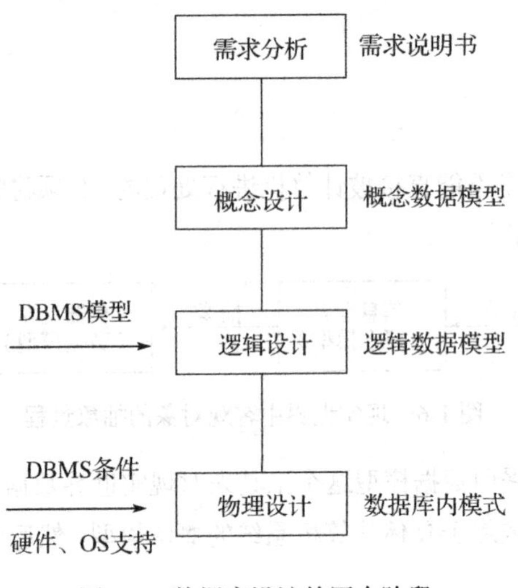

图 1-7　数据库设计的四个阶段

1.2.3　数据库设计的需求分析

需求收集和分析是数据库设计的第一阶段，这一阶段收集到的基础数据和一组数据流程图（Data Flow Diagram，DFD）是下一步设计概念结构的基础。概念结构是整个组织中所有用户关心的信息结构，对整个数据库设计具有深刻影响。而要设计好概念结构，就必须在需求分析阶段用系统的观点来考虑问题、收集和分析数据并进行处理。

需求分析阶段的任务是详细调查现实世界要处理的对象（组织、部门、企业等），充分了解原系统的工作概况，明确用户的各种需求，然后在此基础上确定新系统的功能。新系统必须充分考虑今后可能的扩充和改变，不能仅按当前应用需求来设计数据库。

调查的重点是“数据”和“处理”，通过调查从中获得每个用户对数据库的如下要求：

- 信息要求。用户需要从数据库中获得信息的内容与性质。由信息要求可以导出数据要求，即在数据库中需存储哪些数据。
- 处理要求。用户要完成什么处理功能，对处理的响应时间有何要求，处理的方式是批处理还是联机处理。
- 安全性和完整性的要求。用户对数据的安全性、正确性、一致性的要求。

为了很好地完成调查任务，设计人员必须不断地与用户交流，与用户达成共识，以便逐步确定用户的实际需求，然后分析和表达这些需求。需求分析是整个设计活动的基础，也是最困难、最花时间的一步。需求分析人员既要懂得数据库技术，又要对应用环境的业务比较熟悉。

分析和表达用户的需求，经常采用的方法有结构化分析方法和面向对象的方法。结构化分析（Structured Analysis，SA）方法用自上向下、逐层分解的方式分析系统。用业务流程图将系统调查中有关业务流程的资料串起来做进一步的分析；用数据流程图表达了数据和处理过程的关系；用数据字典对系统中数据做出详尽描述，是各类数据属性的清单。对数据库设计而言，数据字典是进行详细的数据收集和数据分析所获得的主要结果。

1. 业务流程分析

在对系统的组织结构和功能进行分析时，需从实际业务流程的角度将系统调查中有关业务流程的资料串起来做进一步的分析，业务流程分析可以帮助我们了解该业务的具体处理过程，发现和处理系统调查工作中的错误和疏漏，修改和删除原系统的不合理部分，在新系统的基础上优化业务处理流程。

业务流程分析是在业务功能的基础上进行细化，利用系统调查的资料将业务处理过程中的每一个步骤用一个完整的图形串起来。在绘制业务流程图的过程中发现问题、分析不足、优化业务处理过程。所以说绘制业务流程图是分析业务流程的重要步骤。

业务流程图（Transaction Flow Diagram，TFD），就是用一些规定的符号及连线来表示某个具体业务处理过程。业务流程图的绘制基本上按照业务的实际处理步骤和过程绘制。换句话说，就是一本用图形方式来反映实际业务处理过程的“流水账”，绘制出这本“流水账”对于开发者理顺和优化业务处理过程是很有帮助的。

业务流程图是一种用尽可能少、尽可能简单的方法来描述业务处理过程的方法，由于它的符号简明，因此非常易于阅读和理解。但是对于一些专业性较强的业务处理细节，业务流程图缺乏足够的表现手段，它比较适合反映事务处理类型的业务处理过程。

业务流程图的符号有 6 种，如图 1-8 所示。

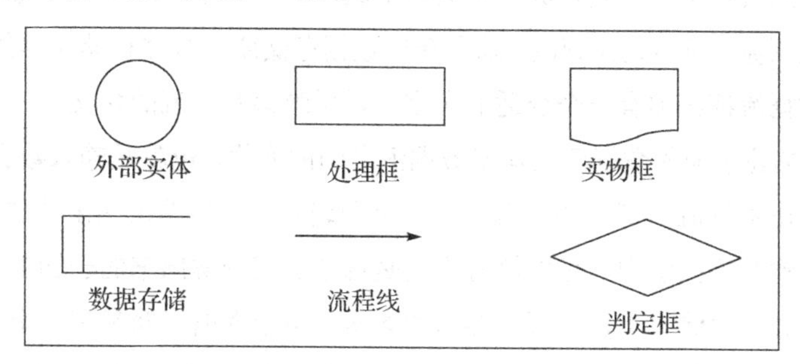

图 1-8 业务流程图符号

- 外部实体：又被称为外部项，表示独立于系统存在，但又和系统有联系的实体，一般表示数据的外部来源和最后去向，如学生、教师等。
- 处理框：主要表示各种处理，如修改学生成绩单、修改学生基本信息表等。
- 实物框：表示要传递的具体实物或单据，如学生基本信息表、学生成绩单等。
- 数据存储：表示在加工或转换数据的过程中需要存储的数据，如课程记录、成绩记录等。
- 流程线：表示数据的流向。
- 判定框：表示问题的审核或判断，如对某学生情况的审核。

2. 数据流程分析

数据流程分析是指将数据在组织内部的流动情况抽象地独立出来，数据流程分析主要包括对信息的流动、传递、处理、存储等的分析。数据流程分析的目的是要发现和解决数据流通过程中的问题，这些问题有数据流程不畅、前后数据不匹配、数据处理过程不合理等。要即时解决这些问题，一个通畅的数据流程是今后新系统用以实现这个业务处理过程的基础。

现有的数据流程分析多是通过分层的数据流程图（Data Flow Diagram，DFD）来实现的。其具体的做法是：按业务流程图理出的业务流程顺序，将相应调查过程中所掌握的数据处理过程绘制成一套完整的数据流程图，一边整理绘图，一边核对相应的数据、报表和模型等。

1）DFD 的基本成分。

DFD 的基本成分及其图形表示方法如图 1-9 所示。

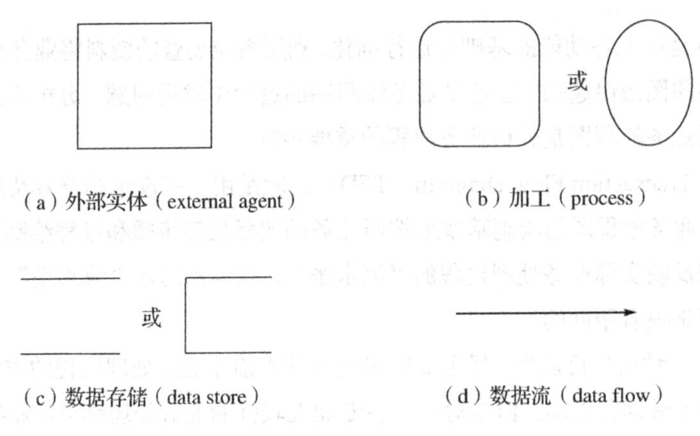

图 1-9　DFD 的基本成分

- 数据流：数据流是由一组固定成分的数据组成，表示数据的流向。值得注意的是 DFD 中描述的是数据流，而不是控制流。除了流向数据存储或从数据存储流出的数据流不必命名外，每个数据流都必须有一个合适的名字，以反映该数据流的含义。
- 加工：加工描述了输入数据流到输出数据流之间的变换，也就是输入数据流经过什么处理后变成了输出数据流。每个加工有一个名字和编号。编号能反映出该加工位于分层 DFD 中的哪个层次和哪张图中，也能够看出它是哪个加工分解出来的子加工。
- 数据存储：数据存储用于表示暂时存储的数据，每个数据存储都有一个名字。
- 外部实体：外部实体是指存在于软件系统之外的人员或组织。它指出系统所需数据的发源地和系统产生的数据的归宿地。

2）分层数据流程图的画法步骤。

（1）画系统的输入和输出。将整个软件系统看作一个大的加工，然后根据系统从哪些外部实体接收数据流，以及系统发送数据流到哪些外部实体，就可以画出系统的输入和输出图，这张图称为顶层数据流程图。

（2）画系统的内部。将顶层数据流程图的加工分解成若干个加工，并用数据流将这些加工连接起来，使得顶层数据流程图中的输入数据经过若干个加工处理后变换成顶层数据流程图的输出数据流。这张图称为一级细化流程图。

（3）对复杂加工进行分解。针对已得到的一级细化流程图，如果在加工内部还有数据流，则可将该加工分成若干个子加工，用这些数据流将子加工联系起来，用单独的一张数据流程图来表示，称其为该加工的二级细化流程图。从一个加工画出一张数据流程图的过程称为对这个加工的分解。

（4）对上一步分解出来的 DFD 二级细化流程图中的每个加工，重复上一步的分解，直至图中尚未分解的加工都足够简单为止。至此可以得到一套分层数据流程图。

可以用下述的方法来确定加工：在数据流的组成或值发生变化的地方画一个加工，这个加工的功能就是实现这一变化；也可根据系统的功能确定加工。

确定数据流的方法是：当用户将若干个数据看作一个单位来处理（这些数据一起到达，一起加工）时，可以将这些数据看成一个数据流。

对于一些以后某个时间要使用的数据可以组织成一个数据存储来表示。

3）对图和加工进行编号。

对于一个软件系统，其数据流程图可能有许多层，每一层又有许多张图。为了区分不同的加工和不同的 DFD 子图，应该对每张图和每个加工进行编号，以利于管理。父图与子图：假设分层数据流程图里的某张图（记为图 A）中的某个加工可用另一张图（记为图 B）来分解，我们称图 A 是图 B 的父图，图 B 是图 A 的子图。在一张图中，有些加工需要进一步分解，有些加工则不必分解。因此，如果父图中有 n 个加工，那么它可以有 0～n 张子图（这些子图位于同一层），但每张子图都只对应于一张父图。

编号：

- 顶层数据流程图只有一张，图中的加工也只有一个，所以不必编号。
- 一级数据流程图只有一张，图中的加工号可以是“1,2,...”。
- 子图号就是父图中被分解的加工号。
- 子图中的加工号由图号、圆点和序号组成。

例如，某图中的某加工号为 1，这个加工分解出来的子图号就是图 1，子图中的加工号分别为“1.1,1.2,...”。

3. 数据字典

数据字典是各类数据描述的集合，它通常包括 5 个部分：数据项，是数据的最小单位；数据结构，是若干数据项有意义的集合；数据流，可以是数据项，也可以是数据结构，表示某一处理过程的输入或输出；数据存储，处理过程中存取的数据，常常是手工凭证、手工文档或计算机文件；处理过程。

数据字典是在需求分析阶段创建的，在数据库设计过程中不断修改、充实、完善。

在实际开展需求分析工作时有两点需要特别注意：

第一，在需求分析阶段一个重要而困难的任务是收集将来应用所涉及的数据。如果设计人员仅仅按当前应用来设计数据库，那么新数据的加入不仅会影响数据库的概念结构，还会影响数据库的逻辑结构和物理结构。因此设计人员应充分考虑到可能的扩充和改变，使设计易于更动。

第二，必须强调用户的参与，这是数据库应用系统设计的特点。数据库应用系统和广大用户有密切的联系，其设计和创建可能对更多人的工作环境产生重要影响。因此，设计人员应和用户充分合作进行设计，并对设计工作的最后结果承担共同的责任。

任务实施

本次任务是开发“学生成绩管理系统”，在进行数据库设计时，首先应该全面了解系统需求。据了解，学院的学生成绩主要由教务处进行管理，学院中与学生成绩管理相关的人员有教务员、教师、学生和班主任等，需求分析应该对所有相关的人员进行需求调查。

1. 确定调查方法

项目小组决定采用如下调查方法：

- 邀请专门管理学生成绩的教务员进行介绍。
- 找相关人员多次询问。
- 查阅与学生成绩管理相关的文档资料。

2. 编写调查提纲

进行需求分析调查前，项目小组编写了调查提纲如下：

- 你们部门有多少人，主要工作是什么？
- 学院有多少学生，学生成绩管理工作量如何？
- 学生成绩管理的业务流程是怎样的？
- 管理成绩时感到特别麻烦的事情是什么？
- 成绩管理中需要做而做不了的事情有哪些？
- 用计算机管理学生成绩，你们希望解决什么问题？
- 用计算机管理学生成绩，你们对数据操作有何要求？

3. 需求调查

- 现场调查。请教务员作专门介绍。
- 资料收集。这里只给出收集的部分资料。

新生入学后填写的学生基本情况表如表 1-1 所示。

表 1-1　学生基本情况表

学号		姓名		性别	
出生日期		籍贯		民族	
政治面貌		联系电话		班级名称	
家庭住址					
备注					

每学期由每位任课教师填写的学生成绩表如表 1-2 所示。

表 1-2　学生成绩表

2017-2018-2 学期考试考查成绩单

班级：__________课程：______________

学　号	姓　名	成　绩	备　注	学　号	姓　名	成　绩	备　注

任课教师：______________

学生毕业时所发的学生成绩总表如表 1-3 所示。

表 1-3　学生成绩总表

系部名称：		班级名称：			学号：		姓名：		
学期：2017-2018-1					学期：2017-2018-2				
课程名称	类别	学时	学分	成绩	课程名称	类别	学时	学分	成绩

4. 用户需求分析

1）业务流程分析。

经过对调查收集的数据进行整理和分析，画出“学生成绩管理系统”业务流程图，如图 1-10 所示。这张图反映了学生成绩管理的总体业务概况。

由图 1-10 可知学生成绩管理过程如下：

（1）在新生入学后，教务处为每名新生编排班级和学号，并且为新生班分配一名班主任。

（2）每名新生填写学籍卡中的学生基本情况表，班主任对学生情况进行核实，无误后，交教务员，教务员按班级将学籍卡装订成册，存储于教务处。

（3）在每学期末，每位教师将所教授课程的学生成绩单交给系教学秘书，由系教学秘书按班级汇总后交给教务处，教务员根据收到的学生成绩单将每名学生的成绩填写到学籍卡中。

（4）在每学期末，教务员按班级汇总学生成绩，交给班主任。

（5）在每学期初，教务处统计上学期补考学生名单，通知学生参加补考。

（6）在学生毕业前，教务处发给每名学生全程的学习成绩单。

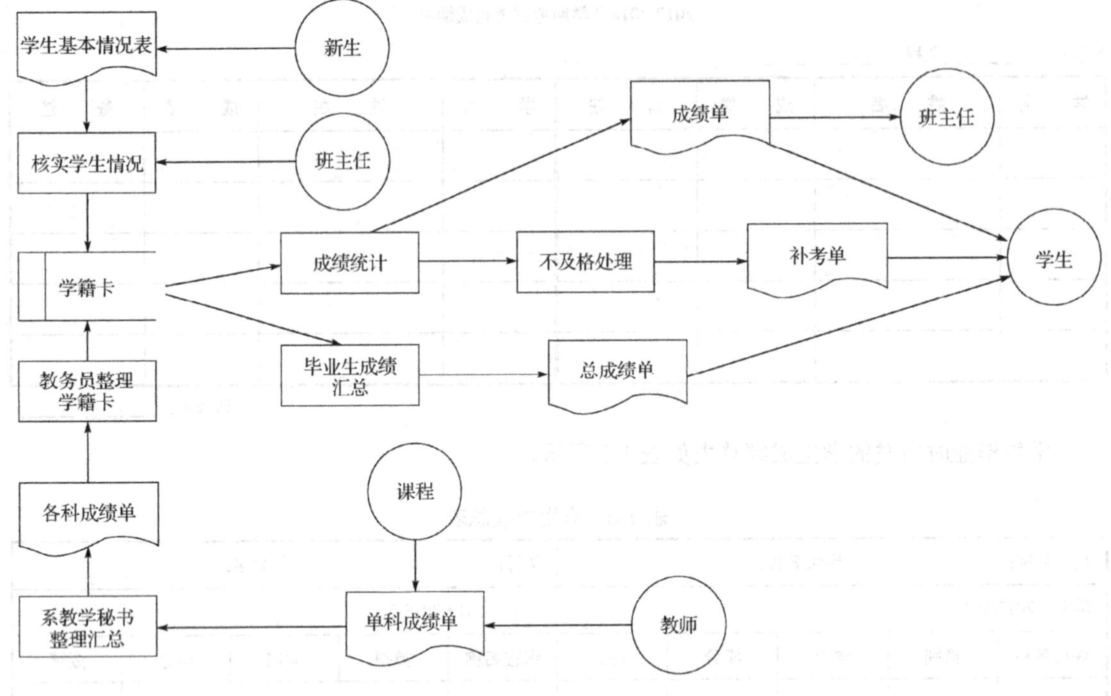

图 1-10 “学生成绩管理系统”业务流程图

2）具体需求分析。

经调查得出用户的下列实际需求。

① 信息需求。

- 学生基本信息：每名新生入校后都要填写学生基本情况表，主要包括学号、姓名、性别、出生日期、籍贯、民族、政治面貌、联系电话、家庭住址、班级名称、班主任和备注等。
- 课程信息：每学期末要填写下学期开设课程的信息，主要包括课程编号、课程名称、课程类别、学时、学分和学期等。
- 教师信息：每学期末要填写下学期任课教师的信息，主要包括教师编号、教师姓名、教师性别、职称和系名称等。
- 成绩信息：每学期末由任课教师填写成绩单，主要包括学期、班级、学号、学生姓名、课程编号、课程名称、任课教师、成绩和成绩备注等。

② 处理需求。

- 教务员：输入并维护学生基本信息、教师信息、课程信息等；可查询学生基本信息、教师信息、学生成绩信息、课程信息等；对各种信息进行统计和输出。
- 教师：输入并维护所授课程的成绩；可查询所授课程的课程信息和成绩信息；可对所授课程成绩进行统计并输出，如统计最高分、最低分、平均分、总分、成绩排名、各分数段人数、及格率等信息。

- 学生：查询本人的基本信息、成绩信息及本人在班级成绩中的名次。
- 班主任：查询本班学生的基本信息和成绩信息；对本班学生各门课程成绩汇总，统计并输出每名学生成绩的总分、平均分和班级排名等。

③ 安全性与完整性需求。

- 设置访问用户的标识以鉴别是否是合法用户。
- 对不同用户设置不同的权限。教务员可进行日常事务的处理，可增加、删除、更新所有信息；学生只能查询自己的基本信息和成绩信息；教师可对所授课程成绩进行输入和查询，并能查询所授课程的信息；班主任可输入、修改和查询本班学生的基本信息，并可查询本班学生的成绩信息。
- 保证数据的正确性、有效性和一致性。例如，在输入数据时，如超出数据范围，应及时提醒用户。

5. 数据流程图

根据“学生成绩管理系统”业务流程图，仔细分析其中的数据流向，绘制出“学生成绩管理系统”顶层数据流程图，如图 1-11 所示，一级细化流程图如图 1-12 所示，二级细化流程图如图 1-13 所示。

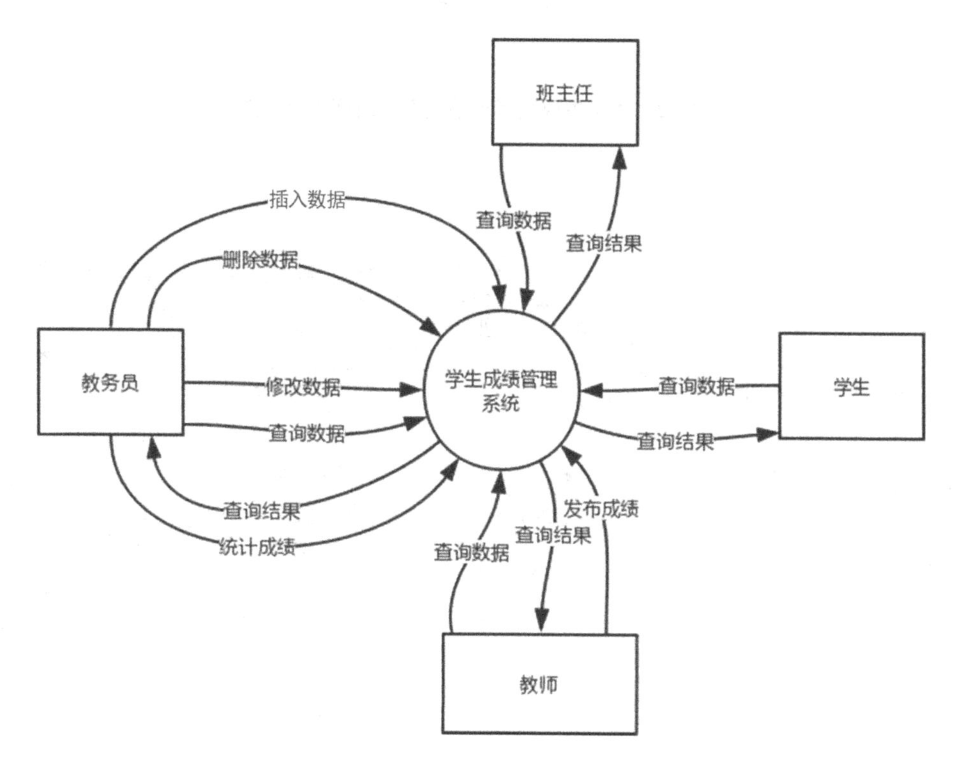

图 1-11　“学生成绩管理系统”顶层数据流程图

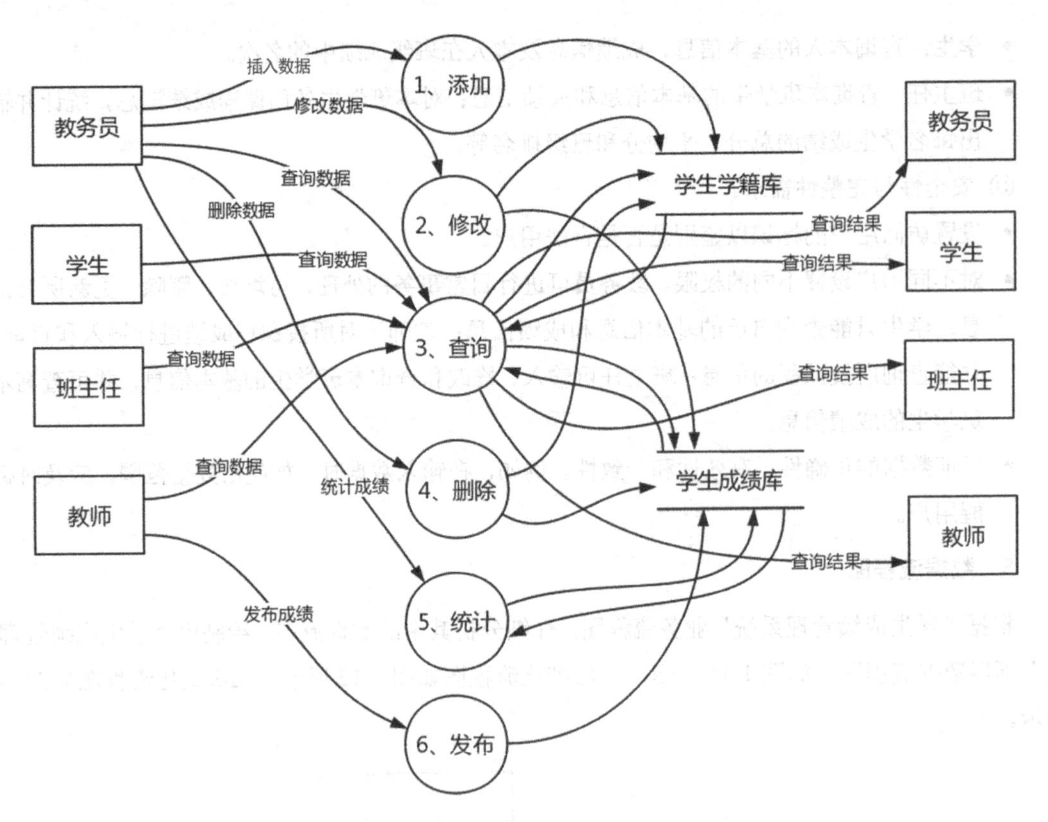

图 1-12　“学生成绩管理系统”一级细化流程图

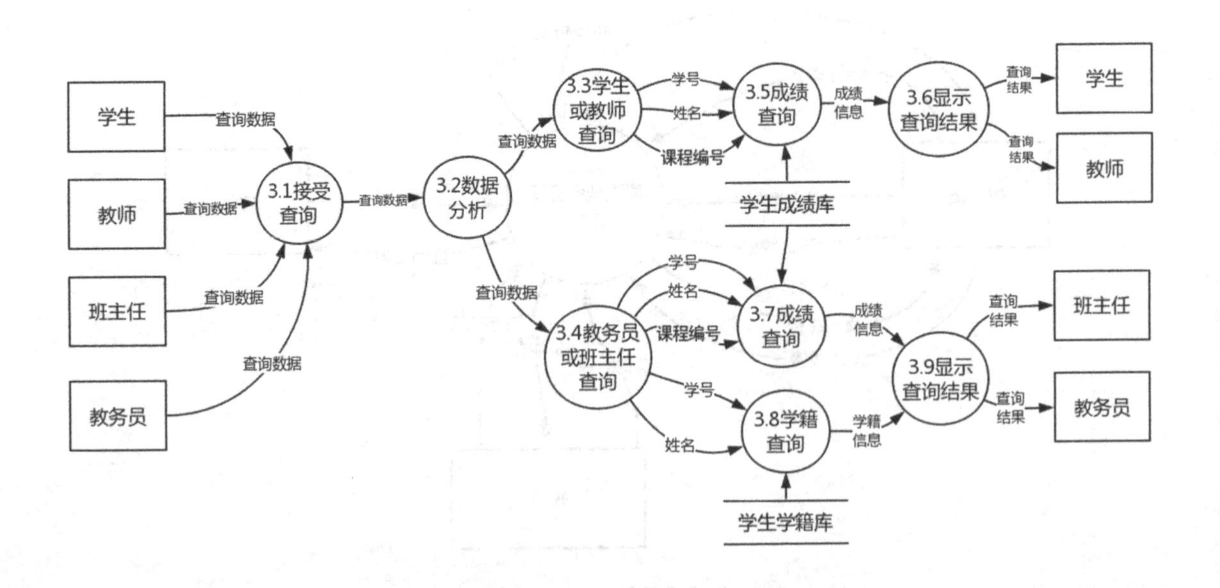

图 1-13　“学生成绩管理系统”二级细化流程图

6. 数据字典

通过调查分析得到数据字典，如表 1-4 所示。这里只列出数据字典的数据项部分。

表 1-4　数据字典（数据项）

数 据 项 名	数 据 类 型	长　度	说　明
学号	字符	10	2 位入学年份+2 位系编号+4 位班级序号+2 位个人序号
姓名	字符	10	
性别	字符	2	取值男、女
出生日期	日期	8	
籍贯	字符	16	
民族	字符	10	
政治面貌	字符	10	
联系电话	字符	20	
班级编号	字符	8	2 位入学年份+2 位系编号+4 位班级序号
班级名称	字符	30	
班主任	字符	10	
家庭住址	字符	40	
备注	字符	100	
课程编号	字符	6	2 位学年+2 位系编号+2 位课程序号
课程名称	字符	20	
课程类别	字符	10	
学时	数字	2	非负数
学分	数字	1	非负数
学期	字符	11	
教师编号	字符	4	2 位系编号+2 位教师序号
教师姓名	字符	10	
教师性别	字符	2	
职称	字符	10	
系编号	字符	2	
系名称	字符	30	
系主任	字符	10	
成绩	数字	3	取值范围 0～100
成绩备注	字符	40	

任务总结

需求分析阶段是数据库设计最困难、最耗时间的一步。需求分析的结果将直接影响到后面各个阶段的设计，如果做得不好，可能会导致整个数据库设计返工重做。此阶段是一个有用户参与的阶段，在实施过程中要与用户多交流，必须耐心细致地了解现行业务及数据处理流程，收集全部数据资料。对用户需求进行分析与表达后，必须提交给用户，征得用户的认可。此过程要进行多次，因为用户不懂计算机，而设计人员又不懂用户的业务，只有不断地相互沟通，才能将用户的各方面需求搞清楚，从而达到用户的要求。

1.3 【工作任务】数据库概念设计

知识目标

- 理解概念模型的基本概念。
- 掌握 E-R 模型的设计方法。

能力目标

会设计数据库系统的 E-R 模型。

任务情境

小 S：“老师，通过对系统需求的了解和分析，我已经清楚了系统所需处理的数据和数据处理的流程，但是对于如何设计系统的数据库，我还是觉得非常模糊，感觉有很多信息要处理，但是不知道这些信息该如何表达？”

老 K：“不要着急，在需求分析的基础上，我们充分掌握了需要处理的信息有哪些。不过要将这些信息抽象为计算机所能处理的数据模型，抽象的程度较高，一下子难以实现，我们不妨先设计一个概念模型。虽然它和具体的 DBMS 无关，但是通过它能对纷繁复杂的信息进行归类和抽象分析，找出所需处理的事物的本质和其间联系。这个阶段，就是数据库的概念设计。”

任务描述

经过对用户全面地调查、分析，项目小组编写出业务流程图、数据流程图和数据字典，并通过与用户多次沟通确认，完成了需求分析阶段的任务，开始进入数据库设计的概念设计阶段。

任务分析

将需求分析阶段收集到的信息进行综合、归纳与抽象，列举出实体、属性和码，确定实体间的联系类型，画出 E-R 图。

完成任务的具体步骤如下：

（1）确定实体；

（2）确定属性及码；

（3）确定实体间的联系；

（4）画出局部 E-R 图；

（5）画出全局 E-R 图。

知识导读

1.3.1 概念模型

概念模型是一种独立于计算机系统，用于信息世界的数据模型，是按照用户的观点对数据进行建模的。它对实际的人、物、事和概念进行人为处理，抽取所关心的特性，并且将这些特性用各种概念准确地描述出来。概念模型是数据库设计人员和用户之间进行交流与沟通的工具，最常用的概念模型是实体联系模型，简称 E-R 模型。采用 E-R 模型来描述现实世界有两点优势：一是它接近于人的思维模式，很容易被人所理解；二是它独立于计算机，和具体的 DBMS 无关，用户更容易接受。

1. 实体联系模型涉及的主要概念

- 实体：客观存在并可以相互区别的事物称为实体，如一名学生、一位教师、一门课程等。
- 属性：实体所具有的特性称为实体的属性，如学号、姓名、出生日期等。
- 码：唯一确定实体的属性或属性组合称为码，如课程编号是课程实体的码。
- 域：属性的取值范围称为该属性的域，如性别的域为（男，女）。
- 实体集：具有相同属性的实体的集合称为实体集，如所有教师就是一个实体集。
- 联系：事物内部及事物之间是有联系的，这些联系在概念模型中表现为实体内部的联系和实体之间的联系。实体内部的联系是指某一实体内部各个属性之间的关系，而实体之间的联系是指不同实体集之间的联系。

2. 实体之间的联系类型

实体之间的联系分为以下 3 类。

1）一对一的联系（1∶1）。

如果对于实体集 A 中的每一个实体，在实体集 B 中至多有一个实体与它有联系；反之亦成立，则表示实体集 A 与实体集 B 具有一对一的联系，用 1∶1 表示。

例如，一个系只能有一位系主任，而一位系主任只在一个系中任职，则系主任与系之间具有一对一的联系。

2）一对多的联系（1∶n）。

如果对于实体集 A 中的每一个实体，在实体集 B 中可能有多个实体与它有联系；反之，如果对于实体集 B 中的每一个实体，在实体集 A 中至多有一个实体与它有联系，则表示实体集 A 与实体集 B 具有一对多的联系，用 1∶n 表示。

例如，一个系有若干位教师，而每位教师只能属于一个系，则系与教师之间具有一对多的联系。

3）多对多的联系（m∶n）。

如果对于实体集 A 中的每一个实体，在实体集 B 中可能有多个实体与它有联系，反之亦成立，则表示实体集 A 与实体集 B 具有多对多的联系，用 m∶n 表示。

例如，一门课程同时有多名学生选修，而一名学生可以同时选修多门课程，则课程与学生之间具有多对多的联系。

1.3.2 概念模型的表示方法

E-R 模型是直观描述概念模型的有力工具，它可以直接从现实世界中抽象出实体及实体间的联系。E-R 模型可用 E-R 图表示，其方法如下。

1）实体集：用矩形表示，在矩形内写上实体名。

2）属性：用椭圆形表示，在椭圆形内写上属性名，并且用无向边将其与相应的实体集连接起来。

例如，班主任实体具有工号、姓名、性别、出生日期、班级编号、联系电话、家庭住址等属性，则班主任实体 E-R 图如图 1-14 所示。

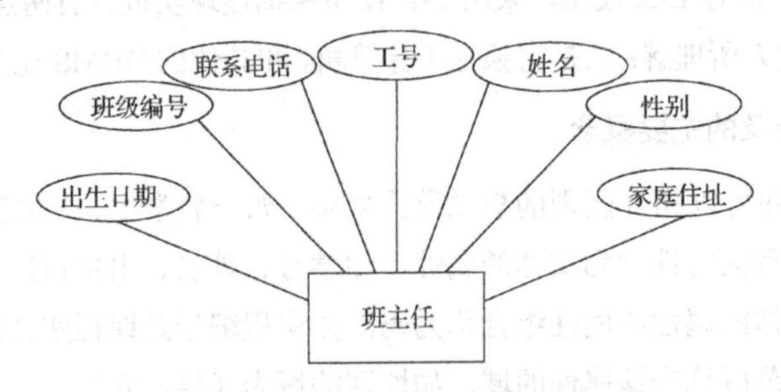

图 1-14　班主任实体 E-R 图

3）联系：用菱形表示，在菱形内写上联系名，用无向边将其与有关实体集连接起来，在无向边旁标出联系的类型。如果联系具有属性，则该属性仍用椭圆形表示，仍需要用无向边将其与属性连接起来。

例如，班主任与班级之间的联系类型为一对一的联系，则班主任与班级联系 E-R 图如图 1-15 所示。

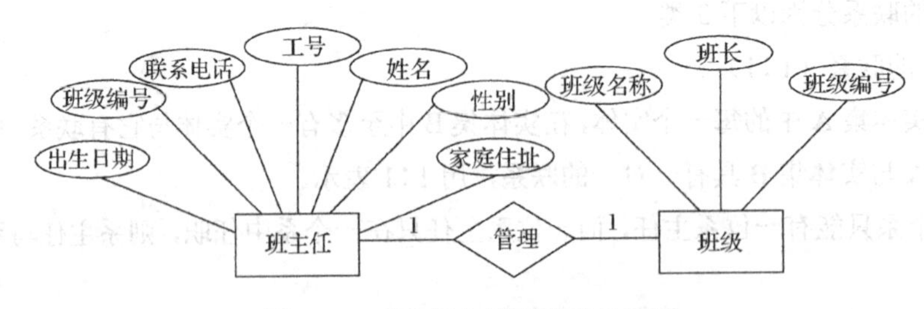

图 1-15　班主任与班级联系 E-R 图

1.3.3 E-R 模型的设计

1. 确定实体与属性

根据需求分析的结果，抽象出实体及实体的属性。在抽象实体及属性时要注意，实体和属性虽然没有本质区别，但是要求：

1）属性必须是不可分割的数据项，不能包含其他属性。

2）属性不能与其他实体具有联系。例如，系虽然可以作为班级的属性，但是该属性仍然含有系编号与系名称等属性，因此系也需要抽象为一个实体。

当实体和属性确定之后，需要确定实体的码。码可以是单个属性，也可以是几个属性的组合。

2. 确定实体间的联系及类型

依据需求分析的结果，确定任意两个实体之间是否有联系，是何种联系。例如，一门课程可以由多位教师讲授，而一位教师也可以讲授多门课程，课程与教师之间的联系类型为多对多的联系（$m:n$）。

3. 画出局部 E-R 图

根据所确定的实体、属性及联系画出局部 E-R 图。

4. 画出全局 E-R 图

在局部 E-R 模型设计完成之后，下一步就是集成各局部 E-R 模型，形成全局 E-R 模型，即视图的集成。视图集成有以下两种方法：

1）一次集成法。将多个局部 E-R 图一次综合成一个系统的全局 E-R 图。

2）逐步集成法。以累加的方式每次集成两个局部 E-R 图，这样逐步集成一个系统的全局 E-R 图。

第一种方法比较复杂，做起来难度大；第二种方法可降低复杂度。在实际应用中，可以根据系统复杂度选择使用哪种方法。

视图集成可分为两个步骤：

（1）合并。消除各局部 E-R 图之间的冲突，生成初步全局 E-R 图。

（2）优化。消除不必要的冗余，生成基本全局 E-R 图。

任务实施

1. 确定实体

通过调查分析了解到“学生成绩管理系统”的实体有学生、教师、课程。

2. 确定实体属性

1）学生实体主要包含学号、姓名、性别、出生日期、籍贯、民族、政治面貌、联系电话、家庭住址、班级名称、班主任、备注等属性。

2）课程实体主要包含课程编号、课程名称、课程类别、学时、学分、学期等属性。

3）教师实体主要包含教师编号、教师姓名、教师性别、职称、系名称等属性。

3. 确定实体中的码

1）学生实体中学号属性作为实体的码。

2）课程实体中课程编号属性作为实体的码。

3）教师实体中教师编号属性作为实体的码。

4. 确定实体之间的联系及类型

1）学生与课程有“选课”联系。一名学生可以选修多门课程，一门课程可以有多名学生选修，他们之间是 $m:n$ 的联系类型。

2）教师与课程有“任教”联系。一门课程可以由多位教师任教，一位教师也可以教授多门课程，他们之间是 $m:n$ 的联系类型。

5. 画出局部 E-R 图

根据确定的实体、属性和联系，画出局部 E-R 图。

1）学生实体与课程实体之间的 E-R 图，如图 1-16 所示。此处需要特别注意的是，“选修”联系也有自身的属性“成绩”，除了实体有属性，有时联系也有其自身的属性。“成绩”属性不是学生实体或课程实体本身所具备的，而是由于学生选修了课程，才具备“成绩”属性，因此，“成绩”属性是“选修”联系的属性。

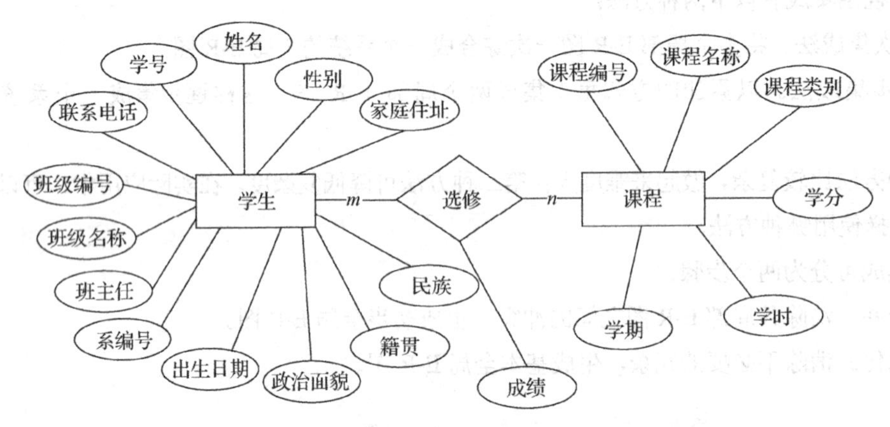

图 1-16　学生-课程 E-R 图

2）教师实体与课程实体之间的 E-R 图，如图 1-17 所示。

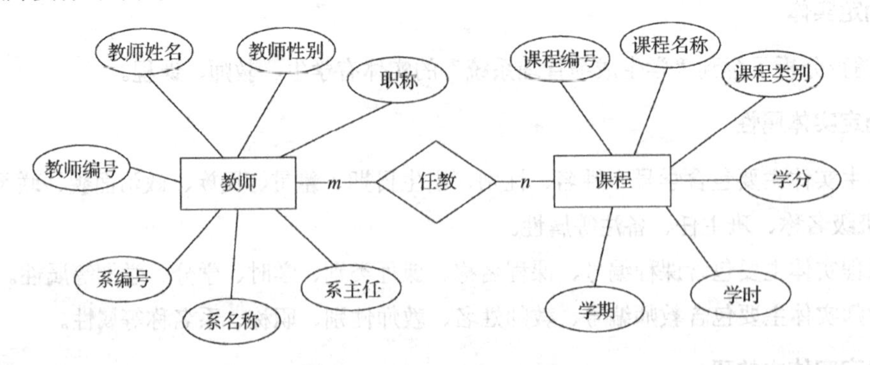

图 1-17　教师-课程 E-R 图

6. 画出全局 E-R 图

集成各局部 E-R 图，形成全局 E-R 图，如图 1-18 所示。

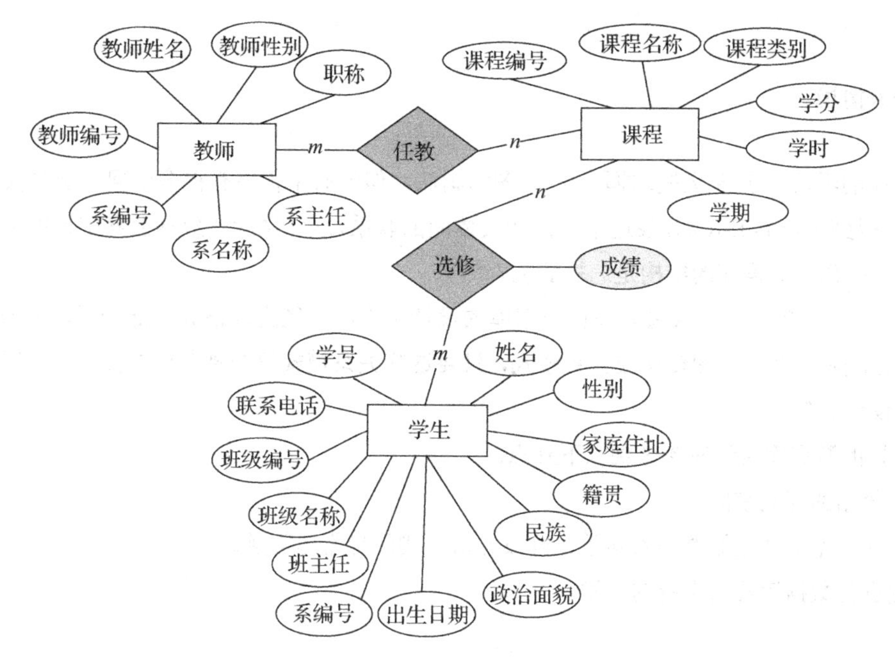

图 1-18　“学生成绩管理系统”全局 E-R 图

任务总结

概念结构设计阶段是一个关键性阶段，它决定着数据库设计的成败。在设计此阶段时要分清实体和属性，其最终的成果是全局 E-R 图，不同的设计人员画出的 E-R 图有可能不相同。在此阶段最重要的是要经常和用户进行沟通，确认需求信息的正确性和完整性，用户的积极参与是数据库设计成功的关键。

1.4　【工作任务】数据库逻辑设计

知识目标

- 理解关系模型的基本概念。
- 理解 E-R 图转换成关系模式的转换规则。
- 理解关键码的概念。
- 了解关系模式的规范化。

能力目标

- 会将 E-R 图转换成关系模式。
- 掌握关系模式的规范化方法。

任务情境

通过前面的学习，小 S 大概掌握了 E-R 图的画法，但他心中仍然有很多疑问，于是找到老 K 询问："我们得到了全局 E-R 图，表达了实体和实体间的联系，这些概念在数据世界中该如何表达？我们实际可以操作的数据库的结构是怎样的呢？"

老 K："其实，得到了 E-R 图，我们数据库的设计工作就已经完成很大一部分了，因为可以通过一定的转化法则，将 E-R 图转换成关系模式，只要这些关系模式符合规范化的要求，一般就是合理的数据库设计。"

一个良好的数据库设计应该做到以下几点：

- 节省数据的存储空间。
- 能够保证不出现数据的插入异常、修改异常、删除异常等问题。
- 方便进行数据库应用系统的开发。

任务描述

项目小组根据"学生成绩管理系统"的数据库概念设计阶段得到的全局 E-R 图，设计出"学生成绩管理系统"的数据库逻辑结构。

任务分析

先将概念设计阶段设计的全局 E-R 图转换成关系模式，然后对其进行规范化得到最终的关系模式。

完成任务的具体步骤如下：

（1）将全局 E-R 图转换成关系模式；

（2）对关系模式进行规范化。

知识导读

1.4.1 关系模型的基本术语

为了创建用户所需要的数据库，需要将前面设计的概念模型转换成某个具体的 DBMS 支持的数据模型。通常数据模型可分为网状模型、层次模型和关系模型。目前数据库系统普遍采用的数据模型是关系模型，采用关系模型作为数据组织方式的数据库系统称为关系数据库系统。

用二维表表示实体集，用关键码表示实体之间联系的数据模型称为关系模型。例如，表 1-5 是一张学生信息表，这是一个二维表。

表 1-5 学生信息表

学 号	姓 名	性 别	出生日期	籍 贯
170101	王小勇	男	1998.10	江苏苏州

续表

学　号	姓　名	性　别	出生日期	籍　贯
170102	黄浩	男	1998.7	江苏扬州
170103	吴兰芳	女	1999.5	江苏无锡
170104	张扬	男	1998.7	江苏镇江

现通过学生信息表来介绍关系模型的基本概念。

- 元组。表中除表头外的一行为一个元组，也称为记录。
- 属性。表中的一列为一个属性（或字段），每个属性都有属性名（或字段名），即表中的列名，如学号、姓名。
- 关系。关系是属性数目相同的元组的集合，一个关系对应一个表。
- 码。表中的某个属性或属性组，它可以唯一确定一个元组，如学生表中的学号。
- 域。属性的取值范围，如性别的值为“男”或“女”。
- 分量。元组中的一个属性值，如学号“170101”。
- 关系模式。关系模式是对关系的描述，一般表示为：

  关系名（属性名 1，属性名 2，……，属性名 *n*）。

通常在对应属性名下面用下画线表示关系模式的码，举例如下：

学生（<u>学号</u>，姓名，性别，出生日期，系编号，班级编号）。

1.4.2　关系的定义和性质

我们可以用集合论的观点定义关系，即关系是属性数目相同的元组的集合。尽管关系与二维表、传统的数据文件有相似之处，但它们又有严格的区别——关系是一种规范化的二维表。在关系模型中，关系的规范性限制主要有以下几点。

- 关系中每一个属性都是不可分解的。
- 关系中不允许出现重复元组（不允许出现相同的元组）。
- 由于关系是一个集合，因此不考虑元组间的顺序，即没有行序。
- 元组中的属性在理论上也是无序的，但使用时按习惯考虑列的顺序。

例如，表 1-6 中联系方式列不是基本数据项，因为它被分为两列，分别是住宅电话列和移动通信列，所以此二维表不是关系模型。

表 1-6　非关系模型表

教师编号	教师姓名	教师性别	系　编　号	联系方式	
				住宅电话	移动通信
001	王少林	男	01	76547890	13815466942
002	李渊	男	02	78657946	12569435678
003	张玉芳	女	01	71234567	12535689765
……	……	……	……	……	……

如果要将表 1-6 规范化为关系模型，那么可以将联系方式列去掉，分为住宅电话列和移动通信列，如表 1-7 所示，此二维表是关系模型。

表 1-7　关系模型表

教师编号	教师姓名	教师性别	系编号	住宅电话	移动通信
001	王少林	男	01	76547890	13815466942
002	李渊	男	02	78657946	12569435678
003	张玉芳	女	01	71234567	12535689765
……	……	……	……	……	……

1.4.3　关键码

关键码（Key，简称键）由一个或多个属性组成。在实际使用中，有下列几种键。

- 超键（Super Key）：在关系中能唯一标识元组的属性集称为关系的超键。
- 候选键（Candidate Key）：不含有多余属性的超键称为候选键。也就是在候选键中，若再删除属性，就不是超键了。
- 主键（Primary Key）：用户选作元组标识的候选键称为主键。一般如不加说明，键是指主键。

在表 1-5 中，（学号，姓名）是关系的一个超键，但不是候选键，而（学号）是候选键。在实际使用中，如果选择（学号）作为删除或查找元组的标志，那么称（学号）为主键。

- 外键（Foreign Key）：如果关系 R 中属性 K 是其他关系的主键，那么 K 在关系 R 中称为外键。

例如，有学生关系模式（学号，姓名，性别，出生日期，籍贯），成绩关系模式（学号，课程编号，成绩），在这两个关系模式中，（学号）是学生关系模式的主键，则（学号）在成绩关系模式中就是该关系模式的外键。

1.4.4　E-R 模型到关系模型的转换

E-R 模型的主要表达方式是 E-R 图，关系模型是由一个个的关系模式构成的，因此，E-R 模型到关系模型的转换，实质就是将 E-R 图转换成对应的关系模式。

E-R 图中的主要成分是实体类型和联系类型，转换算法就是如何将实体类型、联系类型转化成关系模式。具体算法如下。

步骤 1（实体类型的转换）：将每个实体类型转换成关系模式，实体的属性即关系模式的属性，实体的码即关系模式的键。

步骤 2（联系类型的转换）：根据不同的情况做不同的处理。

步骤 2.1（二元联系类型的转换）：

- 若实体间联系是 1∶1，则在两个实体类型转换成的两个关系模式中的任意一个关系模式的属性中加入另一个关系模式的键（作为外键）和联系类型的属性。
- 若实体间联系是 1∶*n*，则在 *n* 端实体类型转换成的关系模式中加入 1 端实体类型的键（作为外键）和联系类型的属性。
- 若实体间联系是 *m*∶*n*，则将联系类型也转换成关系模式，其属性为两端实体类型的键（作为外键）加上联系类型的属性，而键为两端实体键的组合。

步骤 2.2（一元联系类型的转换）：和二元联系类型的转换（步骤 2.1）类似。

步骤 2.3（三元联系类型的转换）：

- 若实体间联系是 1∶1∶1，可以在 3 个实体类型转换成的 3 个关系模式中的任意一个关系模式的属性中加入另外两个关系模式的键（作为外键）和联系类型的属性。
- 若实体间联系是 1∶1∶*n*，则在 *n* 端实体类型转换成的关系模式中加入两个 1 端实体类型转换成的关系模式的键（作为外键）和联系类型的属性。
- 若实体间联系是 1∶*m*∶*n*，则将联系类型也换成关系模式，其属性为 *m* 和 *n* 端实体类型转换成的关系模式的键（作为外键）加上联系类型的属性，而键为 *m* 端和 *n* 端实体键的组合。
- 若实体间联系是 *m*∶*n*∶*p*，则将联系类型也转换成关系模式，其属性为三端实体类型转换成的关系模式的键（作为外键）加上联系类型的属性，而键为三端实体键的组合。

1.4.5　关系模式的规范化

1. 关系模式的冗余和异常问题

在数据管理中，数据冗余一直是影响系统性能的大问题。数据冗余是指同一个数据在系统中多次重复出现。如果一个关系模式设计得不好，就会造成数据冗余，进而出现各类数据异常和不一致的问题。例如，我们设计了一个学生关系，如表 1-8 所示。

表 1-8　学生关系

学号	姓名	性别	出生日期	籍贯	系名称	系主任
170101	王小勇	男	1998.10	江苏苏州	计算机系	王朝国
170102	黄浩	男	1998.7	江苏扬州	计算机系	王朝国
170103	吴兰芳	女	1999.5	江苏无锡	计算机系	王朝国
170104	张扬	男	1998.7	江苏镇江	计算机系	王朝国
……	……	……	……	……	……	……

该关系设计得并不合理，因此存在以下问题：

- 数据冗余。在关系中系名称和系主任重复出现，重复次数与系人数相同，将浪费大量的存储空间。
- 更新异常。当更换系主任后，必须修改与该系学生有关的每一个元组，存在着数据不一致的危险。
- 插入异常。如果一个系刚成立，尚无学生，就无法将这个系及其系主任的信息存入数据库。
- 删除异常。如果某个系的学生全部毕业了，在删除该系学生信息的同时，将这个系及其系主任的信息也丢掉了。

2. 关系模式规范化

为了解决上述的一系列问题，我们引入了范式的理论。范式是衡量关系模式好坏的一个标准。如果能按照范式的规范，将原关系模式分解为符合范式规范的一系列关系模式，那么就能尽可能减少数据冗余现象，进而避免发生各类数据异常。这个过程称为关系模式的规范化过程。

范式的种类与数据依赖有着直接的联系，函数依赖的范式有 1NF、2NF、3NF、BCNF 等多种。

1）第一范式（1NF）。

如果关系模式 R 的每个属性都是不可再分的基本数据项，那么称 R 满足第一范式（1NF）。简单地说，第一范式有以下特点：

- 关系模式中不能有重复的属性。
- 实体中每个属性只能存储一个值，不能有多个值。

满足 1NF 的关系模式称为规范化的关系模式，否则称为非规范化的关系模式。满足 1NF 是关系模式应具备的起码条件。

例如，在表 1-9 中，同一属性出现了多个值，不满足 1NF；在表 1-10 中，出现了重复的属性“课程编号 1”和“课程编号 2”，也不满足 1NF。

表 1-9　同一属性出现多个值的成绩表

学　号	课 程 编 号	课 程 名 称	成　绩
170101	001，003	高等数学，网页制作技术	70，80
170102	001，003	高等数学，网页制作技术	79，85
170103	001，003	高等数学，网页制作技术	82，90
170104	001，003	高等数学，网页制作技术	86，89

表 1-10　出现重复属性的成绩表

学　号	课程编号 1	课程名称 1	成绩 1	课程编号 2	课程名称 2	成绩 2
170101	001	高等数学	70	003	网页制作技术	80
170102	001	高等数学	79	003	网页制作技术	85
170103	001	高等数学	82	003	网页制作技术	90
170104	001	高等数学	86	003	网页制作技术	89

解决方法是消除重复的属性，并且使一个属性存储一个值，这样就可以使成绩表满足 1NF 了，如表 1-11 所示。

表 1-11　满足 1NF 的成绩表

学　号	课 程 编 号	课 程 名 称	成　绩
170101	001	高等数学	70
170102	001	高等数学	79
170103	001	高等数学	82
170104	001	高等数学	86
170101	003	网页制作技术	80
170102	003	网页制作技术	85
170103	003	网页制作技术	90
170104	003	网页制作技术	89

2）第二范式（2NF）。

如果关系模式 R 满足第一范式（1NF），并且每个非主属性完全函数依赖于候选键，那么称 R 满足第二范式（2NF）。

在关系模式中，若属性 A 是关系模式 R 的候选键，那么称 A 为 R 的主属性，否则称 A 为 R 的非主属性。

以上定义中所说的“完全函数依赖”是指不能仅依赖候选键中的部分属性，否则称为部分函数依赖。如图 1-19 所示，非主属性 A 部分依赖于候选键。

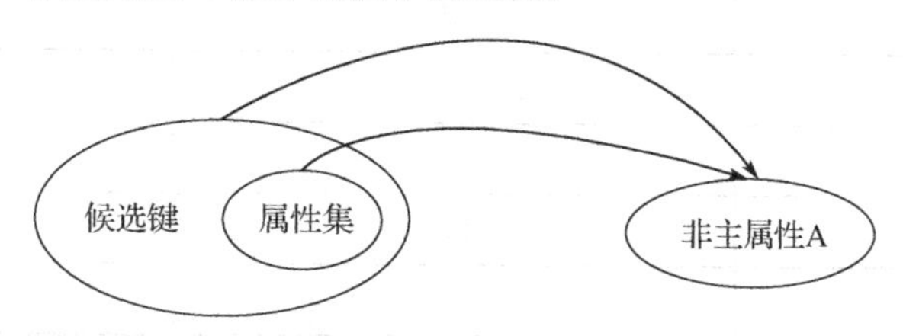

图 1-19 不满足 2NF 的部分函数依赖的示意图

例如，有关系模式 R（学号，课程编号，成绩，教师编号，教师职称），该关系模式的候选键为（学号，课程编号），各属性之间的函数依赖关系是：（学号，课程编号）→（教师编号，教师职称）和（课程编号）→（教师编号，教师职称）。观察发现，“教师编号”属性和“教师职称”属性仅依赖于候选键中的一部分，即“课程编号”属性，在该关系模式中存在部分函数依赖，不满足 2NF，此时 R 关系就会出现冗余和异常现象。例如，某一门课程有 100 个学生选修，那么在 R 关系中就会存在 100 个元组，因此教师编号和教师职称就会重复 100 次。R 关系如表 1-12 所示。

表 1-12 R 关系

学　号	课程编号	成　绩	教师编号	教师职称
S1	C1	90	T1	讲师
S2	C1	96	T1	讲师
S3	C1	80	T1	讲师
S1	C2	90	T2	副教授
S2	C2	89	T2	副教授
S3	C3	78	T1	讲师

解决上述问题，我们要将该关系模式进行分解，以满足 2NF。具体分解的原则是：将存在部分函数依赖关系的属性构成一个单独的关系模式；从原关系模式中删除部分函数依赖关系中右侧的属性，将剩余的属性构成另一个新的关系模式。例如，在上面的例子中，将存在部分函数依赖关系的 3 个属性构成新的关系模式 R1（课程编号，教师编号，教师职称），然后从原关系模式的属性中删除“教师编号”属性和“教师职称”属性，将剩下的属性构成一个新的关系模式 R2（学号，课程编号，成绩），此时的 R1 和 R2 都满足 2NF。分解之后的 R1 关系和 R2 关系分别如表 1-13 和表 1-14 所示。

表 1-13 R1 关系

课程编号	教师编号	教师职称
C1	T1	讲师
C2	T2	副教授
C3	T1	讲师

表 1-14　R2 关系

学　号	课程编号	成　绩
S1	C1	90
S2	C1	96
S3	C1	80
S1	C2	90
S2	C2	89
S3	C3	78

3）第三范式（3NF）。

如果关系模式 R 满足第二范式（2NF），并且每个非主属性都不传递函数依赖于 R 的候选键，那么称 R 满足第三范式（3NF）。

“传递函数依赖”是指若有属性 X、Y、A 存在关系 X→Y 且 Y→A，则称 X→A 是传递函数依赖（A 传递函数依赖于 X）。

在前面的分析中，我们将原关系模式 R 分解为 R1 和 R2 两个关系模式，分别满足了 2NF，其中 R2 也满足 3NF，但是 R1（课程编号，教师编号，教师职称）却不满足 3NF。这是因为在 R1 中存在函数依赖关系课程编号→教师编号，教师编号→教师职称，由此可知课程编号→教师职称，这就是一个传递函数依赖关系。此时 R1 关系中也会出现冗余和异常操作。例如，一位教师开设两门课程，那么关系中就会出现两个元组，教师职称就会重复两次，如表 1-13 所示。

解决上述问题的方案仍然是对关系模式 R1 进行分解，具体的分解方法是：将教师编号→教师职称中的属性单独构成新的关系模式 R11（教师编号，教师职称），从原关系模式的属性中删除“教师职称”属性，将剩余的属性构成另一个新关系模式 R12（课程编号，教师编号），此时的 R11 和 R12 都满足 3NF。分解之后的 R11 关系和 R12 关系如表 1-15 和表 1-16 所示，他们之间可以通过主外键连接重新得到 R1 关系。

表 1-15　R11 关系

教师编号	教师职称
T1	讲师
T2	副教授

表 1-16　R12 关系

课程编号	教师编号
C1	T1
C2	T2
C3	T1

任务实施

1. 将 E-R 图转换成关系模式

按照 E-R 图转换成关系模式的转换方法，将“学生成绩管理系统”全局 E-R 图转换成如下关系模式：

学生（学号，姓名，性别，出生日期，民族，籍贯，政治面貌，班级编号，班级名称，班主任，系编号，家庭住址，联系电话）。

课程（课程编号，课程名称，课程类别，学时，学分，学期）。

教师（教师编号，教师姓名，教师性别，职称，系编号，系名称，系主任）。

选修（学号，课程编号，成绩）。

任教（教师编号，课程编号）。

2. 对关系模式进行规范化

将得到的关系模式规范化到满足 3NF，以避免出现插入异常、更新异常、删除异常和冗余度高等问题。

1）对学生关系模式进行规范化。

经分析，学生关系模式满足 1NF 和 2NF，不满足 3NF。学生关系模式中的候选键是“学号”，“班级名称”、“班主任”和“系编号”3 个属性通过“班级编号”属性传递函数依赖于候选键“学号”，所以此关系模式不满足 3NF。

解决方法是消除这种传递函数依赖关系。将“班级编号”属性、“班级名称”属性、“班主任”属性和“系编号”属性分离出来构成班级关系模式，从原关系模式的属性中删除“班级名称”属性、“班主任”属性和“系编号”属性，将剩余的属性构成另一个新关系模式，从而将学生关系模式分解为两个关系模式，即学生关系模式和班级关系模式，如图 1-20 所示。

学生（学号，姓名，性别，出生日期，民族，籍贯，政治面貌，班级编号，班级名称，班主任，系编号，家庭住址，联系电话）

学生（学号，姓名，性别，出生日期，民族，籍贯，政治面貌，家庭住址，联系电话，班级编号）

班级（班级编号，班级名称，班主任，系编号）

图 1-20 学生关系模式的规范化

2）对教师关系模式进行规范化。

经分析，教师关系模式满足 1NF 和 2NF，不满足 3NF。教师关系模式中的候选键是“教师编号”，“系名称”属性通过“系编号”属性传递函数依赖于候选键“教师编号”，所以此关系模式不满足 3NF。

解决方法是消除这种传递函数依赖关系。将“系编号”属性、“系名称”属性、“系主任”属性分离出来构成系关系模式，从原关系模式的属性中删除“系名称”属性、“系主任”属性，将剩余的属性构成另一个新关系模式，从而将教师关系模式分解为两个关系模式，即教师关系模式和系关系模式，如图 1-21 所示。

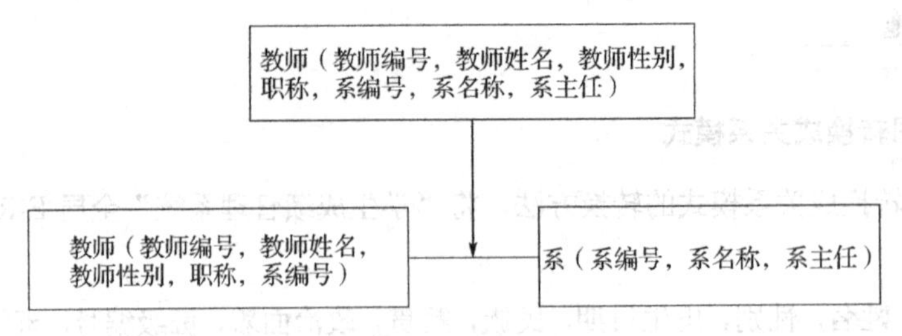

图 1-21　教师关系模式的规范化

再分别对其他关系模式分析发现，它们均已满足 3NF，最终确定规范化后的关系模式为如下的 7 个关系模式：

班级（班级编号，班级名称，班主任，系编号）。

学生（学号，姓名，性别，出生日期，民族，籍贯，政治面貌，家庭住址，联系电话，班级编号）。

系（系编号，系名称，系主任）。

教师（教师编号，教师姓名，教师性别，职称，系编号）。

课程（课程编号，课程名称，课程类别，学时，学分，学期）。

选修（学号，课程编号，成绩）。

任教（教师编号，课程编号）。

任务总结

在数据库的逻辑设计阶段，将概念设计阶段设计的 E-R 图转换成关系模式。为了防止在以后的数据库操作中出现插入、更新、删除等异常情况，在将 E-R 图转换成关系模式后，必须要对关系模式进行规范化。通过使用分解的方法，使各个关系模式满足 3NF。

注意，并不是规范化程度越高系统性能就越好，因为规范化的程度高未必能很好地保证原有的函数依赖关系能继续保持，可能会丢失语义信息。一般将关系模式规范化到满足 3NF 就可以了。

1.5　【工作任务】数据库物理设计

知识目标

- 理解物理设计的任务。
- 掌握 SQL 标识符命名规则。
- 掌握 SQL Server 系统数据类型。
- 理解数据完整性。

能力目标

- 学会依据 DBMS 的规范设计合理的数据表结构。
- 掌握数据完整性规则。

任务情境

小 S 想使用 SQL Server 作为数据库管理系统实现自己的数据库，他想了解 SQL Server 的相关知识，于是向老 K 请教。

老 K：“完成最后一步物理设计，整个数据库的设计就大功告成了。这一步中的很多工作都会由 DBMS 帮助我们完成。如果你选择使用 SQL Server 作为数据库管理系统，那么我们要做的就是将前面的关系模式转换成数据表结构，然后依据 SQL Server 的规则，确定字段名称、数据类型等。”

任务描述

项目小组根据逻辑设计阶段得到的关系模式，选择 SQL Server 2017 作为 DBMS，设计“学生成绩管理系统”数据库的物理结构。

扫描下面的二维码，了解 SQL Server 2017 的安装方法。

任务分析

物理设计是为逻辑设计阶段设计的关系模型建立一个完整的能实现的数据库结构，包括存储结构和存取方法等，其大部分工作都由 DBMS 完成，我们需要做的是确定数据库文件的长度和数据类型等，将数据库逻辑设计阶段设计的关系模式转化为 SQL Server 2017 支持的实际数据模型——数据表对象，并且建立数据库中各个数据表之间的关系。

完成任务的具体步骤如下：

（1）将关系模式转换成 SQL Server 2017 数据表结构的形式，设置表的字段及字段名、数据类型、是否允许为空值等；

（2）对数据表进行数据完整性约束设置。

知识导读

1.5.1 SQL 标识符

数据库对象的名称即标识符。它是用户定义的可识别的有特定意义的字符序列，用户定义标识符时必须符合标识符命名规则，否则将会出现错误。

SQL Server 标识符可划分为两类，分别为常规标识符与分隔标识符。

1. 常规标识符

常规标识符的命名规则：

- 第一个字符必须由字母 a～z、A～Z，以及来自其他语言的字母字符或下画线（_）、@、#构成。后续字符可以是 Unicode 标准字符集中定义的字母、十进制数字、基本拉丁字母、符号（#,_,@,$）。
- 在定义标识符时，不能占用 T-SQL 的保留字。
- 在标识符中不能含有空格或其他特殊字符。
- 标识符中的字符数量不能超过 128 个。

2. 分隔标识符

对于不符合常规标识符命名规则的标识符，必须用分隔标识符，即用方括号或双引号进行分隔。分隔标识符主要适用于以下两种情况：

- 当对象名称中包含 SQL Server 的保留字时，需要使用分隔标识符。如[ORDER]、[VIEW]等。
- 当对象名称中使用了未列入限定字符的字符时（如空格），或者当关键字作为名称的一部分时，需要使用分隔标识符，如[Person NAME]、[My TABLE]。

3. 标识符的命名法则

- 尽可能使标识符反映出对象本身所蕴含的意义或数据类型。
- 尽可能使用最简短的标识符。
- 尽量使用清晰自然的名字命名。

1.5.2 SQL Server 系统数据类型

SQL Server 2017 提供了一系列系统定义的数据类型，系统数据类型是 SQL Server 预先定义好的，可以直接使用。SQL Server 2017 常用数据类型如表 1-17 所示。

表 1-17 常用数据类型

数据类型			描述
数字类型	整型数据	bigint	取值范围最大的整型数据，其存储空间为 8 字节
		int	最常用的整型数据，其存储空间为 4 字节
		smallint	取值范围为-32 768～32 767，其存储空间为 2 字节
		tinyint	取值范围为 0～255，其存储空间为 1 字节
	小数数据	decimal numeric	decimal[(p[,s])]和 numeric[(p[,s])]表示定点精度和小数位数。在使用最大精度时，有效值为$-10^{38}+1$～$10^{38}-1$。p 表示精度，s 表示小数位数
	浮点数字数据	float	取值范围为-1.79E+308～-2.23E-308、0、2.23E-308～1.79E+308
		real	取值范围为-3.40E+38～-1.18E-38、0、1.18E-38～3.40E+38，存储大小为 4 字节
	货币数据	money	取值范围较大的货币数据，存储空间为 8 字节
		smallmoney	取值范围较小的货币数据，存储空间为 4 字节

续表

数据类型			描 述
字符类型	ASCII 字符数据	char(n)	char(n)表示长度为 n 字节的固定长度的 ASCII 字符数据，n 的取值范围为 1～8 000。存储空间为 n 字节
		varchar(n)	varchar(n)表示最大长度为 n 字节的可变长度的 ASCII 字符数据，n 的取值范围为 1～8 000。存储空间为输入字符的实际长度
		text	长度可变的非 Unicode 字符数据，最大长度为 $2^{31}-1$（2 147 483 647）字节。当服务器代码页使用双字节字符时，存储空间仍是 2 147 483 647 字节。根据字符串内容的长短，存储空间可能小于 2 147 483 647 字节
	Unicode 字符数据	nchar(n)	nchar(n)表示包含 n 个字符的固定长度的 Unicode 字符数据，n 的取值范围为 1～4 000。存储空间为 2n 字节
		nvarchar(n)	nvarchar(n)表示最多包含 n 个字符的可变长度的 Unicode 字符数据，n 的取值范围为 1～4 000。存储空间是输入字符个数的两倍（以字节为单位）
		ntext	存储长度可变的 Unicode 字符数据，最大长度为 $2^{30}-1$（1 073 741 823）个字符。存储空间是输入字符个数的两倍（以字节为单位）
日期和时间类型		datetime	日期范围为 1753 年 1 月 1 日～9999 年 12 月 31 日，精度为 3.33 毫秒。存储空间为 8 字节
		smalldatetime	日期范围为 1900 年 1 月 1 日～2079 年 6 月 6 日，精度为 1 分钟。存储空间为 4 字节
		date	保存日期数据，默认的格式为 YYYY-MM-DD
		time	保存时间数据，其精度可以达到 100 纳秒
位类型		bit	可以取值为 1 或 0，一般用作判断
二进制类型		binary(n)	binary (n)表示固定长度的 n 字节二进制数据。n 的取值范围为 1～8 000
		varbinary(n)	varbinary (n) 表示 n 字节变长二进制数据。n 的取值范围为 1～8 000
		image	image 数据类型的列可以用于存储超过 8KB 的可变长度的二进制数据，如图像、图形、Word 文档、Excel 文档等
其他类型		cursor,sql_variant,table,timestamp,uniqueidentifier,xml,hierarchyid	

说明：

- 数字类型中的数字可以参加各种数学运算。
- 字符类型主要用于存储由字母、数字和其他特殊符号组成的字符串。在引用字符串时要用单引号括起来。
- 字符类型的数据分为两类，一类是 ASCII 字符数据，另一类是 Unicode 字符数据。在存储 ASCII 字符数据时，1 个西文字符占用 1B 存储空间，1 个中文字符占用 2B 存储空间；在存储 Unicode 字符数据时，1 个西文字符占用 2B 存储空间，1 个中文字符占用 2B 存储空间。
- 字符类型分为两类，一类是定长字符类型，如 char(n)、nchar(n)；另一类是变长字符类型，如 varchar(n)、nvarchar(n)。二者的区别在于定长字符类型（char、nchar）用于存储固定长度的字符数据，如学号，当实际存储容量小于预定容量时，剩余部分用空格补足；而变长字符类型（varchar、nvarchar）用于存储可变长度的字符数据，如地址信息，当实际存储容量小于预定容量时，剩余部分被系统回收，按输入字符实际长度存储。

- 其他类型。使用这些数据类型可以完成特殊数据对象的定义、存储和使用。

以上是系统数据类型，在实际应用中，有时这些数据类型不能满足实际需要，因此，SQL Server 还提供了用户自定义数据类型的功能。

1.5.3 数据完整性

数据完整性是指数据的准确性和一致性。利用数据完整性限制数据表中输入的数据，减少数据输入错误的问题，防止数据库中存在不正确的数据。关系模型中有 3 类完整性约束：实体完整性、参照完整性（引用完整性）和用户自定义完整性。

1. 实体完整性

实体完整性是指数据表中行的完整性，主要用于保证操作的数据（记录）非空、唯一且不重复。实体完整性要求每个数据表有且只有一个主键，每一个主键值必须唯一，并且不允许为空，从而使数据表中每一条记录都是唯一的，如学生表中以学号为主键。

2. 参照完整性

参照完整性属于数据表间的规则，主要用于保证有关联的两个或两个以上数据表之间数据的一致性。例如，删除父表的某记录后，子表的相应记录未删除，致使这些记录成为孤立记录，影响了数据完整性。在插入、修改或删除记录时，参照完整性用于保证相关联的多个数据表中数据的一致性和更新的同步性。参照完整性通过建立主键和外键约束关系来实现，用于保证相关联的数据表之间数据的一致性。其作用表现在如下几个方面：

- 禁止向外键列中插入主键列中没有的值。
- 禁止修改外键列值，而不修改主键列值。
- 禁止先从主键列所属的数据表中删除数据行。

例如，向成绩表中添加某门课程的成绩，这门课程必须在课程表中存在。

3. 用户自定义完整性

用于限制用户向数据表中输入的数据，它是一种强制性的数据定义，如成绩列的值的取值范围为 0～100。

任务实施

根据 SQL Server 的规则，将逻辑设计阶段设计的关系模式转换成 SQL Server 2017 数据表结构的形式，设计出数据表中的字段及其对应的字段名、数据类型、长度、是否允许为空值和完整性约束规则等。在为数据表和数据表的字段命名时，要符合标识符的命名规则；在为字段选择数据类型时，要依据数据的存储需要，以及 SQL Server 提供的各类数据类型的特点，选择合适的数据类型。设计出的数据表结构如表 1-18～表 1-24 所示。

表 1-18　Student 表结构

字段名称	别　名	数据类型	长　度	是否允许为空值	说　明
s_id	学号	char	10	否	主键，2 位入学年份+2 位系编号+4 位班级序号+2 位个人序号
s_name	姓名	char	10	否	
s_sex	性别	char	2	是	取值“男”“女”，默认“女”
born_date	出生日期	smalldatetime		是	
nation	民族	char	10	是	默认“汉”
place	籍贯	char	16	是	
politic	政治面貌	char	10	是	默认“团员”
tel	联系电话	char	20	是	
address	家庭住址	varchar	40	是	
class_id	班级编号	char	8	否	外键
resume	备注	varchar	100	是	

表 1-19　class 表结构

字段名称	别　名	数据类型	长　度	是否允许为空值	说　明
class_id	班级编号	char	8	否	主键，2 位入学年份+2 位系编号+4 位班级序号
class_name	班级名称	varchar	30	否	不能有重复值
tutor	班主任	char	10	是	
dept_id	系编号	char	2	否	外键

表 1-20　dept 表结构

字段名称	别　名	数据类型	长　度	是否允许为空值	说　明
dept_id	系编号	char	2	否	主键
dept_name	系名称	varchar	30	否	不能有重复值
dept_head	系主任	char	10	是	

表 1-21　Course 表结构

字段名称	别　名	数据类型	长　度	是否允许为空值	说　明
c_id	课程编号	char	6	否	主键，2 位学年+2 位系编号+2 位课程序号
c_name	课程名称	char	20	否	
c_type	课程类别	char	10	是	
period	学时	int		是	非负数
credit	学分	int		是	非负数

续表

字段名称	别　名	数据类型	长　度	是否允许为空值	说　明
semester	学期	char	11	否	

表 1-22　Score 表结构

字段名称	别　名	数据类型	长　度	是否允许为空值	说　明
s_id	学号	char	10	否	主键
c_id	课程编号	char	6	否	主键
grade	成绩	int		是	取值范围为 0～100 分
resume	成绩备注	varchar	40	是	

表 1-23　Teacher 表结构

字段名称	别　名	数据类型	长　度	是否允许为空值	说　明
t_id	教师编号	char	4	否	主键，2 位系编号+2 位教师序号
t_name	教师姓名	char	10	否	
t_sex	教师性别	char	2	是	取值“男”“女”
title	职称	char	10	是	
dept_id	系编号	char	2	是	外键

表 1-24　Teach 表结构

字段名称	别　名	数据类型	长　度	是否允许为空值	说　明
t_id	教师编号	char	4	否	主键
c_id	课程编号	char	6	否	主键

任务总结

数据库物理设计的任务是为给定的逻辑数据模型选择一个适合的数据库管理系统，其目标是根据数据的存储结构选择合理的存储路径，以提高数据库访问速度并有效利用存储空间。

思考与练习

一、选择题

1．数据库管理系统的英文缩写是（　　）。

A．DBMS　　B．DBS　　C．DBA　　D．DB

2．SQL Server 2017 是一个（　　）的数据库管理系统。

A．网状型　　B．层次型　　C．关系型　　D．以上都不是

3．数据库系统是采用了数据库技术的计算机系统，数据库系统由数据库、数据库管理系统、应用系统和（　　）组成。

A．系统分析员　　B．程序员

C．数据库管理员　　D．操作员

4．数据库（DB）、数据库系统（DBS）和数据库管理系统（DBMS）之间的关系是（　　）。

A．DBS 包括 DB 和 DBMS　　B．DBMS 包括 DB 和 DBS

C．DB 包括 DBS 和 DBMS　　D．DBS 就是 DB，也就是 DBMS

5．在概念模型中，客观存在并可相互区别的事物称为（　　）。

A．实体　　B．元组　　C．属性　　D．节点

6．公司中有多个部门和多名职员，每个职员只能属于一个部门，一个部门可以有多名职员，部门和职员的联系类型是（　　）。

A．多对多　　B．一对一　　C．多对一　　D．一对多

7．概念设计是整个数据库设计的关键，它通过对用户需求进行综合、归纳与抽象，形成一个独立于具体 DBMS 的（　　）。

A．数据模型　　B．概念模型　　C．层次模型　　D．关系模型

8．在概念设计阶段，表示概念结构的常用方法和描述工具是（　　）。

A．层次分析法和层次结构图　　B．数据流程分析法和数据流程图

C．实体-联系方法（E-R 图）　　D．结构分析法和模块结构图

9．下面的选项不是关系数据库基本特征的是（　　）。

A．不同的列应有不同的数据类型　　B．不同的列应有不同的列名

C．与行的次序无关　　D．与列的次序无关

10．在关系数据库设计中，对关系模式进行规范化处理，使关系模式满足一定的范式，如满足 3NF，这是（　　）阶段的任务。

A．需求分析阶段　　B．概念设计阶段

C．物理设计阶段　　D．逻辑设计阶段

11．数据库设计，在对关系模式进行规范化处理时，一般规范化到满足（　　）就足够了。

A．第一范式　　B．第二范式　　C．第三范式　　D．第四范式

12．在进行数据库设计时，设计者应当按照数据库的设计范式进行数据库设计，以下关于三大范式说法错误的是（　　）。

A．第一范式的目标是确保每列的原子性

B．第三范式在第二范式的基础上，确保表中的每行都和主键相关

C．第二范式在第一范式的基础上，确保表中的每列都和主键相关

D．第三范式在第二范式的基础上，确保表中的每列都和主键直接相关，而不是间接相关

13．关于主键描述正确的是（　　）。

A．包含一列　　B．包含两列

C．包含一列或多列　　D．以上都不正确

14. 一个关系候选键可以有 1 个或多个，而主键有（　）。

A. 多个　　B. 0 个　　C. 1 个　　D. 1 个或多个

15. 如果在一个关系中，存在某个属性，虽然不是该关系的主键，但却是另一个关系的主键时，称该属性为这个关系的（　）。

A. 候选键　　B. 主键　　C. 外键　　D. 连接键

16. 现有关系模式：学生（学号，姓名，课程号，系号，系名，成绩），为消除数据冗余，至少需要分解为（　）。

A. 1 个关系模式　　B. 2 个关系模式　　C. 3 个关系模式　　D. 4 个关系模式

17. 将 E-R 图转换成关系模式时，如果实体间的联系是 $m:n$，下列说法中正确的是（　）。

A. 将 n 方键和联系的属性纳入 m 方的属性中

B. 将 m 方键和联系的属性纳入 n 方的属性中

C. 增加一个关系表示联系，其中纳入 m 方和 n 方的键

D. 在 m 方属性和 n 方属性中均增加一个表示级别的属性

18. SQL Server 的字符型系统数据类型包括（　）。

A. int、money、char　　B. char、varchar、text

C. datetime、binary、int　　D. char、varchar、int

19. 关系数据规范化是为解决关系数据中（　）问题而引入的。

A. 插入、删除和数据冗余　　B. 减少数据操作的复杂性

C. 保证数据的安全性和完整性　　D. 提高查询速度

20. 关于数据库的设计范式，以下说法错误的是（　）。

A. 数据库的设计范式有助于规范化数据库的设计

B. 数据库的设计范式有助于减少数据冗余

C. 设计数据库，在对关系模式进行规范化处理时，一般规范化到满足 3NF 即可

D. 设计数据库时，关系模式满足的范式级别越高，系统性能就越好

二、填空题

1. ________是数据库系统的核心，它负责数据库的配置、存取、管理和维护等工作。

2. 数据库是指长期存储于计算机中的、有组织的、可共享的相关____________的集合。

3. _________是目前最常用也是最重要的一种数据模型。采用该模型作为数据组织方式的数据库系统称为__________。

4. 在数据库运行阶段，对数据库经常性的维护工作主要是由________完成的。

5. 关系数据模型中，二维表的列称为________，二维表的行称为________。

6. 用户可以在表中选一个候选键为________，其属性值不能为________。

7. 已知系（系编号，系名称，系主任，电话，地点）和学生（学号，姓名，性别，入学日期，专业，系编号）共两个关系模式，系关系模式的主键是________，学生关系模式的主键是________，学生关系模式的外键是________。

8. 实体之间的联系有________、________、________共 3 种。

9. E-R 模型是对现实世界的一种抽象，它的主要成分是________、属性和________。

10．________是数据库中存储数据的基本单位。

11．域是实体中相应属性的__________，性别属性的域包含有________两个值。

12．在一个关系中不允许出现重复的________，也不允许出现具有相同名字的________。

13．主键是一种______________键，主键中的________个数没有限制。

14．若一个关系为 R（学号，姓名，性别，年龄），则________可以作为该关系的主键，姓名、性别和年龄为该关系的________属性。

15．一个多对多联系转换成一个关系模式，该关系模式的码为__________________。

16．数据完整性是指数据的________和________。

17．数据完整性的类型有________完整性、________完整性和用户定义完整性。

三、简答题

1．什么是数据库管理系统，它的主要功能是什么？

2．数据库设计步骤分为哪几个阶段，各阶段的主要任务是什么？

3．什么是关系，其主要特点是什么？

4．E-R 模型转化为关系模型应遵循的原则是什么？

5．什么是数据库的完整性，主要包括哪些内容？

第2章

数据库的创建与管理

2.1 【工作任务】创建“学生成绩管理系统”数据库

知识目标

- 初步认识 SQL Server 数据库及其对象。
- 掌握估算数据库中数据文件大小的方法。
- 掌握创建“学生成绩管理系统”数据库的方法。

能力目标

- 能根据实际估算出数据库的规模大小。
- 能根据实际确定数据库的文件、名称、所有者、大小和存储位置等参数。
- 会使用“对象资源管理器”创建数据库。
- 会使用 T-SQL 语句创建数据库。

任务情境

小 S 选择了 SQL Server 作为数据库搭建的环境，接下来他准备根据在物理设计阶段设计好的数据表结构创建数据表，可是不知从何下手，于是去请教老 K。

小 S：“我已经将 SQL Server 2017 安装好了，下面是不是可以创建数据表啦？”

老 K：“数据表是数据库的一个对象，它的存在必须建立在某个数据库上，所以创建数据库是创建数据表的前提。”

小 S：“好的，我这就学习如何创建数据库。”

老 K：“SQL Server 提供了两种不同的创建数据库的方式，你可以先了解数据管理软件对数据库的管理方式。”

任务描述

凌阳科技公司在和新华职业技术学院相关人员交流后，得知学院有在校生 5000 人，共有 5 系 1 部，30 个专业，120 个班级，平均每个班开设 28 门课程，还有若干门选修课程。现在要求使用 SQL Server 2017 创建“学生成绩管理系统”数据库。

任务分析

每个 SQL Server 数据库均由一组操作系统文件存储于磁盘中，这些操作系统文件存储了数据库中的所有数据和对象，所以在创建数据库前必须先确定数据库的名称、对应的各物理文件的名称、初始大小、存储位置，以及用于存储这些文件的文件组。

完成任务的具体步骤如下：

（1）估算数据库的规模大小；

（2）确定数据库的文件、名称、所有者、大小和存储位置等；

（3）创建“学生成绩管理系统”数据库。

知识导读

2.1.1　系统数据库

SQL Server 2017 中的数据库包括两类：一类是系统数据库，另一类是用户数据库。系统数据库在 SQL Server 2017 安装时就被安装，存储着系统的重要信息，和 SQL Server 2017 数据库管理系统共同完成管理操作，在 SQL Server 2017 中，默认的系统数据库有 master、model、msdb、tempdb 和 resource 数据库。用户数据库是由 SQL Server 2017 的用户在 SQL Server 2017 安装后创建的，专门用于存储和管理用户的特定业务信息。

下面简单介绍 SQL Server 2017 提供的系统数据库。

1. master 数据库

master 数据库记录 SQL Server 系统的所有系统级别信息，包括 3 类：所有的登录账号和系统配置设置，其他数据库及数据库文件的位置，以及 SQL Server 的初始化信息。

2. model 数据库

model 数据库是 SQL Server 实例上创建的所有数据库的模板。例如，使用 T-SQL 语句创建一个新的空白数据库时，将使用模板中规定的默认值来创建。

3. msdb 数据库

msdb 数据库主要用于 SQL Server 代理计划警报、作业、Service Broker 和数据库邮件等。另外有关数据库备份和还原的记录，也会写在该数据库中。

4. tempdb 数据库

tempdb 数据库用于保存临时对象（全局或局部临时表、临时存储过程、表变量、游标）或中间结果集。每次启动 SQL Server 都会重新创建 tempdb 数据库，并且存储本次启动后所有产生的临时对象和中间结果集，在断开连接时又会将它们自动删除。

5. resource 数据库

resource 数据库是一个特殊的数据库，它是一个只读数据库，包含 SQL Server 2017 中的系统对象。系统对象在物理上保留在 resource 数据库中，但在逻辑上显示在每个数据库的 sys 架构中。因此，使用 resource 数据库，可以方便地升级到新的 SQL Server 版本，而不会失去原来系统数据库中的信息。

2.1.2 文件和文件组

数据库是 SQL Server 中用于存储数据的工具。在逻辑上，一个数据库是由若干个用户可视的组件构成的，包括数据表、视图、索引、存储过程、触发器等，这些组件被称为数据库对象。用户可以利用逻辑数据库的数据库对象存储或读取数据库中的数据，也可以直接或间接地利用数据库对象在不同应用程序中完成存储、操作和查询等工作。数据库对象可以在"对象资源管理器"中查看。

在物理上，数据库是以文件或文件组的形式存储于存储介质中的。这种物理表现只对数据库管理员可见，对用户是透明的。每个 SQL Server 数据库可以使用 3 种类型的文件来存储数据，分别是主要数据文件、次要数据文件和事务日志文件。数据文件用于存储数据和对象，如数据表、视图和索引等；事务日志文件用于保存恢复数据库的日志信息。一个 SQL Server 数据库至少包含一个主要数据文件和一个事务日志文件，为了实现大容量和分布式处理，除了一个主要数据文件，还可以创建多个次要数据文件。

1. 主要数据文件

主要数据文件的文件扩展名是.mdf。主要数据文件在数据库创建时生成，可存储用户数据和数据库中的对象。每个数据库有且只有一个主要数据文件。

2. 次要数据文件

次要数据文件的文件扩展名是.ndf。次要数据文件可在数据库创建时生成，也可在数据库创建后添加，可以存储用户数据。次要数据文件主要用于将数据分散到多个磁盘中。如果数据库文件过大，超过了单个 Windows 文件的最大尺寸，可以使用次要数据文件将数据分开保存。

3. 事务日志文件

事务日志文件的文件扩展名是.ldf。事务日志文件在数据库创建时生成，用于记录所有事务及每个事务对数据库所做的修改，这些记录就是恢复数据库的依据。在系统出现故障时，通过事务日志文件可将数据库恢复到正常状态。每个数据库必须至少有一个事务日志文件。

4. 文件组

为了便于分配和管理，可以将数据文件集合起来放到文件组中，类似文件夹。文件组主要用于分配磁盘空间并进行管理。每个文件组有一个组名。与数据文件一样，文件组也分为主文件组

（Primary File Group）和次文件组（Secondary File Group）。利用文件组可以优化数据存储，并且将不同的数据库对象存储于不同的文件组中，以提高输入/输出的性能。

创建与使用文件组还需要遵守以下规则：

- 主要数据文件必须存储于主文件组中。
- 与系统相关的数据库对象必须存储于主文件组中。
- 一个数据文件只能存储于一个文件组中，而不能同时存储于多个文件组中。
- 数据库的数据信息和日志信息不能存储于同一个文件组中，必须分开存储。
- 事务日志文件不能存储于任何文件组中。

2.1.3 数据存储方式

数据页（又称页）是 SQL Server 中数据存储的基本单位。在 SQL Server 中，页的大小为 8KB，每页的开头是 96B 的标头，用于存储有关页的系统信息。此信息包括页码、页类型、页的可用空间及该页对象的分配单元 ID。在 SQL Server 数据库中存储 1MB 的数据需要 128 页。

SQL Server 以区为管理页的基本单位，所有页都存储于区中。一个区包括 8 个物理上连续的页（64KB）。SQL Server 有两种类型的区，分别是统一区和混合区。统一区是指该区仅属于一个对象所有，即区中的 8 页由一个对象使用。混合区是指该区由多个对象共享（对象的个数最多是 8 个），区中的 8 页由不同的对象使用。

SQL Server 在分配页时，通常优先从混合区分配页给数据表或索引，当数据表或索引的数据容量增加到 8 页时，就改为从统一区给数据表或索引的后续内容分配页。

2.1.4 使用“对象资源管理器”创建数据库

使用“对象资源管理器”创建数据库的具体步骤如下。

（1）启动 SQL Server Management Studio 应用程序，在“对象资源管理器”中展开“服务器”节点，右击“数据库”节点，然后在弹出的快捷菜单中选择“新建数据库”选项，如图 2-1 所示。

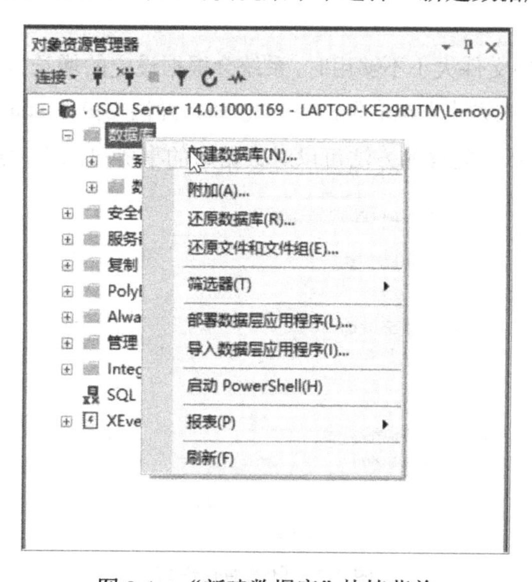

图 2-1 “新建数据库”快捷菜单

（2）在打开的“新建数据库”窗口中有 3 个选择页，分别是“常规”、“选项”和“文件组”。完成对这 3 个选择页中内容的设置后，就完成了数据库的创建工作，如图 2-2 所示。

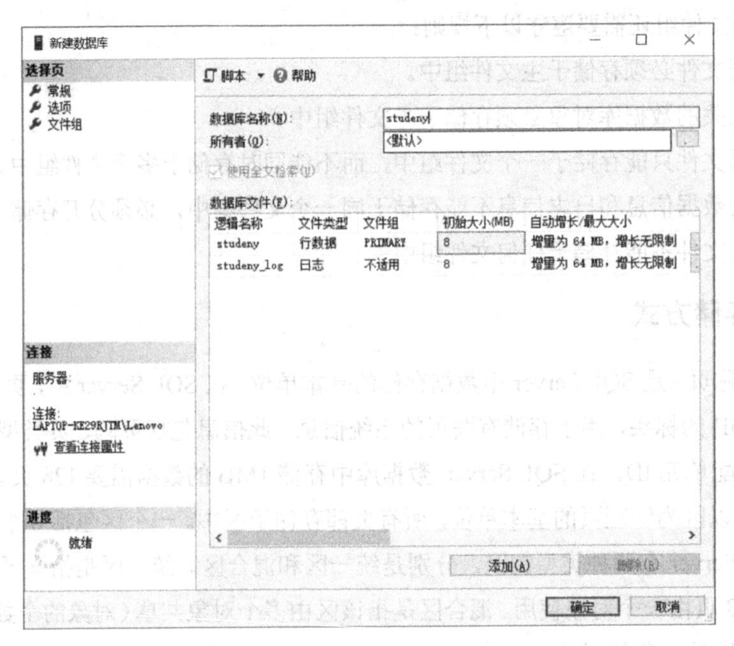

图 2-2 “新建数据库”窗口

（3）在“常规”选择页的“数据库名称”文本框中输入数据库的名称“student”。“数据库文件”列表中包括两行，一行是主要数据文件，一行是事务日志文件，该列表中各字段的含义如下。

- 逻辑名称：指定数据库文件的文件名称，可以采用默认，也可以自定义，但要唯一。
- 文件类型：用于区别当前文件是数据文件还是事务日志文件。
- 文件组：指定数据库文件属于哪个文件组，一个数据库文件只存在于一个文件组中。
- 初始大小：设置文件的初始大小，数据文件的默认值是 8MB，事务日志文件的默认值是 8MB。
- 自动增长：当设置的文件大小不够用时，系统会根据设定的增长方式使文件大小自动增长。单击“自动增长/最大大小”框右侧的 ... 按钮，弹出“更改 student 的自动增长设置”对话框，如图 2-3 所示。同样的方法可以对数据库的事务日志文件进行自动增长方式设置。

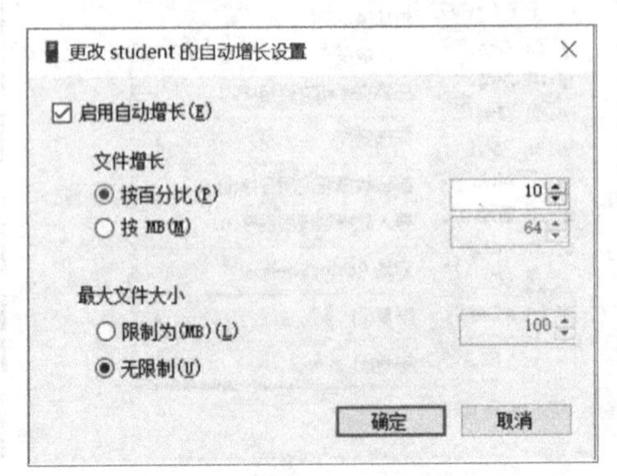

图 2-3 自动增长设置

- 路径：指定数据库文件的物理存储位置。单击“路径”框右侧的 ... 按钮，打开“定位文件夹”对话框，更改 student 数据库文件的存储路径为“D:\”。

（4）在“选项”选择页中，可以定义所创建数据库的排序规则、恢复模式、兼容级别、恢复、游标和状态等选项，本任务采用默认值。

（5）在“文件组”选择页中，可以设置数据库文件所属的文件组，可通过“添加”或“删除”按钮来更改数据库文件所属的文件组，本任务采用默认值，不做任何设置。

（6）设置完成后，单击“确定”按钮，返回“SQL Server Management Studio”窗口，数据库创建成功，在“对象资源管理器”中展开“数据库”节点，即可查看已创建的 student 数据库。

2.1.5　T-SQL 简介

SQL Server 创建应用程序使用 T-SQL 语言。T-SQL 语言是结构化查询语言的简称，是一种高级的非过程化编程语言。一般采用两种方法实现应用程序与 SQL Server 数据库的交互：一种是在应用程序中使用操作记录的命令语句，然后将这些语句发送给 SQL Server 并对返回的结果进行处理；另一种是在 SQL Server 中定义存储过程，其中包含对数据库的一系列操作。这些操作是分析和编译后的 T-SQL 程序，它驻留在数据库中，可以被应用程序调用，并允许数据以参数的形式在存储过程与应用程序之间传递。

在表 2-1 中，列出了 T-SQL 参考的语法约定，并且进行了说明。

表 2-1　T-SQL 参考的语法约定

约　定	说　明
大写	T-SQL 关键字
小写	用户提供的 T-SQL 语法的参数
|（竖线）	分隔语法项，只能使用其中一项
[ ]（方括号）	可选语法项。
{ }（花括号）	必选语法项。
[,...n]	指示前面的项可以重复 n 次。各项之间以逗号分隔
[...n]	指示前面的项可以重复 n 次。各项之间以空格分隔

2.1.6　使用 T-SQL 语句创建数据库

语法格式如下：

```
CREATE DATABASE 数据库名称
[ON [PRIMARY]
    [<描述> [,...n]]
    [,<文件组> [,...n]]
]
[LOG ON {<描述> [,...n]}]
<描述>::=
{
    (
        NAME=文件的逻辑名称,
        FILENAME=文件的物理名称（包含完整路径名）
        [,SIZE=size]
```

```
        [,MAXSIZE={max_size}]
        [,FILEGROWTH=增长速度[增长大小|百分比]]
    )[,...n]
}
```

说明：

- 描述。数据文件或事务日志文件的描述。
- NAME。文件的逻辑名称。同一个数据库中的文件不能重名。
- FILENAME。文件的物理名称，必须包含完整路径名。物理名称和逻辑名称一一对应。
- SIZE。文件的初始大小，默认单位为MB。
- MAXSIZE。文件占用的最大空间。使用UNLIMITED关键字时，文件可不断增长，直到充满磁盘。
- FILEGROWTH。文件的增长速度，默认为10%。若设置值为0，则不增长。

创建数据库时需要考虑以下事项：

- 数据库名称在服务器中必须唯一。
- 创建数据库的用户将自动成为该数据库的所有者。
- 在一个服务器上，最多可以创建32 767个数据库。
- 数据文件占用的最大空间要为日后在使用过程中可能产生增加存储空间的要求留有余地。
- 数据库名称必须遵循标识符的命令规则。

【例2-1】使用T-SQL语句，创建一个名为score的数据库，包含一个主要数据文件，一个次要数据文件和一个事务日志文件。主要数据文件的逻辑名称为score_data，初始大小为3MB，占用的最大空间为8MB，增长速度为10%。次要数据文件的逻辑名称为score_data1，初始大小为2MB，占用的最大空间为5MB，增长速度为1MB。事务日志文件的逻辑名称为score_log，初始大小为2MB，占用的最大空间不受限制，增长速度为1MB。

新建查询，在查询编辑器窗口输入如下T-SQL语句：

```
CREATE DATABASE score
ON PRIMARY
(
    NAME=score_data,
    FILENAME='D:\student\score_data.mdf',          --目录要存在
    SIZE=3MB,
    MAXSIZE=8MB,
    FILEGROWTH=10%
),
(
    NAME=score_data1,
    FILENAME='D:\student\score_data1.ndf',
    SIZE=2MB,
    MAXSIZE=5MB,
    FILEGROWTH=1MB
)
LOG ON
(
    NAME=score_log,
    FILENAME='D:\student\score_log.ldf',
```

```
    SIZE=2MB,
    MAXSIZE=UMLIMITED,
    FILEGROWTH=1MB
)
```

提 示 本例数据库创建在 D 盘的 student 文件夹中。若 D 盘中没有 student 文件夹，应先创建 student 文件夹。

单击工具栏上的“执行”按钮执行上述 T-SQL 语句，如果成功执行，那么会在消息窗格中显示“命令已成功完成。”的提示消息。

任务实施

1. 数据库中数据文件大小的估算

1）估算数据部分大小。由于在该系统中，系部表和班级表的数据量相对于成绩表来说很小，所以下面主要考虑学生表和成绩表的数据量。

学生表数据：5000=5000 条记录。

成绩表数据：5000×28=140000 条记录。

一个数据页的大小为 8KB，每页的开头是 96B 的标头，假设学生表的每条记录大小均为 200B，一个数据页可存储（8×1024B−96B）÷200B≈40 条记录，学生表将占用 5000÷40=125 个数据页的空间；假设成绩表的每条记录大小均为 50B，一个数据页可存储（8×1024B−96B）÷50B≈160 条记录，成绩表将占用 140000÷160=875 个数据页的空间；所以，数据部分所需的总字节数为：（125+875）×8KB÷1024≈8MB。

提 示 每个数据页的占用空间为 8192B（8KB），但用于存储数据页类型、可用空间等信息的数据页标头要占用 96B，所以每个数据页实际可用空间为 8096B。

2）估算索引部分大小。索引的知识将在后面介绍。SQL Server 中有两种类型的索引，即聚集索引和非聚集索引。

对于聚集索引，索引大小为数据大小的 1%以下是一个比较合理的取值；对于非聚集索引，索引大小为数据大小的 15%以下是一个比较合理的取值。所以，如果创建聚集索引，则索引的大小为 8MB×1%=0.08MB；如果创建非聚集索引，则索引的大小为 8MB×15%=1.2MB。

将数据部分与索引部分相加就是该数据库主要数据文件的初始大小，约为 10MB。

由于本教材中的“学生成绩管理系统”数据库是个教学示例数据库，因此在后面创建数据库的任务中没有按这里的估算值设置，而是将数据库主要数据文件的初始大小设为 3MB，增长速度设为 10%；将事务日志文件的初始大小设为 1MB，增长速度设为 1MB。

2. 确定数据库文件的名称、初始大小、存储位置

根据任务分析，现将“学生成绩管理系统”中的数据库名称、对应的各种操作系统文件的名称、初始大小、存储位置及所有者确定如下：

- 数据库的名称为 student。
- 数据库的主要数据文件名称为 student.mdf，存储位置为“D:\student”，初始大小为 3MB，

占用的最大空间不受限制，增长速度为 10%。

- 数据库的事务日志文件名称为 student_log.ldf，存储位置为“D:\student”，初始大小为 1MB，占用的最大空间为 10MB，增长速度为 1MB。
- 数据库的所有者是对数据库具有完全操作权限的用户，这里选择默认设置。

3. 创建“学生成绩管理系统”数据库

新建查询，在查询编辑器中输入如下 T-SQL 语句：

```
CREATE DATABASE student                          --student 为数据库名称
ON PRIMARY                                       --主要数据文件
(
    NAME=student,
    FILENAME='D:\student\student.mdf',
    SIZE=3MB,
    MAXSIZE=UNLIMITED,
    FILEGROWTH=10%
)
LOG ON                                           --数据库的日志文件
(
    NAME=student_log,
    FILENAME='D:\student\student_log.ldf',
    SIZE=1MB,
    MAXSIZE=10MB,
    FILEGROWTH=1MB
)
```

单击工具栏上的“执行”按钮，检查错误语法，如果通过，那么在消息窗格中显示“命令已成功完成。”的提示消息。

任务总结

本任务对 SQL Server 2017 的系统数据库、文件和文件组及数据库容量的估算做了介绍，并且完成了“学生成绩管理系统”数据库的创建。与之相关的知识点主要有以下几点。

- SQL Server 2017 系统数据库：master、model、msdb、tempdb 和 resource 数据库。
- SQL Server 2017 用户数据库的文件类型：主要数据文件、次要数据文件和事务日志文件。
- 创建数据库的两种方法：使用“对象资源管理器”创建和使用 T-SQL 语句创建。

2.2 【工作任务】管理“学生成绩管理系统”数据库

知识目标

- 掌握使用“对象资源管理器”查看、修改数据库的方法。
- 掌握使用 T-SQL 语句管理数据库的方法。

能力目标

- 会查看数据库状态信息。
- 会修改主要数据文件。
- 会添加次要数据文件。
- 会添加事务日志文件。
- 会修改事务日志文件。
- 会删除事务日志文件。

任务情境

小 S 顺利地完成了数据库的创建工作，但是他发现因为自己的疏忽，数据库的个别参数设置有误，需要修改。于是去请教老 K。

老 K：“数据库创建好后不可能一成不变，所以需要对数据库进行管理维护。管理维护数据库包括查看、修改和删除数据库。其中，修改数据库包括：增加、删除次要数据文件和事务日志文件，修改数据文件和事务日志文件中的参数，重命名数据库。这些操作都可以通过两种方式完成。”

小 S：“原来如此，我马上去学习。”

任务描述

凌阳科技公司在创建好“学生成绩管理系统”数据库后，需要查看该数据库并对该数据库进行改动，具体要求如下：

- 查看 student 数据库。
- 修改主要数据文件 student，将初始大小修改为 5MB，占用的最大空间和增长速度不变。
- 添加一个逻辑名称为 student1、物理名称为 student1.ndf 的次要数据文件，文件初始大小为 4MB，占用的最大空间为 10MB，增长速度为 1MB。
- 添加一个逻辑名称为 student_log1、物理名称为 student_log1.ldf 的事务日志文件，文件属性采用默认值。
- 删除事务日志文件 student_log1。
- 修改数据库名称为 studentDB。

任务分析

在创建好数据库后，在使用中可根据情况对数据库进行修改，SQL Server 2017 可以方便地查看数据库的状态，允许修改数据库的选项设置。

完成任务的具体步骤如下：

（1）查看数据库状态信息；

（2）修改主要数据文件；

（3）添加次要数据文件；

（4）添加事务日志文件；

（5）删除事务日志文件；

（6）重命名数据库。

知识导读

2.2.1 使用“对象资源管理器”管理数据库

1. 查看数据库

在“对象资源管理器”中找到要查看的数据库，然后在其上右击，在弹出的快捷菜单中选择“属性”选项，打开“数据库属性”窗口，即可查看数据库的基本信息、文件信息、选项信息、文件组信息和权限信息等，如图 2-4 所示。

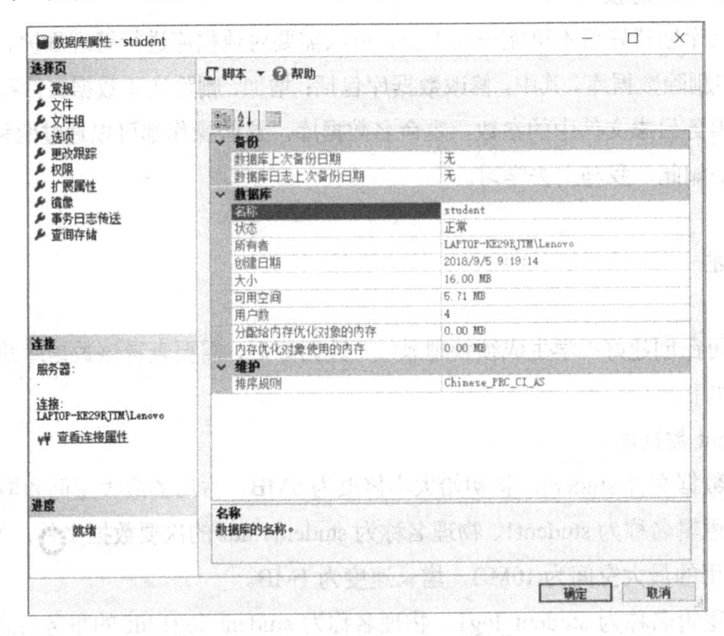

图 2-4 “数据库属性”窗口

2. 修改数据库

数据库的修改主要包括修改数据库名称、增减次要数据文件和事务日志文件、修改文件属性、修改数据库选项等。

在一般情况下，不建议用户修改创建好的数据库名称，因为许多应用程序可能已经使用了该数据库的名称，在更改了数据库的名称之后，还需要修改相应的应用程序中与之对应的数据库名称。

在“对象资源管理器”中找到要修改的数据库名称节点（如 student 数据库），在该节点上右击，在弹出的快捷菜单中选择“重命名”选项，即可直接修改数据库名称，如图 2-5 所示。

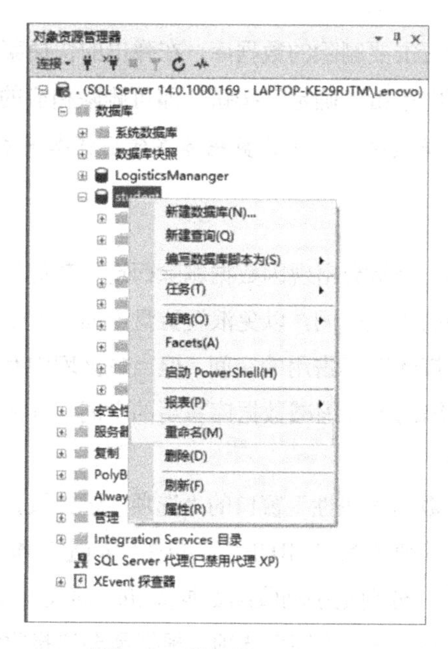

图 2-5　修改数据库名称

如果要修改数据库文件的逻辑名称，那么在该数据库的名称节点上右击，在弹出的快捷菜单中选择“属性”选项，在弹出的“数据库属性”窗口中选择“文件”选择页，如图 2-6 所示。

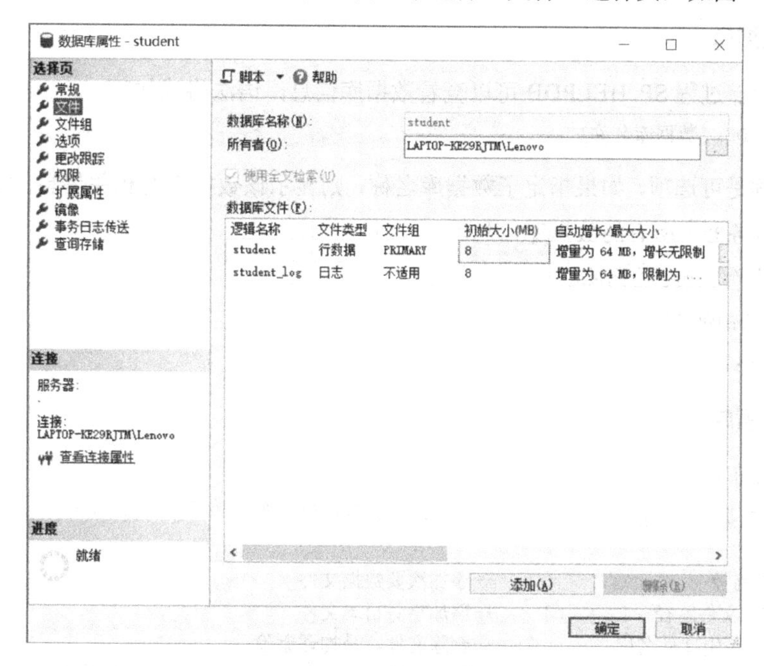

图 2-6　修改数据库文件逻辑名称

3. 删除数据库

删除数据库是在数据库及其中的数据失去利用价值后，为了释放被占用的磁盘空间而进行的操作。当删除一个数据库时，会删除数据库中所有的数据和该数据库所对应的磁盘文件。删除之后再恢复是很麻烦的，必须从备份中恢复数据库，或者通过它的事务日志文件来恢复，所以删除数据库应格外谨慎。

在“对象资源管理器”中右击要删除的数据库，在弹出的快捷菜单中选择“删除”选项，然后在打开的“删除对象”对话框中单击“确定”按钮，即可删除相应的数据库。

提 示 不能删除系统数据库；用户数据库在使用状态下不能被删除。

4. 收缩数据库

数据库在使用一段时间后，经常会出现因数据删除而造成数据库中空闲空间太多的情况，这时就需要减少分配给数据库文件的磁盘空间，以免浪费磁盘空间，当数据库中没有数据时，可以通过修改数据库文件的大小属性直接改变其占用的空间，但当数据库中有数据时，这样做就会破坏数据库中的数据，因此需要使用收缩的方式缩减数据库占用的空间。有两种方式可以收缩数据库：自动收缩数据库和手动收缩数据库。

自动收缩数据库，选择“数据库属性”窗口的“选项”选择页，在右边的“其他选项”列表中找到“自动收缩”选项，并将其值改为“TRUE”，单击“确定”按钮即可。

手动收缩数据库分为两种，分别是手动收缩数据库和手动收缩文件。右击需要收缩的数据库，在弹出的快捷菜单中选择“任务”→“收缩”选项，根据需要选择收缩数据库或收缩文件并进行相应操作。

2.2.2 使用 T-SQL 语句管理数据库

1. 查看数据库

使用系统存储过程 SP_HELPDB 可以查看数据库信息，语法格式如下：

```
[EXEC] SP_HELPDB [数据库名称]
```

数据库名称是可选项，如果指定了数据库名称，则显示该数据库的相关信息；如果省略数据库名称，则显示服务器中所有的数据库信息。

【例 2-2】查看 score 数据库。

其 T-SQL 语句如下：

```
SP_HELPDB score
```

2. 修改数据库

语法格式如下：

```
ALTER DATABASE 数据库名称                  --要修改的数据库的名称
{
ADD  FILE  文件路径 [,...n]                --添加次要数据文件
|ADD LOG FILE  文件路径  [,...n]           --添加事务日志文件
|REMOVE  FILE  逻辑文件名称                --删除文件，是物理删除
                                           （主要数据文件、主要事务日志文件不能删除）
|MODIFY  FILE  文件路径                    --修改数据库文件
|MODIFY  NAME=新数据库名称                 --重命名数据库
}
```

【例 2-3】对 score 数据库做如下修改。

（1）添加一个逻辑名称为 score_data2、物理名称为 score_data2.ndf 的次要数据文件，文件初始大小为 2MB，占用的最大空间为 5MB，增长速度为 1MB。

（2）添加一个逻辑名称为 score_log1、物理名称为 score_log1.ldf 的事务日志文件，文件属性采用默认值。

（3）修改原有的主要数据文件 score_data，将初始大小修改为 6MB，占用的最大空间和增长速度不变。

（4）删除事务日志文件 score_log1。

（5）将数据库重命名为“成绩数据库”。

其 T-SQL 语句如下：

（1）添加次要数据文件。

```
ALTER DATABASE score
ADD FILE                                          --添加次要数据文件
(
NAME=score_data2,
FILENAME='D:\student\score_data2.ndf',
SIZE=2MB,
MAXSIZE=5MB,
FILEGROWTH=1MB
)
```

（2）添加事务日志文件。

```
ALTER DATABASE score
ADD LOG FILE                                      --添加事务日志文件
(
NAME=score_log1,
FILENAME='D:\student\score_log1.ldf'
)
```

（3）修改主要数据文件。

```
ALTER DATABASE score
MODIFY FILE                                       --修改主要数据文件
(
NAME=score_data,
SIZE=6MB
)
```

（4）删除事务日志文件。

```
ALTER DATABASE  score
REMOVE FILE score_log1                            --删除事务日志文件
```

（5）重命名数据库。

```
ALTER DATABASE score
MODIFY NAME=成绩数据库                            --修改数据库名称
```

3. 删除数据库

语法格式如下：

```
DROP DATABASE 数据库名称
```

当不再需要使用用户自定义的数据库时，即可删除该数据库。

【例 2-4】删除 score 数据库。

其 T-SQL 语句如下：

```
DROP DATABASE score
```

如果要一次同时删除多个数据库，则要用逗号将要删除的多个数据库名称隔开。

使用“DROP DATABASE”语句删除数据库不会出现确认信息，所以使用这种方法要谨慎。此外，千万不要删除系统数据库，否则会导致 SQL Server 2017 系统无法使用。

4. 收缩数据库

使用“DBCC SHRINKDATABASE”语句收缩数据库比前两种方法更加灵活，可以对整个数据库进行收缩。

【例 2-5】将 student 数据库收缩到只保留 60%的空间。

其 T-SQL 语句如下：

```
DBCC SHRINKDATABASE('student',60)
```

任务实施

1. 查看数据库信息

查看 student 数据库。

新建查询，在查询编辑器中输入如下 T-SQL 语句：

```
SP_HELPDB student
```

2. 修改数据库

1）修改主要数据文件 student，将初始大小修改为 5MB，占用的最大空间和增长速度不变。

新建查询，在查询编辑器中输入如下 T-SQL 语句：

```
ALTER DATABASE student
MODIFY FILE                                  --修改主要数据文件
(
NAME=student,
SIZE=5MB
)
```

2）添加一个逻辑名称为 student1、物理名称为 student1.ndf 的次要数据文件，文件初始大小为 4MB，占用的最大空间为 10MB，增长速度为 1MB。

```
ALTER DATABASE student
ADD FILE                                     --添加次要数据文件
(
NAME=student1,
FILENAME='D:\student\student1.ndf',
SIZE=4MB,
MAXSIZE=10MB,
FILEGROWTH=1MB
)
```

3）添加一个逻辑名称为 student_log1、物理名称为 student_log1.ldf 的事务日志文件，文件属性采用默认值。

```
ALTER DATABASE student
ADD LOG FILE                                    --添加事务日志文件
(
NAME=student_log1,
FILENAME='D:\student\student_log1.ldf'
)
```

4）删除事务日志文件 student_log1。

```
ALTER DATABASE student
REMOVE FILE student_log1                        --删除事务日志文件
```

5）修改数据库名称为 studentDB。

```
ALTER DATABASE student
MODIFY NAME=studentDB                           --修改数据库名称
```

提 示　使用 ALTER DATABASE 语句修改数据库名称时只是修改了数据库的逻辑名称，对于该数据库的数据文件和事务日志文件没有任何影响。

任务总结

本任务完成了在 SQL Server 2017 中，分别使用“对象资源管理器”和 T-SQL 语句查看数据库信息、修改数据库（修改主要数据文件、添加次要数据文件、添加事务日志文件、删除事务日志文件和重命名数据库）。

思考与练习

一、选择题

1. 某企业由不同的部门组成，不同的部门每天都会产生一些报告、报表等数据，以往都采用纸张的形式来进行数据的保存和分类，随着业务的扩展，这些数据越来越多，此时应该考虑（　　）。

A. 由多个人来完成这些工作

B. 在不同的部门中，由专门的人员去管理这些数据

C. 采用数据库系统来管理这些数据

D. 将这些数据统一成一样的格式

2. 每个数据库有且只有一个（　　）。

A. 主要数据文件　　B. 次要数据文件　　C. 事务日志文件　　D. 索引文件

3. 在 SQL Server 2017 中，主要数据文件的扩展名为（　　）。

A. .mdf　　B. .ldf　　C. .ndf　　D. .log

4. SQL Server 2017 的数据库文件包括主要数据文件、次要数据文件和（　　）。

A. 索引文件　　B. 事务日志文件　　C. 备份文件　　D. 程序文件

5. SQL Server 数据库的数据模型是（　　）。

A. 层次模型　　B. 网状模型　　C. 关系模型　　D. 对象模型

6．SQL Server 2017 用于创建数据库的命令是（　　）。

A．CREATE TABLE　　B．CREATE DATABASE

C．CREATE INDEX　　D．CREATE VIEW

7．下列说法正确的是（　　）。

A．一个数据库可以定义多个主要数据文件

B．一个数据库只能定义一个事务日志文件

C．不能删除主要数据文件

D．数据库可以没有事务日志文件

8．下列哪个不是 SQL Server 数据库文件的扩展名（　　）。

A．.mdf　　B．.ldf　　C．.tif　　D．.ndf

9．用于存储系统级别信息的数据库是（　　）。

A．master　　B．tempdb　　C．model　　D．msdb

10．修改数据库的 T-SQL 语句是（　　）。

A．CREATE TABLE　　B．ALTER DATABASE

C．CREATE DATABASE　　D．ALTER TABLE

11．往某一数据库添加文件的命令是（　　）。

A．CREATE DATABASE 数据库名称 MODIFY FILE

B．ALTER DATABASE 数据库名称 MODIFY FILE

C．ALTER DATABASE 数据库名称 ADD FILE

D．ALTER DATABASE 数据库名称 REMOVE FILE

12．用于恢复数据库的重要文件是（　　）。

A．数据库文件　　B．索引文件

C．备注文件　　D．事务日志文件

13．T-SQL 语言称为（　　）。

A．结构化查询语言　　B．结构化空值语言

C．结构化定义语言　　D．结构化操纵语言

14．如果在创建数据库语句 CREATE DATABASE 中包括 FILEGROWTH=20%，则表示（　　）。

A．初始大小为 20M　　B．增长速度为 20M

C．增长速度为 20%　　D．占用的最大空间为 20%

二、填空题

1．删除数据库的 T-SQL 语句是____________________。

2．SQL Server 中主要数据文件的扩展名为__________，次要数据文件的扩展名为____________，事务日志文件的扩展名为________________。

3．__________数据库是系统提供的最重要的数据库，用于存储系统级别的信息。

三、简答题

1．SQL Server 2017 有哪几种系统数据库，它们的功能是什么？

2．数据库的文件类型有几种，每种类型文件的扩展名分别是什么？

3．事务日志文件的作用有哪些？

4．创建数据库时需要指定哪些参数？

四、设计题

1．使用 T-SQL 语句创建数据库 teachdb。该数据库包含一个主要数据文件和一个事务日志文件。主要数据文件的逻辑名称和物理名称分别为 teach_dat 和 teach_dat.mdf，存储于 D 盘 SQL 文件夹中，文件的初始大小为 2MB，占用的最大空间为 10MB，按 10%的增长速度增加。事务日志文件的逻辑名称和物理名称分别为 teach_log 和 teach_log.ldf，存储于 D 盘 SQL 文件夹中，文件的初始大小为 2MB，不允许增长。

2．使用 T-SQL 语句修改上题创建的数据库 teachdb，为数据库新增一个次要数据文件，其逻辑名称与物理名称分别为 teach 和 teach.ndf，存储于 D 盘 SQL 文件夹中，文件的初始大小为 3MB，可按每次 3MB 的增长速度增长到 15MB。

第3章

数据表的创建与管理

3.1 【工作任务】创建“学生成绩管理系统”数据表

知识目标

- 理解数据表的概念和创建数据表的要求。
- 理解数据完整性约束的含义。
- 掌握使用“对象资源管理器”创建数据表的方法。
- 掌握使用 T-SQL 语句创建数据表的方法。

能力目标

- 会使用“对象资源管理器”创建数据表。
- 会使用 T-SQL 语句创建数据表。
- 能根据需要设置约束。

任务情境

小 S：“数据库创建好了，现在我可以创建数据表了吧？”

老 K：“是的。数据库创建完成后，接下来的工作就是创建数据表。在数据库中创建数据表可以说是整个数据库应用的开始，因为在数据库中操作最多的对象就是数据表。数据库是存储数据的仓库，数据表则是数据的载体，它将杂乱无章的数据通过二维表的形式有序地组织在一起。如果将数据库比作一座大厦，那么数据表是真正存储数据的房间。所有的数据都是以数据表为容器存储于数据库中的。”

小 S：“原来如此。数据表的作用这么大，我一定要好好学习它的操作。”

老 K：“创建数据表同样有两种方法。只要根据物理设计阶段事先设计好的数据表结构，逐一创建即可。不过，值得注意的是，为了保证数据的完整性，每个数据表中的某些字段都定义了相关约束，你可以在创建数据表的时候一次性创建好，也可以在数据表创建完成后再添加约束。在创建数据表之前，你先学习有关数据表和约束的相关理论知识吧！”

小 S：“好的，我马上就去学习。”

任务描述

根据物理设计阶段设计的数据表结构，在 SQL Server 2017 中创建 dept（系部）表，class（班级）表、student（学生）表、course（课程）表、score（成绩）表、teacher（教师）表和 teach（任教）表共 7 个数据表。

任务分析

在创建“学生成绩管理系统”数据库 student 后，根据物理设计阶段设计好的数据表结构在数据库中逐一创建对应的数据表。可使用“对象资源管理器”或 T-SQL 语句创建数据表。

完成任务的具体步骤如下：

（1）创建 7 个数据表；

（2）设置相应完整性约束；

（3）创建数据表之间的关系图。

知识导读

3.1.1　数据表的概述

数据表（又称表）是用于存储和操作数据的逻辑结构，关系数据库中所有数据都表现为数据表的形式。管理好数据表也就管理好了数据库。数据表是关系模型中表示实体的方式，是用于组织和存储数据、具有行列结构的数据库对象。数据库中的数据或信息都存储于数据表中。

数据表的结构包括行（Row）和列（Column）。行是组织数据的单位，列主要描述数据的属性。对于每个数据表，用户最多可以定义 1024 列。在一个数据表中，列名必须是唯一的，即不能有名称相同的两列同时存在于同一个数据表中。但是，在同一个数据库中的不同数据表中，可以使用相同的列名。在定义数据表时，用户必须为每列指定一种数据类型。

在创建数据表之前需要做的准备工作，主要是确定数据表中以下几方面的内容，它们决定了数据表的逻辑结构。

- 每列的名称、数据类型及长度。
- 可以设置为空值的列。
- 哪些列为主键，哪些列为外键。
- 是否要使用及何时使用约束。
- 需要在哪些列上创建索引。
- 数据表之间的关系。

3.1.2 完整性约束

1. 约束概念

为了维护数据的完整性，防止数据库中出现不符合规定的数据，数据库管理系统必须提供一种机制来检查数据库中的数据是否满足规定的条件，这些加在数据库上的条件就是数据库中数据完整性的约束。例如，学号是唯一的，成绩的取值范围为0～100分，性别只能是“男”或“女”，等等。

2. 约束类型

1）主键（PRIMARY KEY）约束。

主键约束使用数据表中的一列或多列数据来唯一地标识一行数据，也就是说数据表中不能存在主键相同的两行数据，而且定义为主键的列不允许为空值。在管理数据时，应确保每个数据表都拥有自己唯一的主键，从而实现数据的实体完整性。

在多列上定义的主键约束，允许在某列上出现重复值，但是不能有相同的列值组合。不能为text或image数据类型的列创建主键约束。

2）外键（FOREIGN KEY）约束。

外键约束定义了数据表之间的关系，主要用于维护两个数据表之间的一致性。当一个数据表中的一列或多列的组合与其他数据表中的主键定义相同时，就可以将这一列或多列的组合定义为外键，在两个数据表之间建立主外键约束关系。与主键约束相同，不能为text或image数据类型的列创建外键约束。

若两个数据表之间存在主外键约束关系，则有：

- 当向外键表中插入数据时，如果插入的外键列值在与之关联的主键表的主键列中没有对应相同的值，那么系统会拒绝向外键表中插入数据。
- 当删除或修改主键表中的数据时，如果删除或修改的主键列值在与之关联的外键表的外键列中存在相同的值，那么系统会拒绝删除或修改主键表中的数据。

3）检查（CHECK）约束。

检查约束通过检查输入数据表列数据的值来维护数据完整性，它就像一个过滤器，依次检查每个要进入数据库的数据，只有符合条件的数据才允许通过。

检查约束同外键约束的相同之处在于都是通过检查数据值的合理性来实现数据完整性的维护。但是，外键约束是从另一个数据表中获得合理的数据，而检查约束则是通过对一个逻辑表达式的结果进行判断来对数据进行检查。

例如，限制学生的年龄为10～20岁，就可以在年龄列上设置检查约束，确保年龄的有效性。

4）唯一性（UNIQUE）约束。

唯一性约束确保在非主键列中不输入重复的值。唯一性约束与主键约束的区别是：可以对一个数据表定义多个唯一性约束，但只能定义一个主键约束；唯一性约束允许NULL值。另外，外键约束可以引用唯一性约束。

5）默认（DEFAULT）约束。

默认约束是指在输入操作中没有提供输入值时，系统将自动提供给某列的值。

3.1.3 使用“对象资源管理器”创建数据表

【例 3-1】在 student 数据库中创建学生表（student）。

操作步骤如下。

（1）在“对象资源管理器”中依次展开“数据库”→“student”数据库节点，右击“表”节点，在弹出的快捷菜单中选择“新建”→“表”选项，如图 3-1 所示，打开“表设计器”窗口。根据 student 表的数据表结构，输入相应的列名、选择数据类型、设置主键及设置是否允许为空值等。student 表的数据表结构见 1.5 节的任务实施。

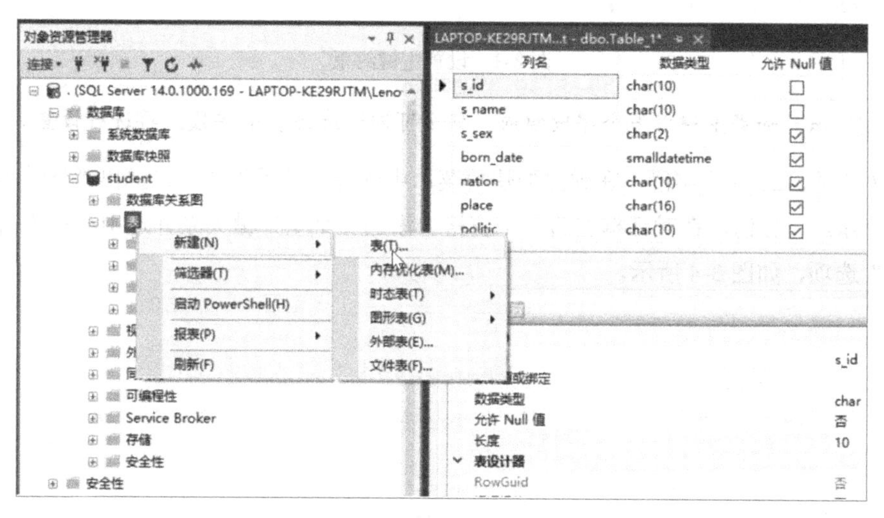

图 3-1 新建表操作

（2）单击工具栏上的“保存”按钮或选择“文件”菜单中的“保存”选项，在弹出的“选择名称”对话框的“输入表名称”文本框中输入“student”，单击“确定”按钮，如图 3-2 所示。

图 3-2 “选择名称”对话框

【例 3-2】使用“对象资源管理器”为 student 表创建 s_id 的主键约束、class_id 的外键约束、s_sex 为“男”或“女”的检查约束、nation 默认为“汉”和 politic 默认为“团员”的默认约束。

操作步骤如下。

（1）右击 student 表，在弹出的快捷菜单中选择“设计”选项，打开“表设计器”窗口。

（2）选择“s_id”字段，在“表设计器”菜单中选择“设置主键”选项；或者右击“s_id”字段，在弹出的快捷菜单中选择“设置主键”选项。此时，在“s_id”字段前出现了主键标志，如图 3-3 所示。

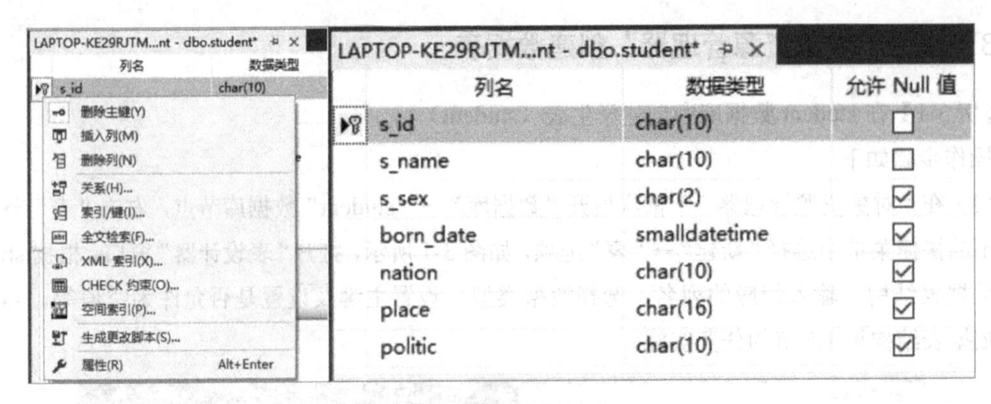

图 3-3　设置主键约束

提 示　如果主键由多个字段组成，那么可同时选择多个字段，再进行设置。

（3）右击“class_id”字段，在弹出的快捷菜单中选择“关系”选项，弹出“外键关系”对话框，单击“添加”按钮，在对话框左边的子窗格中添加一个主外键关系并选中，再单击展开“表和列规范”选项，如图 3-4 所示。

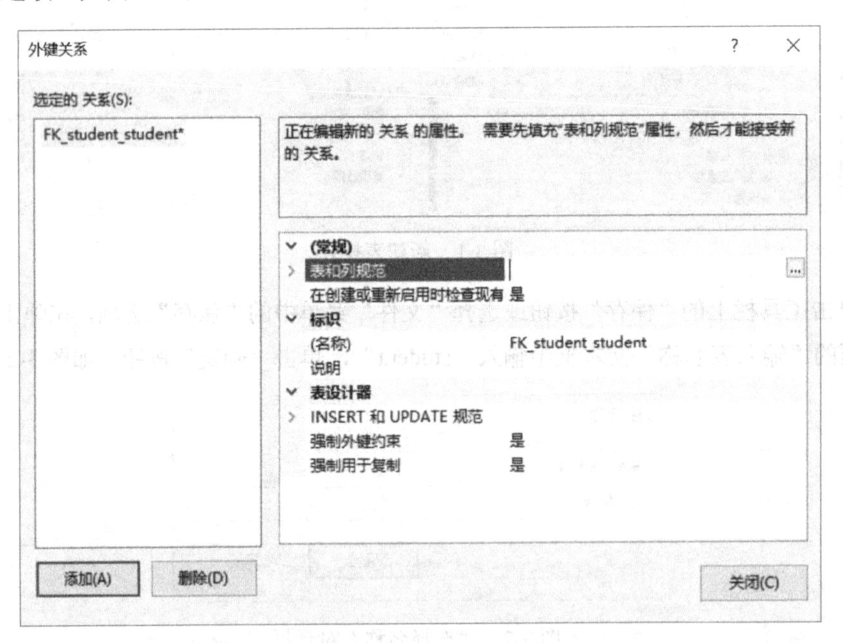

图 3-4　student 表“外键关系”对话框

（4）单击“表和列规范”选项后面的按钮，弹出“表和列”对话框。在“主键表”下拉列表框中选择表“class”，在其下面的下拉列表框中选择主键“class_id”；在“外键表”student 下面对应的下拉列表框中选择外键“class_id”，如图 3-5 所示。

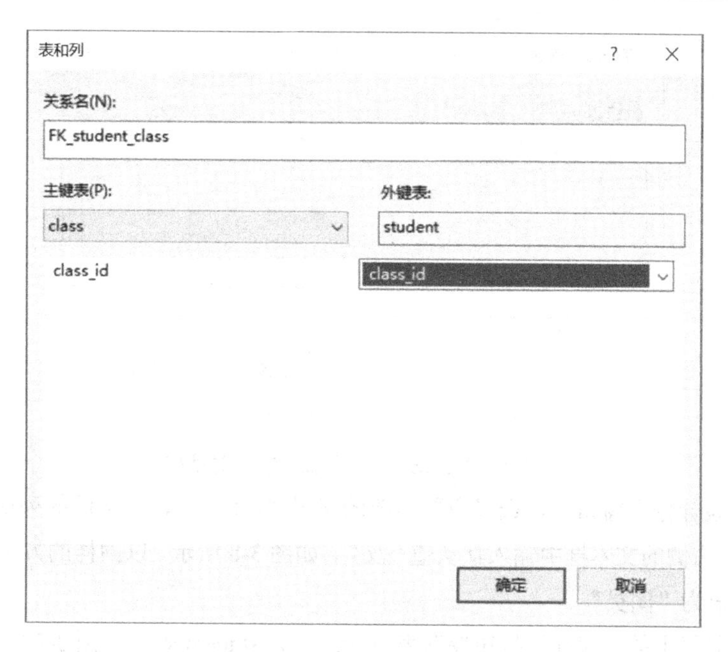

图 3-5　“表和列”对话框

（5）单击“表和列”对话框的“确定”按钮，回到“外键关系”对话框，单击“关闭”按钮，即可完成“class”和“student”两个表的主外键关系创建。

（6）右击“s_sex”字段，在弹出的快捷菜单中选择“CHECK 约束”选项，弹出“检查约束”对话框，如图 3-6 所示。

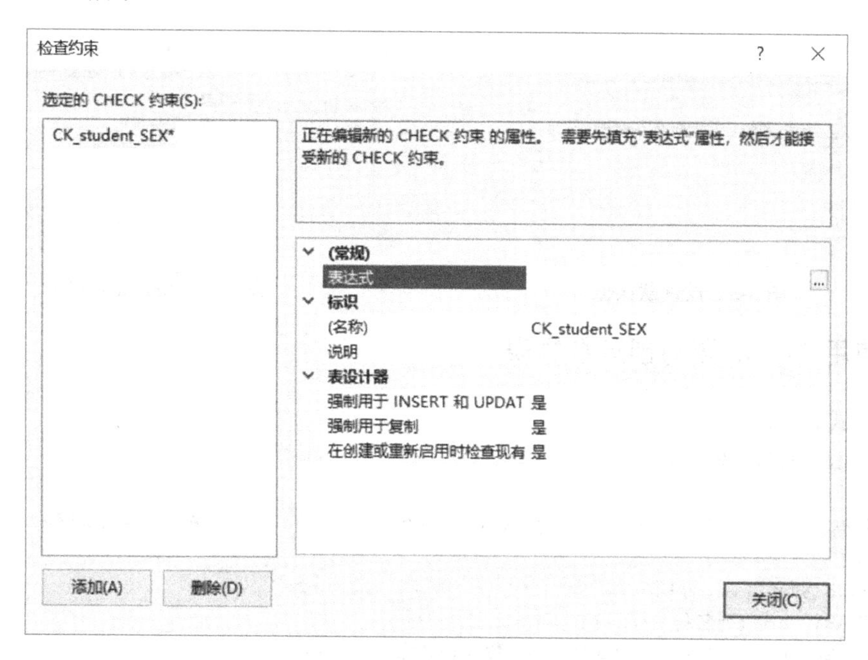

图 3-6　“检查约束”对话框

（7）单击“检查约束”对话框中的“添加”按钮，在左边的窗格中添加一个 CHECK 约束，修改名称框中的内容为“CK_student_SEX”，单击“常规”→“表达式”选项后面的按钮，弹出“CHECK 约束表达式”对话框，编写约束条件“s_sex='男' OR s_sex='女'”，如图 3-7 所示。

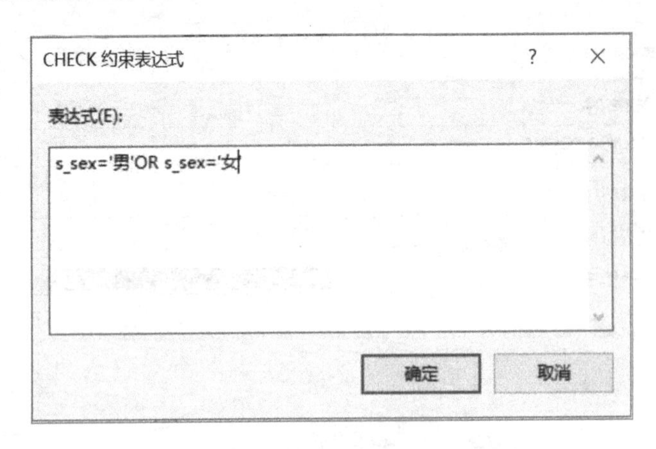

图 3-7 “CHECK 约束表达式”对话框

（8）在“表设计器”窗口中，选择所要修改的字段“nation”，在下面的列属性中，找到“默认值或绑定”，在右侧的文本框中输入默认值“汉”，如图 3-8 所示。以同样的方法，选择“politic”字段，设置默认值为“团员”。

（9）单击工具栏上的“保存”按钮保存表设计。展开 student 表，如图 3-9 所示。

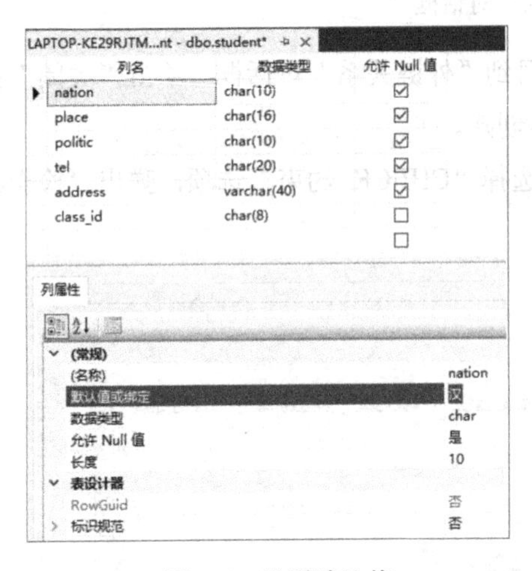

图 3-8 设置默认值

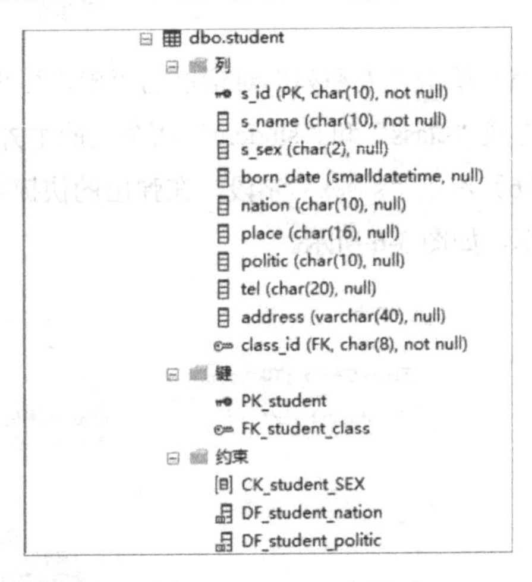

图 3-9 student 表展示

3.1.4 使用 T-SQL 语句创建数据表

语法格式如下：

```
CREATE  TABLE  数据表名称
(
    列名 数据类型 [NOT NULL|NULL] [IDENTITY(初始值,步长值)] [DEFAULT <默认值>]
    [,...n]
    [,UNIQUE(列名[,...n])]
    [,PRIMARY  KEY(列名[,...n])]
    [,FOREIGN  KEY(列名)  REFERENCES  数据表名称[(列名)]]
    [,CHECK(条件)]
)
```

说明：

- 列名。用户自定义属性的名称，应遵守标识符的命名规则。

- 数据类型。用于指定在该列存储何种类型的数据。
- NOT NULL | NULL。用于指定该列是否允许为空值。
- IDENTITY(初始值,步长值)。用于指定标识列及其初始值和步长值。

约束的类型定义：

- UNIQUE。用于创建唯一性约束。
- PRIMARY KEY。用于创建主键约束。
- FOREIGN KEY。用于创建外键约束，括号中所指定的列即外键；REFERENCES 用于指定外键所参照的数据表，数据表名称后面的列名用于指定外键所参照的列。
- DEFAULT。用于创建默认约束，为指定的列定义一个默认值，如果该列没有录入数据，则用默认值代替。
- CHECK。用于创建检查约束，使用指定条件对存入数据表中的数据进行检查，以确定其合法性，提高数据的安全性。
- 定义约束有两种方式。在字段中定义的为列约束，在字段后定义的为表约束。DEFAULT 约束采用列约束定义。

【例 3-3】创建系部表（dept），采用列约束定义。

```
USE student
GO
CREATE TABLE dept
(
    dept_id char(2) PRIMARY KEY NOT NULL,
    dept_name varchar(30) UNIQUE NOT NULL,
    dept_head char(10) NULL,
)
```

单击工具栏上的“执行”按钮，如果成功执行，在消息窗格中显示“命令已成功完成。”的提示消息。

3.1.5 建立数据表之间的关系并创建关系图

数据表之间的关系是通过主键和外键实现的。建立数据表之间的关系，即将两个表或多个表连接起来，以便一次能够查询到多个表的相关数据，体现了关系型数据库的主要特点，保证了数据的参照完整性。

数据库关系图不是数据库之间的关系图，而是某数据库中的表（视图）之间的关系图。也就是说，数据库关系图描述的是数据表之间的关系。

任务实施

1. 创建数据表

1）创建班级表（class），采用表约束定义。

```
CREATE TABLE class
(
    class_id char(8) NOT NULL,
```

```
    class_name varchar(30) NOT NULL,
    tutor char(10) NULL,
    dept_id char(2) NOT NULL,
    PRIMARY KEY(class_id),
    UNIQUE(class_name),
    FOREIGN KEY(dept_id) REFERENCES dept(dept_id)
)
```

2）创建学生表（student）。

```
USE student
GO
CREATE TABLE student
(
    s_id char(10) PRIMARY KEY NOT NULL,
    s_name char(12) NOT NULL,
    s_sex char(2) NULL,
    born_date smalldatetime NULL,
    nation char(10) NULL,
    place char(16) NULL,
    politic char(10) NULL,
    tel char(20) NULL,
    address varchar(40) NULL,
    class_id char(8) NOT NULL
)
```

3）创建课程表（course）。

```
CREATE TABLE course
(
    c_id char(6) NOT NULL PRIMARY KEY,
    c_name char(20) NOT NULL,
    c_type char(10) NULL,
    period int NULL,
    credit int NULL,
    semester char(11) NOT NULL,
    CHECK(period>0 AND credit>0)
)
```

4）创建成绩表（score）。

```
CREATE TABLE score
(
    s_id char(10) NOT NULL,
    c_id char(6) NOT NULL,
    grade int NULL,
    resume varchar(40) NULL,
    PRIMARY KEY(s_id,c_id),
    FOREIGN KEY(s_id) REFERENCES student(s_id),
    FOREIGN KEY(c_id) REFERENCES course(c_id),
    CHECK(grade>=0 AND grade<=100)
)
```

5）创建教师表（teacher）。

```
CREATE TABLE teacher
(
```

```
    t_id char(4) NOT NULL,
    t_name char(10) NOT NULL,
    t_sex char(2) NULL CHECK(t_sex IN ('男','女')),
    title char(10) NULL,
    dept_id char(2) NULL,
    PRIMARY KEY(t_id),
    FOREIGN KEY(dept_id) REFERENCES dept(dept_id)
)
```

6）创建任课表（teach）。

```
CREATE TABLE teach
(
    c_id char(6) NOT NULL,
    t_id char(4) NOT NULL,
    PRIMARY KEY(c_id,t_id),
    FOREIGN KEY(c_id) REFERENCES course(c_id),
    FOREIGN KEY(t_id) REFERENCES teacher(t_id)
)
```

2. 创建数据表之间的关系图

在前面创建数据表的过程中，建立了数据表之间的关系，接着创建数据表之间的关系图，操作步骤为：在“对象资源管理器”中依次展开“数据库”→“student”数据库节点，右击“数据库关系图”节点，在弹出的快捷菜单中选择“新建数据库关系图”选项，在弹出的“添加表”对话框中选中所有表后，单击“添加”按钮，如图 3-10 所示，在“查询”窗口中将显示选中表的关系图。

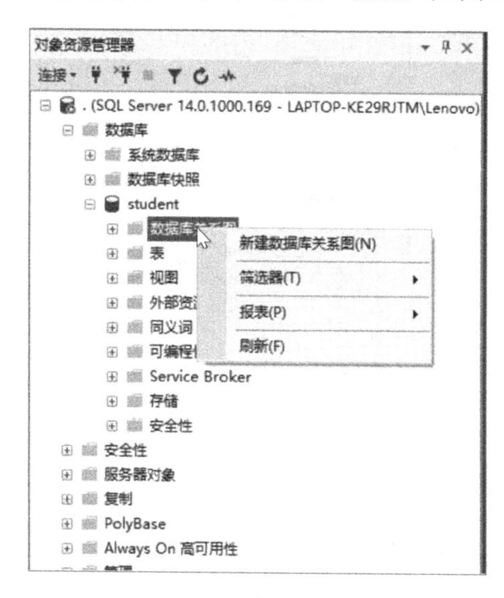

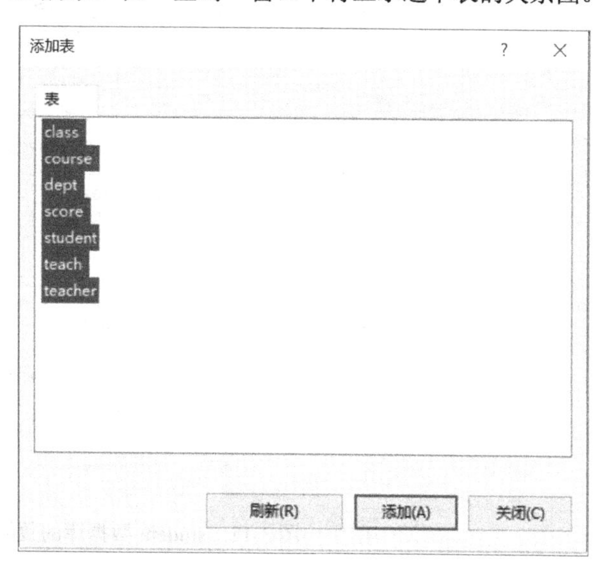

图 3-10　创建数据库关系图

在前面创建数据表的过程中，班级表和学生表还未建立主外键约束关系，可以在新建的数据库关系图中进行关系的建立，选择“主键表”班级表中的 class_id 字段，长按鼠标左键，拖到“外键表”学生表中对应的字段，弹出“表和列”对话框，进行相应设置，单击“确定”按钮，如图 3-11 所示。

图 3-11　建立主外键约束关系

调整各表位置，得到 student 数据库的数据表之间的关系图，如图 3-12 所示。

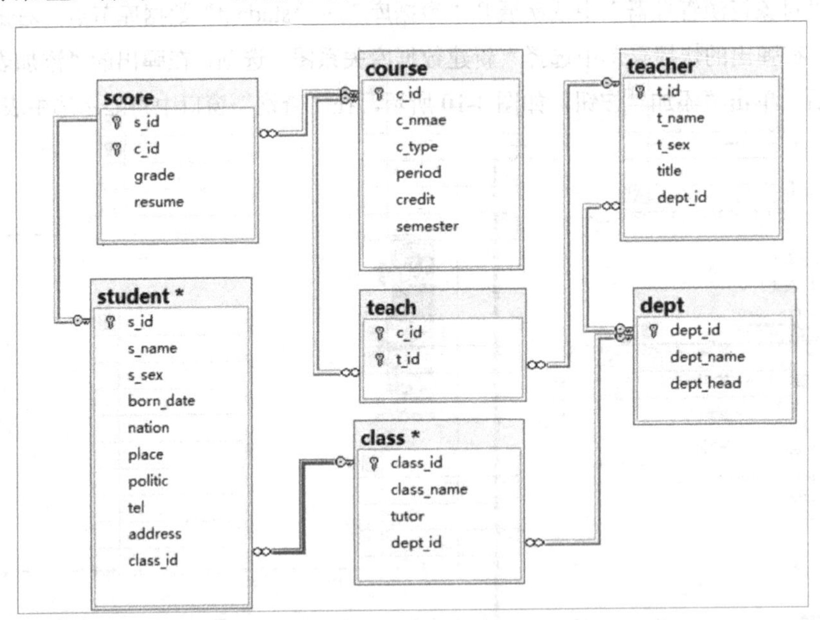

图 3-12　student 数据库的数据表之间的关系图

任务总结

本次任务主要完成了“学生成绩管理系统”数据库中 7 个数据表的创建工作。创建数据表首先创建数据表的结构，然后进行完整性约束的设置，最后建立数据表之间的关系并创建关系图。在创建有主外键约束关系的数据表时，先创建主键表，再创建外键表。

3.2 【工作任务】管理“学生成绩管理系统”数据表

知识目标

- 掌握使用“对象资源管理器”管理数据表的方法。
- 掌握使用 T-SQL 语句管理数据表的方法。

能力目标

- 会修改、删除和重命名数据表。
- 会添加、删除约束。

任务情境

老 K：“数据表都创建好了吗？”

小 S：“这个……我又犯迷糊了。在创建数据表的过程中，因为 T-SQL 语句掌握得不够熟练，创建的数据表有些问题，需要修改。”

老 K：“这很正常，刚开始学都会犯一些小错误。你可以删除数据表重新创建，也可以通过修改命令修正。”

小 S：“是的，我正在学习查看、修改和删除等有关数据表管理的相关知识。”

老 K：“干得不错。不过要提醒一下，对于空数据表而言，选择删除后重建，非常高效。而对于有数据的数据表，如果用一个新数据表替换原来的数据表，将造成数据表中数据的丢失。而通过修改数据表的操作则可以在保留数据表中原有数据的基础上修改数据表结构，打开、关闭或删除已有约束，或者添加新的约束。”

小 S：“谢谢赐教！”

任务描述

在完成“学生成绩管理系统”数据库中 7 个数据表的创建工作后，经过检查发现学生表没有按照数据表结构创建，需要修改。

任务分析

使用 T-SQL 语句修改 student 表，包括以下内容：

- 添加 resume 字段；
- 修改 s_name 字段；

- 为 nation、politic 字段添加默认约束；
- 为 s_sex 字段添加检查约束；
- 为 class_id 字段添加外键约束。

知识导读

3.2.1 使用“对象资源管理器”管理数据表

1. 修改数据表

1）添加字段。

在 SQL Server 2017 中，如果被修改的数据表中已经存在记录，那么新添加的字段必须允许为空值，或者同时为该字段创建 DEFAULT 约束，才可以将该列添加到指定的数据表中，否则返回错误提示。以 student 表为例，使用“对象资源管理器”向数据表中添加新字段的操作步骤如下：

（1）在“对象资源管理器”中依次展开“服务器”→“数据库”→“student”数据库→“表”节点，找到 student 表。

（2）右击 student 表，在弹出的快捷菜单中选择“设计”选项，打开“表设计器”窗口。

（3）将光标置于“列名”的第一个空白单元格中，输入新的字段名。如果需要在中间插入字段，那么在对应的位置上右击，在快捷菜单中选择“插入列”选项。

（4）添加完毕，保存退出。

2）修改字段属性。

以 student 表为例，操作步骤如下：

（1）在“对象资源管理器”中依次展开“服务器”→“数据库”→“student”数据库→“表”目录，找到 student 表。

（2）右击 student 表，在弹出的快捷菜单中选择“设计”选项，打开“表设计器”窗口。

（3）在“表设计器”窗口中选择要修改的字段，然后修改需要更改的项目，如列名、数据类型、长度、允许 NULL 值等。

提 示 当表中已经存在记录时，建议不要轻易修改字段的属性，以免产生错误。

（4）修改完毕，保存退出。

3）删除字段。

以 student 表为例，操作步骤如下：

（1）在“对象资源管理器”中依次展开“服务器”→“数据库”→“student”数据库→“表”节点，找到 student 表。

（2）右击 student 表，在弹出的快捷菜单中选择“设计”选项，打开“表设计器”窗口。

（3）在“表设计器”窗口中右击要删除的字段，在弹出的快捷菜单中选择“删除列”选项。

（4）删除完毕，保存退出。

2. 删除约束

【例 3-4】在“对象资源管理器”中，删除 student 表的外键约束。

在“对象资源管理器”中，依次展开“服务器”→“数据库”→“student”数据库→“表”→“student”表节点，再展开“键”节点，出现相应的外键约束，右击“FK_student_class”约束，在弹出的快捷菜单中选择“删除”选项，如图 3-13 所示。

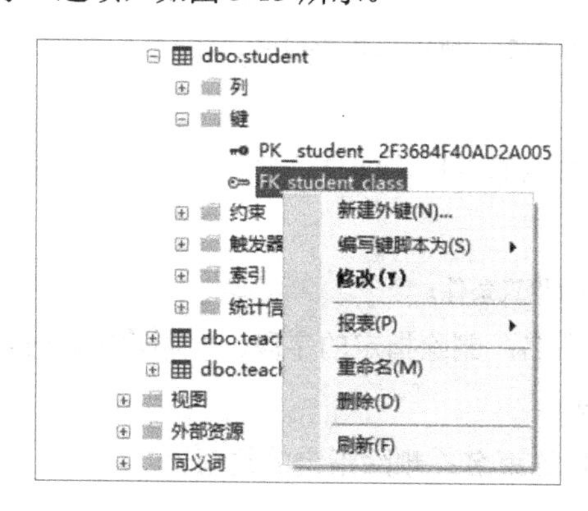

图 3-13　删除外键约束

3. 删除数据表

在“对象资源管理器”中，选择相应的表，在表上右击，在弹出的快捷菜单中选择“删除”选项，弹出“删除对象”对话框，单击“确定”按钮即可成功删除该表。

3.2.2　使用 T-SQL 语句管理数据表

1. 修改数据表

语法格式如下：

```
ALTER TABLE 表名
{
    ALTER COLUMN  字段名  数据类型  [NULL|NOT NULL]
    |ADD 字段名  数据类型  [NULL|NOT NULL]
    |ADD CONSTRAINT 约束名  约束类型
    |DROP COLUMN  字段名  [,...n]
    |DROP CONSTRAINT 约束名
}
```

说 明　修改数据表命令可以实现添加字段、修改字段、添加约束、删除字段、删除约束等操作。一条 ALTER TABLE 命令只能对一个字段进行一项操作。下面对修改数据表的操作进行说明。

1）ALTER TABLE 表名：表明要修改数据表。

2）ALTER COLUMN 字段名：修改字段，可以修改字段的数据类型、长度、是否允许为空值等属性。但并非所有字段都可以使用该子句进行修改，表中的计算字段、数据类型为 TIMESTAMP 的字段就不能修改。

3）ADD 字段名：添加新的字段。

4）ADD CONSTRAINT 约束名：添加约束，各类型约束格式如下。

① 添加主键约束。

```
ADD CONSTRAINT 约束名 PRIMARY KEY(字段名[,...n])
```

② 添加外键约束。

```
ADD CONSTRAINT 约束名 FOREIGN KEY(字段名) REFERENCES 表名(字段名)
```

③ 添加默认约束。

```
ADD CONSTRAINT 约束名 DEFAULT(默认值) FOR 字段名
```

④ 添加唯一性约束。

```
ADD CONSTRAINT 约束名 UNIQUE(字段名[,...n])
```

⑤ 添加检查约束。

```
ADD CONSTRAINT 约束名 CHECK(检查条件)
```

5）DROP COLUMN 字段名：删除指定的字段。在删除字段时，必须在删除基于该字段的索引和约束后，才能删除该字段。

6）DROP CONSTRAINT 约束名：删除指定的约束。

2. 删除约束

语法格式如下：

```
ALTER TABLE 表名
DROP CONSTRAINT 约束名
```

【例 3-5】删除 student 表中的 class_id 的外键约束。

其 T-SQL 语句如下：

```
ALTER TABLE student
DROP CONSTRAINT FK_student_class
```

3. 删除数据表

语法格式如下：

```
DROP TABLE 表名
```

说 明 对于建立主外键约束关系的数据表，如果要删除主键表，那么首先要删除相关的外键表，以保证数据的参照完整性。例如，要删除 class 表，如果 student 表中的相关学生记录没有被删除，那么将报告错误信息。删除数据表一定要谨慎，否则会因误删除操作丢失有用的数据。

【例 3-6】删除 class 表。

其 T-SQL 语句如下：

```
USE student
GO
DROP TABLE student
DROP TABLE class
```

单击工具栏上的“执行”按钮，如果成功执行，在消息窗格中显示“命令已成功完成。”的提示消息。

4. 重命名数据表

语法格式如下：

```
SP_RENAME 原表名,新表名
```

5. 重命名字段

语法格式如下：

```
SP_RENAME 表名.原字段名,表名.新字段名
```

任务实施

1. 添加字段

添加 resume 字段，定义为 100 字节长度的字符串类型。

```
USE student
GO
ALTER TABLE student
ADD resume varchar(100)
```

2. 修改字段

将 s_name 字段的长度修改为 10 字节。

```
ALTER TABLE student
ALTER COLUMN s_name char(10)
```

3. 添加默认约束

为 nation、politic 字段添加默认约束。

```
ALTER TABLE student
ADD CONSTRAINT DF_student_nation DEFAULT ('汉') FOR nation
ALTER TABLE student
ADD CONSTRAINT DF_student_politic DEFAULT '团员' FOR politic
```

4. 添加检查约束

为 s_sex 字段添加检查约束。

```
ALTER TABLE student
ADD CONSTRAINT CK_student_sex CHECK(s_sex='男' OR s_sex='女')
```

5. 添加外键约束

为 class_id 字段添加外键约束。

```
ALTER TABLE student
ADD CONSTRAINT FK_student_class FOREIGN KEY(class_id) REFERENCES class(class_id)
```

单击工具栏上的“执行”按钮，如果成功执行，在消息窗格中显示“命令已成功完成。”的提示消息。

任务总结

在数据表创建完成后，仍然可对数据表进行修改、删除等操作，以进一步完善所创建的数据表。对于有主外键约束关系的数据表，在删除外键表后，才能成功删除主键表。

思考与练习

一、选择题

1. 在 T-SQL 语言中，删除一个数据表的命令是（　　）。

A. DELETE　　B. DROP

C. CLEAR　　D. REMOVE

2. 如果要删除某数据库中的 information 表，则可以使用命令（　　）。

A. DELETE TABLE information

B. TRUNCATE TABLE information

C. DROP TABLE information

D. ALTER TABLE information

3. 关于 FOREIGN KEY 约束的描述不正确的是（　　）。

A. 体现数据库中数据表之间的关系

B. 实现参照完整性

C. 以其他数据表中的 PRIMARY KEY 约束和 UNIQUE 约束为前提

D. 每个数据表中都必须定义

4. 在 SQL Server 中创建数据表应使用（　　）语句。

A. CREATE　SCHEMA　　B. CREATE　TABLE

C. CREATE　VIEW　　D. CREATE　DATEBASE

5. 限制输入到列的值的范围，应使用（　　）约束。

A. CHECK　　B. PRIMARY KEY

C. FOREIGN KEY　　D. UNIQUE

6. 在 T-SQL 语言中，修改数据表使用的命令是（　　）。

A. UPDATE　　B. INSERT

C. ALTER　　D. MODIFY

7. 下列说法错误的是（　　）。

A. ALTER TABLE 语句可以添加字段

B. ALTER TABLE 语句可以删除字段

C. ALTER TABLE 语句可以修改字段名称

D. ALTER TABLE 语句可以修改字段数据类型

8. 修改表名为 table1 的数据表中 fleld1 字段的长度，由 char(10)修改为 char(20)，下列 T-SQL 语句正确的是（　　）。

A. ALTER TABLE table1 ALTER fleld1 char(20)

B. ALTER TABLE ALTER COLUMN fleld1 char(20)

C. ALTER TABLE table1 ALTER COLUMN fleld1 char(20)

D. ALTER fleld1 char(20)

9．某字段用于存储电话号码，该字段应选用（　　）数据类型。

A．char(10)　　B．varchar(13)

C．text　　D．int

10．下面关于主键约束、外键约束和唯一性约束的描述，正确的是（　　）。

A．一个表中最多只能有一个主键约束，一个唯一性约束

B．一个表中最多只能有一个主键约束，一个外键约束

C．在定义外键约束时，应该首先定义主键表的主键约束，然后定义外键约束

D．在定义外键约束时，应该首先定义外键约束，然后定义主键表的主键约束

11．在 T-SQL 语言中，关于 NULL 的叙述正确的是（　　）。

A．NULL 表示空格　　B．NULL 表示 0

C．NULL 表示空值　　D．NULL 既可以表示 0，又可以表示空格

12．以下关于数据表的性质说法错误的是（　　）。

A．数据项不可再分　　B．同一列数据项要有相同的数据类型

C．记录的顺序可以任意排列　　D．字段的顺序不可以任意排列

13．为某个数据表添加一个新的字段的 T-SQL 语句是（　　）。

A．CREATE TABLE TABLE_NAME ADD COLUMN COLUMN_NAME DATA_TYPE

B．ALTER TABLE TABLE_NAME ADD COLUMN COLUMN_NAME DATA_TYPE

C．ALTER TABLE TABLE_NAME ADD COLUMN_NAME DATA_TYPE

D．ALTER TABLE TABLE_NAME MODIFY COLUMN_NAME DATA_TYPE

14．要在 SQL Server 中创建一个员工信息表，其中员工的薪水、医疗保险和养老保险分别采用 3 列来存储，但是该公司规定：任何一个员工，医疗保险和养老保险两项之和不能大于薪水的 1/3，这一项规则可以采用（　　）来实现。

A．主键约束　　B．外键约束　　C．检查约束　　D．默认约束

15．下列说法正确的是（　　）。

A．一个数据表可以创建多个主键约束

B．一个数据表可以创建多个外键约束

C．定义默认约束的字段不允许插入其他值

D．定义主键约束的字段允许为空值，但空值最多只能出现一次。

二、填空题

1. 数据表是由行和列组成的二维结构，数据表中的一列称为__________，它决定了数据的类型，数据表中的一行称为一条______________，它包含了实际的数据。

2．创建主键约束的作用是__________________。

3．创建数据表、修改数据表和删除数据表的命令分别是__________、__________和__________。

4．在一个已存在数据的数据表中添加一列，一定要保证所添加的列允许____________值。

5．某个数据表中有一个“性别”字段，要求该字段的值只能为“男”或“女”，应该添加一个_______________约束。

6．使用 T-SQL 语句创建一个图书表 book，属性如下：图书编号、类别号、书名、作者、出版

社，类型均为字符型，长度分别为6、1、50、8、30，并且图书编号、类别号、书名3个字段不允许为空值。

```
CREATE ______ book
(
    图书编号 ______ (6) NOT NULL,
    类别号 char(1) NOT NULL,
    书名 varchar(50) __________,
    作者 char(8) NULL,
    出版社 varchar(30) NULL
)
```

7．删除student表中class_id的外键约束的T-SQL语句为________________。

三、简答题

1．什么是数据完整性？数据完整性有哪几种？简述其作用。

2．SQL Server 2017中有多少种约束，其作用分别是什么？

3．简述主键约束和唯一性约束的区别。

4．空值和空字符串等价吗？空值与其他值进行比较会产生什么结果？

四、设计题

在teachdb数据库中创建如下3个表。

1．学生表（Student）由学号（Sno）、姓名（Sname）、性别（Ssex）、年龄（Sage）、班级编号（Sclassno）、所在系（Sdept）共6个属性组成。其中学号属性不能为空值，并且其值是唯一的。

记为：Student(Sno,Sname,Ssex,Sage,Sclassno,Sdept)，(Sno)为主键。

2．课程表（Course）由课程编号（Cno）、课程名称（Cname）、学分（Ccredit）共3个属性组成。

记为：Course(Cno,Cname,Ccredit)，(Cno)为主键。

3．成绩表（SG）由学号（Sno）、课程编号（Cno）、成绩（Grade）共3个属性组成。

记为：SG(Sno,Cno,Grade)，(Sno,Cno)为主键。

4．向Student表中添加“入学时间（Scome）”列，其数据类型为日期型。

5．为SG表的“成绩”列创建一个约束Grade_Rule，以保证成绩的取值范围为0～100分。

6．为SG表创建外键约束。

第4章

数据库表数据的操纵

4.1 【工作任务】单表查询

知识目标

- 掌握使用 SELECT 语句进行单表查询的方法。
- 掌握按需要重新排序查询结果的方法。
- 掌握消除结果集中重复记录的方法。
- 掌握查询满足特定条件记录的方法。

能力目标

- 会进行单表查询。
- 会利用精确查询和模糊查询来查询满足特定条件的记录。
- 会对查询结果进行编辑。

任务情境

小 S：“数据库、数据表创建好了，接下来的工作是对数据进行操作了吧？”

老 K：“是的。软件系统开发过程中，更多的是对数据进行操作，包括插入数据、修改数据、删除数据和查询数据等。在这些操作中，查询操作最为核心。在应用系统中查询操作处处可见。例如，用户在淘宝买一本书，只要输入书名，就可获取该书的若干条信息，这就是一个查询操作。我们创建数据库和数据表的目的在于存储数据，用户借助前台系统通过查询操作随时随地在数据库中快速高效地获取所需要的数据，为分析、决策等工作提供了数据支撑。”

小 S：“原来查询这么重要呀！”

老 K：“查询语句功能非常强大，你可以先从单表查询学起。”

小 S：“好的。”

任务描述　班级学生基本信息查询

王老师是新生班计算机应用技术 1801 班（班级编号为 18041011）的班主任，新生马上要上课了，她需要查询本班学生的如下信息，以尽快地熟悉新生情况。

- 查询本班学生的籍贯。
- 查询本班苏南地区（江苏苏州、江苏无锡、江苏常州）的学生基本信息。
- 查询本班年龄为 19～20 岁的学生基本信息。
- 按学号排序的班级学生名单，内容包括学号、姓名，为任课教师提供花名册。

任务分析

此任务主要涉及数据的查询操作，这些查询操作主要涉及在一个表上的投影和选择操作。

- 查询结果需要消除结果集中的重复记录。
- 使用模糊查询设置查询条件。
- 查询结果中各数据行来自学生表中满足某些条件的记录。
- 查询结果要求按一定的顺序排列数据。

知识导读

4.1.1　查询简介

查询是对表中已经存在的数据而言的，可以简单地理解为“筛选”，将满足一定条件的数据抽取出来。数据表在接收查询请求的时候，可以简单地理解为“它将逐行判断，判断是否符合查询条件”。如果符合查询条件就提取出来，然后将所有被选中的行组织在一起，形成另外一个类似于表的结构，构成查询的结果，通常称之为记录集（Recordset）。

由于记录集的结构和表的结构非常类似，都是由行组成的，因此在记录集上也可以进行再次查询。

查询语句一般都在 SQL Server Management Studio 的查询窗口进行调试和运行。

4.1.2　SELECT 查询

1. SELECT 查询语句的语法格式

```
SELECT [ALL|DISTINCT] <字段列表>             --投影（计算统计）
[INTO 新表名]                                --保存
FROM <表名列表>                              --连接
[WHERE <查询条件>]                           --选择
[GROUP BY <字段名>]                          --分组统计
[HAVING <组筛选条件表达式>]                  --限定分组统计
[ORDER BY <字段名> [ASC|DESC]]               --排序
```

说明：

- ALL|DISTINCT。其中 ALL 表示查询满足条件的所有行；DISTINCT 表示在查询的结果集中，内容相同的记录只显示一条。
- <字段列表>。由被查询的表中的字段或表达式组成，指明要查询的字段信息。
- INTO 新表名。在查询的同时创建一个新的表，新表中存储的数据来自查询的结果。
- FROM <表名列表>。指出针对哪些表进行查询操作，可以是单个表，也可以是多个表。当查询多个表时，表名之间用逗号隔开。
- WHERE <查询条件>。用于指定查询的条件。该项是可选项，可以不设置查询条件，也可以设置一个或多个查询条件。
- GROUP BY <字段名>。对查询的结果按照指定的字段进行分组。
- HAVING <组筛选条件表达式>。对分组后的查询结果再次设置筛选条件，最后的结果集中只包含满足条件的分组。必须与 GROUP BY 子句一起使用。
- ORDER BY <字段名> [ASC|DESC]。对查询的结果按照指定的字段进行排序，其中[ASC|DESC]用于指明排序方式，ASC 为升序，DESC 为降序。

2. SELECT 查询语句的基本格式

```
SELECT <字段列表>
FROM <表名>
[WHERE <查询条件>]
```

语句含义：根据 WHERE 子句的查询条件，从 FROM 子句指定的表中找出满足条件的记录，再按 SELECT 语句中指定的字段依次筛选出记录中的指定字段值。若不设置查询条件，则表示查询表中的所有记录。

为了让大家能够熟练掌握 SELECT 查询语句格式中各个部分的功能，我们先从单表查询开始，然后逐步延伸到多表查询。

4.1.3 查询指定字段

1. 查询表中所有字段数据

将表中的所有数据都列举出来比较简单，可以使用“*”来解决，也可以将表中所有字段名在 SELECT 子句中一一列举出来。语法格式如下：

```
SELECT * FROM <表名>
```

或者：

```
SELECT 所有列名 FROM <表名>
```

【例 4-1】查询学生表中的所有信息。

```
SELECT * FROM student
```

或者：

```
SELECT s_id,s_name,s_sex,born_date,nation,place,politic,tel,address,class_id,resume
FROM student
```

2. 查询表中部分字段数据

查询时只需显示表中部分字段数据时，可以通过指定字段名来显示。

【例 4-2】查询学生表中学生的学号、姓名和班级编号。

```
SELECT s_id,s_name,class_id FROM student
```

4.1.4 查询满足条件的记录

当用户只需要了解表中满足条件的部分记录时，可使用 WHERE 子句设置筛选条件实现选择操作，将满足筛选条件的记录查询出来。

设置查询条件的 SELECT 查询语句的语法格式如下：

```
SELECT <字段列表>
FROM <表名>
WHERE <查询条件>
```

说 明 WHERE 子句的查询条件可以是关系表达式和逻辑表达式。WHERE 子句中的字符型常量必须用英文状态下的单引号括起来。

1. 关系表达式作为查询条件

用关系运算符将两个表达式连接在一起的式子称为关系表达式，其返回值为逻辑真（TRUE）或逻辑假（FALSE）。关系表达式的语法格式为：

```
<表达式 1><关系运算符><表达式 2>
```

关系运算符用于判断两个表达式的大小关系，除了 text、ntext 和 image 数据类型的表达式外，关系运算符几乎可以用于其他所有数据类型的表达式，WHERE 子句中关系表达式常用的关系运算符及其说明如表 4-1 所示。

表 4-1 常用的关系运算符及其说明

运 算 符	说 明
=	等于
>	大于
<	小于
>=	大于或等于
<=	小于或等于
!=	不等于（非 SQL-92 标准）
<>	不等于

【例 4-3】查询所有男学生的学号、姓名、性别和出生日期。

```
SELECT s_id, s_name, s_sex, born_date
FROM student WHERE s_sex='男'
```

【例 4-4】查询 1999 年以后出生的学生基本信息。

```
SELECT * FROM student WHERE born_date>'1999-12-31'
```

【例 4-5】查询籍贯不是江苏南通的学生的学号、姓名。

```
SELECT s_id,s_name FROM student WHERE place<>'江苏南通'
```

2. 逻辑表达式作为查询条件

用逻辑运算符将两个表达式连接在一起的式子称为逻辑表达式，其返回值为逻辑真（TRUE）或逻辑假（FALSE）。逻辑表达式的语法格式为：

```
[<关系表达式 1>]<逻辑运算符><关系表达式 2>
```

WHERE 子句中逻辑表达式常用的逻辑运算符及其说明如表 4-2 所示。

表 4-2　常用的逻辑运算符及其说明

运 算 符	说　明
AND	当且仅当两个关系表达式都为 TRUE 时，返回 TRUE
OR	当且仅当两个关系表达式都为 FALSE 时，返回 FALSE
NOT	对关系表达式的值取反，优先级别最高
ALL	如果一组的比较都为 TRUE，则比较结果为 TRUE
ANY	如果一组的比较中任何一个为 TRUE，则结果为 TRUE
SOME	如果一组的比较中，有些比较结果为 TRUE，则结果为 TRUE

【例 4-6】查询 1999 年以后出生的所有女生的基本信息。

```
SELECT * FROM student WHERE born_date>'1999-12-31' AND s_sex='女'
```

【例 4-7】查询学生表中非团员的学生基本信息。

```
SELECT * FROM student WHERE NOT(politic='团员')
```

【例 4-8】查询学生表中班级编号为 17020111 或 17040911 的学生的学号、姓名、班级编号、家庭住址和备注。

```
SELECT s_id, s_name, class_id, address, resume
FROM  student
WHERE class_id='17020111' OR class_id='17040911'
```

ALL、ANY、SOME 多用于子查询，具体示例在 4.4 节嵌套查询中介绍。

3. 特殊表达式作为查询条件

特殊运算符用于特定查询条件的设置，它们在使用过程中有一些特殊的规定，有时候也可以与逻辑运算符和关系运算符进行替换。WHERE 子句中逻辑表达式常用的特殊运算符及其说明如表 4-3 所示。

表 4-3　常用的特殊运算符及其说明

运 算 符	说　明
%	通配符，包含 0 个或多个字符的任意字符串
_	通配符，表示任意单个字符
[]	指定范围或集合中的任意单个字符
BETWEEN...AND	定义一个区间范围
IS [ONT] NULL	检查字段值是否为 NULL
LIKE	检查某字符串是否与指定的字符串相匹配
[NOT] IN	检查指定表达式的值属于或不属于某个指定的集合
EXISTS	检查某一字段值是否存在

1）模糊匹配操作符——LIKE。

LIKE 关键字的作用是判断一个字符串是否与指定的字符串相匹配，其运算对象可以是 char、text、datetime 和 smalldatetime 等数据类型，结果返回逻辑值，用于实现模糊查询。LIKE 表达式的语法格式如下：

```
字符表达式 1 [NOT] LIKE 字符表达式 2
```

其中 NOT 是可选项。若省略 NOT，则表示当字符表达式 1 与字符表达式 2 相匹配时返回逻辑真；若选择 NOT，则表示当字符表达式 1 与字符表达式 2 不匹配时返回逻辑真。

【例 4-9】查询学生表中姓李的学生的基本信息。

```
SELECT * FROM student WHERE s_name LIKE '李%'
```

提 示　在用通配符“%”或“_”时，只能用字符匹配操作符 LIKE，不能使用“=”运算符。反之，如果被匹配的字符串不包含通配符，则可以用“=”代替 LIKE。

```
SELECT * FROM student WHERE s_name LIKE '李飞'
SELECT * FROM student WHERE s_name = '李飞'
```

【例 4-10】查询学生表中所有姓张和姓李的学生基本信息。

```
SELECT * FROM student WHERE s_name LIKE '[张,李]%'
```

提 示　当使用 LIKE 进行字符串比较时，要注意空格的使用，因为空格也是字符。

2）区间控制运算符——BETWEEN...AND。

BETWEEN...AND 的作用是判断所指定的值是否在给定的区间内，结果返回逻辑值，其语法格式如下：

```
表达式 [NOT] BETWEEN 表达式 1 AND 表达式 2
```

其中表达式 1 是区间的下限，表达式 2 是区间的上限，NOT 是可选项。若省略 NOT，则表示当表达式的值在指定的区间内时返回逻辑真；若选择 NOT，则表示当表达式的值不在指定的区间内时返回逻辑真。

【例 4-11】查询学生表中 1998 年 1 月 1 日—1999 年 12 月 31 日出生的学生的学号、姓名、出生日期。

```
SELECT s_id, s_name, born_date
FROM  student
WHERE born_date BETWEEN '1998-1-1' AND '1999-12-31'
```

在这里，BETWEEN...AND 可以用关系运算符和逻辑运算符的结合运算来代替。例 4-11 的查询条件可以改为：

```
WHERE born_date>='1998-1-1' AND born_date<='1999-12-31'
```

上述两个查询条件采用的设置方法不同，但执行结果是一致的。

3）空值判断运算符——IS [NOT] NULL。

IS NULL 用于判断指定的表达式的值是否为 NULL，结果返回逻辑值，其语法格式如下：

```
表达式 IS [NOT] NULL
```

其中 NOT 是可选项。若省略 NOT，则表示当表达式的值为 NULL 时返回逻辑真；若选择 NOT，则表示当表达式的值不为 NULL 时返回逻辑真。

【例 4-12】查询学生表中备注字段值为 NULL 的学生的学号、姓名与备注。

```
SELECT s_id, s_name, resume FROM student WHERE resume IS NULL
```

【例 4-13】查询学生表中备注字段值不为 NULL 的学生的学号、姓名和备注。

```
SELECT s_id, s_name, resume FROM student WHERE resume IS NOT NULL
```

4）集合判断运算符——[NOT] IN。

IN 关键字用于判断指定的表达式的值是否属于某个指定的集合，结果返回逻辑值，其语法格式如下：

```
表达式 [NOT] IN (表达式[,...n])
```

其中 NOT 是可选项。若省略 NOT，则表示当表达式的值属于指定的集合时返回逻辑真；若选择 NOT，则表示当表达式的值不属于指定的集合时返回逻辑真。

【例 4-14】查询学生表中来自南通市和常州市的学生的姓名、班级编号和家庭住址。

```
SELECT s_name, class_id, address
FROM student
WHERE RIGHT(address,3) IN ('南通市','常州市')
```

在这里，IN 可以用关系运算符和逻辑运算符的结合运算来代替。例 4-14 的查询条件可以改为：

```
WHERE RIGHT(address,3)='南通市' OR RIGHT(address,3)='常州市'
```

本例中调用的函数可参考表 5-5 中的字符串函数。

上述两个查询条件采用的设置方法不同，但执行结果是一致的。

4.1.5　查询结果的编辑

1. 查询结果中定义列别名

在默认情况下，查询结果中的列标题可以是表中的列名或无列标题，也可以根据实际需要对列标题进行修改说明，修改方法如下：

```
SELECT 列名|表达式 列别名 FROM 表名
```

或者：

```
SELECT 列名|表达式 AS 列别名 FROM 表名
```

或者：

```
SELECT 列别名=列名|表达式 FROM 表名
```

【例 4-15】查询学生的学号、姓名和籍贯。

```
SELECT s_id AS 学号, s_name 姓名, 籍贯=place FROM student
```

2. 查询中使用常数列

有时候，需要将一些常量的默认信息添加到查询输出列中，以便说明。可以将增加的字符串用单引号括起来。

【例 4-16】查询学生的学校名称、学号和姓名。

```
SELECT '江扬学院' AS 学校名称,s_id AS 学号,s_name AS 姓名
FROM student
```

在查询输出结果中多了名为“学校名称”的列，该列的所有数据都显示“江扬学院”。

3. 消除结果集中重复的记录

在查询一些明细数据时，经常会遇到某个相同数据同时出现多次的情况，这类相同数据出现在查询结果中，可能会影响数据查看分析操作，因此应将重复数据去除。

使用 DISTINCT 关键字可从 SELECT 语句的查询结果中消除重复的记录，其语法格式如下：

```
SELECT [DISTINCT] <选择列表> FROM <表名>
```

下面举例说明 DISTINCT 关键字使用前后的结果。

【例 4-17】查询课程表中 2017—2018 学年第一学期的课程类型。

使用 DISTINCT 关键字之前：

```
SELECT c_type FROM course
WHERE semester='2017-2018-1'
```

执行结果如图 4-1 所示。

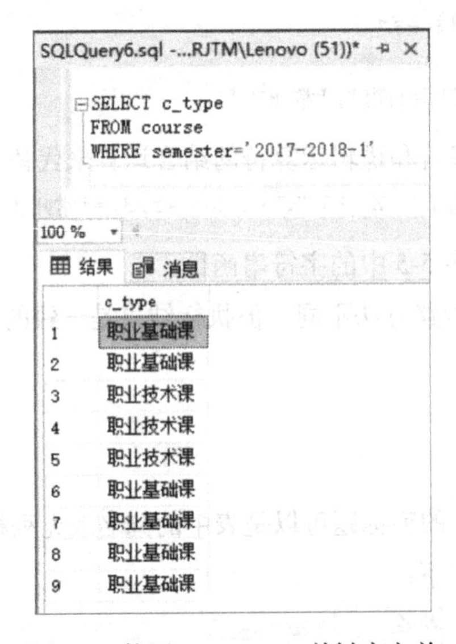

图 4-1　使用 DISTINCT 关键字之前

使用 DISTINCT 关键字之后：

```
SELECT DISTINCT c_type FROM course
WHERE semester='2017-2018-1'
```

执行结果如图 4-2 所示。

图 4-2　使用 DISTINCT 关键字之后

由此可见，直接使用 SELECT 语句返回的结果集中包括重复的记录，而使用 DISTINCT 关键字后返回的结果集中消除了重复的记录。

4. 限制返回的行数

一些查询需要返回限制的行数。例如，在测试的时候，如果数据库中有上万条记录，那么为了提高测试速度，只要检查前面几行数据是否有效即可，没有必要输出全部的数据。这时就要用到限制返回行数的查询。

在 T-SQL 语句中，使用 TOP 关键字来限制返回的行数，其语法格式如下：

```
SELECT TOP n [PERCENT] <字段列表> FROM <表名>
```

说明　TOP n 用于指定查询结果返回的行数，其返回的结果为查询到的前 n 条记录。

【例 4-18】查询返回众多学生记录中前 5 名女生的姓名和家庭住址。

```
SELECT TOP 5 s_id,address
FROM student WHERE s_sex='女'
```

还有一种情况是需要从表中按一定的百分比提取记录，这时还需要用到 PERCENT 关键字来限制。

【例 4-19】查询返回众多学生记录中前 20%的女生的姓名和家庭住址。

```
SELECT TOP 20 PERCENT s_id,address
FROM student WHERE s_sex='女'
```

5. 表达式作为查询列

在查询语句中，SELECT 子句后面可以是字段名，也可以是表达式，其中表达式不仅可以是算术表达式，也可以是字符串常量、函数等。

【例 4-20】查询学生表中 17040911 班学生的学号和年龄。

```
SELECT s_id,YEAR(GETDATE())-YEAR(born_date) 年龄
FROM student
WHERE class_id='17040911'
```

"YEAR (GETDATE())-YEAR(born_date)"是表达式，其含义是取得系统当前日期中的年份减去"出生日期"字段中的年份，就是学生的年龄。

本例中调用的函数可参考表 5-6 中的日期函数。

4.1.6　按指定列名排序

在 SELECT 查询语句的语法格式中，ORDER BY 子句作为所有子句中的最后一条子句，可以实现对查询结果按照一个或多个字段进行排序的操作，排序方式分为升序（ASC）和降序（DESC）两种，若在指定的排序字段后面省略排序方式，则默认为升序（ASC）。

```
[ORDER BY <字段名> [ASC|DESC]]
```

【例 4-21】根据出生日期降序显示学生表中学生的姓名和出生日期。

```
SELECT  s_name,born_date
FROM student
ORDER BY born_date DESC
```

【例 4-22】查询成绩表中成绩高于 60 分的学生的学号、课程编号和成绩，查询结果按课程编号

升序和学生成绩降序排列。

```
SELECT  s_id,c_id,grade
FROM score
WHERE grade>60
ORDER BY c_id, grade DESC
```

说 明 如果在 ORDER BY 子句后面指定多个排序字段，那么先按第一个字段排序，若第一个字段值相同，再按第二个字段排序，依次类推，这种排序称为多能排序。

4.1.7 利用 INTO 子句创建新表并插入查询结果

利用 INTO 子句，可以创建一个新表并将查询结果插入新表中，其语法格式如下：

```
SELECT <字段列表>
[INTO 新表名]
FROM <表名列表>
[WHERE <查询条件>]
[ORDER BY <字段名> [ASC|DESC]]
```

【例 4-23】查询学生表中学生的学号、姓名和班级编号，并且将查询结果插入新表 student_class 中。然后对 student_class 表进行查询操作，验证新表 student_class 是否创建成功且被插入了记录。

```
SELECT s_id,s_name,class_id
INTO student_class
FROM student
SELE * FROM student_class
```

说 明 新表所包含的字段及其数据类型与 SELECT 子句后面的字段列表一致。如果要使创建的新表为临时表，则只需在表名前加上“#”或“##”即可。

任务实施

1. 查询本班学生的籍贯

新建查询，在查询编辑器中输入如下 T-SQL 语句：

```
SELECT DISTINCT place FROM student
WHERE class_id='18041011'
```

执行上述 SELECT 语句，查询结果如图 4-3 所示。

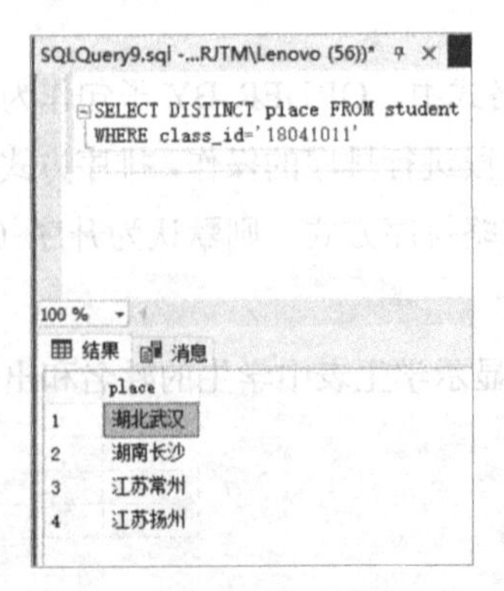

图 4-3 查询本班学生的籍贯

2. 查询本班苏南地区（江苏苏州、江苏无锡、江苏常州）的学生基本信息

新建查询，在查询编辑器中输入如下 T-SQL 语句：

```
SELECT * FROM student
WHERE (place='江苏苏州' OR place='江苏无锡' OR place='江苏常州')
AND class_id='18041011'
```

执行上述 SELECT 语句，查询结果如图 4-4 所示。

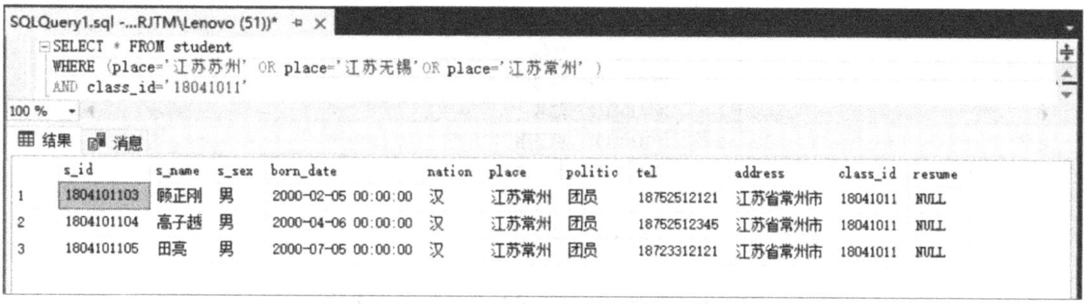

SQLQuery1.sql -...RJTM\Lenovo (51))*

```
SELECT * FROM student
WHERE (place='江苏苏州' OR place='江苏无锡' OR place='江苏常州' )
AND class_id='18041011'
```

100 %

结果　消息

	s_id	s_name	s_sex	born_date	nation	place	politic	tel	address	class_id	resume
1	1804101103	顾正刚	男	2000-02-05 00:00:00	汉	江苏常州	团员	18752512121	江苏省常州市	18041011	NULL
2	1804101104	高子越	男	2000-04-06 00:00:00	汉	江苏常州	团员	18752512345	江苏省常州市	18041011	NULL
3	1804101105	田亮	男	2000-07-05 00:00:00	汉	江苏常州	团员	18723312121	江苏省常州市	18041011	NULL

图 4-4　查询本班苏南地区的学生基本信息

3. 查询本班年龄为 19 ~ 20 岁的学生基本信息

新建查询，在查询编辑器中输入如下 T-SQL 语句：

```
SELECT * FROM student
WHERE YEAR(GETDATE())-YEAR(born_date) BETWEEN 19 AND 20
AND  class_id='18041011'
```

本查询要查询的学生基本信息处于一个年龄范围，故在查询条件中使用 BETWEEN...AND。执行上述 SELECT 语句，查询结果如图 4-5 所示。

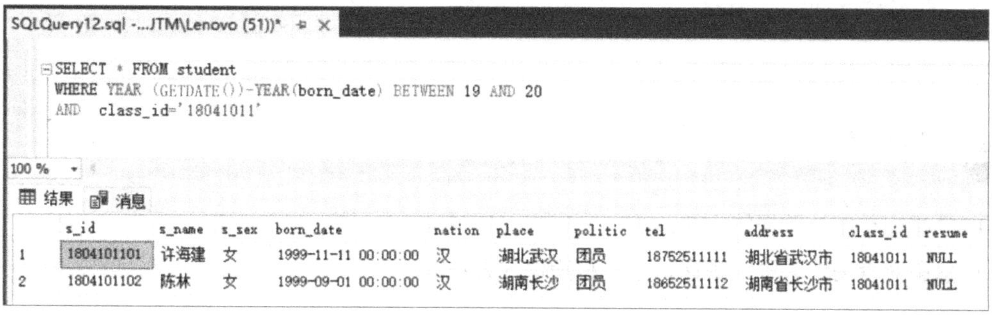

SQLQuery12.sql -...JTM\Lenovo (51))*

```
SELECT * FROM student
WHERE YEAR (GETDATE())-YEAR(born_date) BETWEEN 19 AND 20
AND  class_id='18041011'
```

100 %

结果　消息

	s_id	s_name	s_sex	born_date	nation	place	politic	tel	address	class_id	resume
1	1804101101	许海建	女	1999-11-11 00:00:00	汉	湖北武汉	团员	18752511111	湖北省武汉市	18041011	NULL
2	1804101102	陈林	女	1999-09-01 00:00:00	汉	湖南长沙	团员	18652511112	湖南省长沙市	18041011	NULL

图 4-5　查询本班年龄为 19～20 岁的学生基本信息

4. 为任课教师提供花名册

按学号排序的班级学生名单，内容包括学号、姓名，为任课教师提供花名册。

新建查询，在查询编辑器中输入如下 T-SQL 语句：

```
SELECT s_id AS 学号,s_name AS 姓名
FROM student
WHERE class_id='18041011'
ORDER BY s_id
```

本查询通过 WHERE 子句指定查询本班后，在输出学生的 s_id、s_name 信息的同时为其定别名以方便阅读，并且按学号的升序输出结果。

执行上述 SELECT 语句，查询结果如图 4-6 所示。

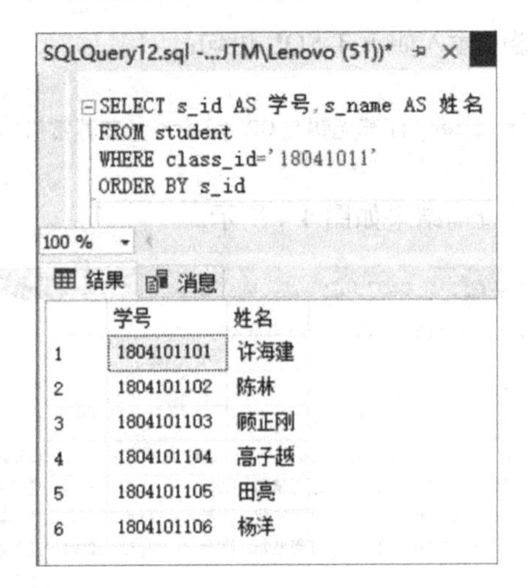

图 4-6　查询本班按学号排序后的学生名单

任务总结

在 T-SQL 语言中，SELECT 查询语句是功能最强大、使用频率最高的语句之一。在进行数据查询时，首先分析涉及查询的表，然后厘清对表中行的筛选条件及查询目标列。此任务介绍了使用 SELECT 语句进行单表查询的方法，包括条件查询、查询排序等；还介绍了如何对查询结果进行编辑，如对查询字段定义别名、消除重复记录、返回指定行等。

4.2　【工作任务】分组统计查询

知识目标

- 掌握简单统计数据的方法。
- 掌握对查询结果进行统计、分组和筛选的方法。

能力目标

- 会利用聚合函数和 GROUP BY 子句对查询结果进行简单统计。
- 会对查询结果进行统计、分组和筛选。

任务情境

老 K：“单表查询学习得如何呀？”

小 S：“我觉得很简单。但是在实际查询中，我发现很多时候需要对数据进行统计计算，如查看淘宝中某个商品的最高价、平均价格、用户评论条数，这些是不是也可以通过查询实现呀？”

老 K：“当然可以啦！在 T-SQL 语言中，SELECT 语句有强大的操作功能，除了可以对查询列进行筛选和计算，还可以对查询结果进行分组统计。你可以学习一下聚合函数和 SELECT 语句中的 GROUP BY 子句的使用方法。”

小 S：“好的。”

任务描述　全院学生信息查询

教务处负责学籍管理的潘老师为填写相关报表，需要获取学生的如下信息：

- 统计江苏籍的学生总人数。
- 按班级统计学生人数。
- 统计每班男、女生人数。
- 分别统计 17041011 班男、女生人数，党、团员人数，来自不同地区的人数。

任务分析

此任务主要运用聚合函数和 GROUP BY 子句来实现数据的统计。

- 利用 COUNT 函数实现人数的统计。
- 通过对班级的分组实现班级人数统计。
- 通过对班级、性别的两次分组实现班级男、女生人数统计。
- 指定班级后，按性别、政治面貌、籍贯的分组完成统计。

知识导读

4.2.1　聚合（集合）函数

在实际生活中，用户通常需要对查询结果集进行统计，如求和、求平均值、求最大值、求最小值、求个数等，这些统计操作可以通过聚合函数实现。聚合函数可以对表中指定的若干列或行进行统计，并且在查询结果集中输出统计值。常用的聚合函数如表 4-4 所示。

表 4-4　常用的聚合函数

聚合函数	功　能	说　明
SUM	求和	返回表达式中所有值的总和
AVG	求平均值	返回表达式中所有值的平均值
COUNT	统计	统计满足条件的记录数
MAX	求最大值	返回表达式中的最大值
MIN	求最小值	返回表达式中的最小值

语法格式如下：

```
聚合函数([ALL|DISTINCT] 表达式)
```

说 明 ALL表示对表达式的数值集中所有的值进行聚合函数运算，DISTINCT表示在消除重复的值后，对表达式的数值集进行聚合函数运算，默认为ALL。表达式可以是涉及一个或多个列的算术表达式。

【例 4-24】统计学生表中学生的总人数和有特长的学生人数。

```
SELECT  COUNT(*) AS 学生总人数, COUNT(resume) AS 特长人数
FROM student
```

提 示 如果将“*”作为参数，则统计所有行的数目(包括值为NULL的行)。如果COUNT函数将列名作为参数，则只统计该列值不为NULL的行的数目。

【例 4-25】统计课程表中课程类型的数量。

```
SELECT COUNT(DISTINCT  c_type) 课程类型数量
FROM course
```

课程表中课程类型数据重复，通过DISTINCT关键字消除重复数据，统计课程类型数量。

【例 4-26】查询成绩表中170406号课程的最高分和最低分。

```
SELECT MAX(grade) 最高分,MIN(grade) 最低分
FROM score
WHERE c_id='170406'
```

【例 4-27】计算成绩表中学号为1702011102的学生的平均分。

```
SELECT AVG(grade) 平均分
FROM score
WHERE s_id='1702011102'
```

在使用聚合函数对满足条件的查询结果的整体进行统计时，返回结果为一条统计记录。

思考下面两个问题。

（1）代码可否写成如下所示？

```
SELECT s_id,AVG(grade) 平均分
FROM score
WHERE s_id='1702011102'
```

（2）如何统计每个学生的平均分？

4.2.2 分组统计

聚合函数实现了对表中满足筛选条件的记录的整体统计，只返回单个统计值。而在实际查询中，往往需要对一个字段或多个字段的值进行分组，然后分别对每一组进行统计。可以使用GROUP BY子句对表中记录进行分组，为每组产生一个统计值。

GROUP BY子句的语法格式如下：

```
SELECT <[字段列表],[聚合函数(字段名)]>
FROM <表名>
GROUP BY <字段列表>
```

说明：

- GROUP BY <字段列表>是按照指定的字段分组，将该字段值相同的记录组成一组，对每组记录进行统计。

- 若在 SELECT 子句后存在字段列表，则其与 GROUP BY 子句后的字段列表必须一致。
- 在查询语句 SELECT 子句后面的字段列表中，如果既有字段名，又有聚合函数，那么该字段名要么被包含在聚合函数中，要么出现在 GROUP BY 子句中。
- 如果在 GROUP BY 子句后面有多个字段，那么先按第一个字段分组，若第一个字段值相同，再按第二个字段分组，以此类推。

【例 4-28】统计成绩表中每门课程的最高分、最低分和平均分。

```
SELECT c_id,MAX(grade) 最高分,MIN(grade) 最低分,AVG(grade) 平均分
FROM score
GROUP BY c_id
```

本例统计每门课程的信息，不是对整个成绩表记录进行统计，而是对成绩表记录分组后再进行统计。这里根据课程编号进行分组，每一组（每一门课程）返回一条记录。

【例 4-29】统计成绩表中每个学生的总分和平均分，并且按总分降序排列。

```
SELECT s_id,SUM(grade) 总分,AVG(grade) 平均分
FROM score
GROUP BY s_id
ORDER BY 总分 DESC
```

【例 4-30】统计学生表中男、女生人数。

```
SELECT COUNT(*) 人数
FROM student
GROUP BY s_sex
```

或者：

```
SELECT s_sex,COUNT(*) 人数
FROM student
GROUP BY s_sex
```

【例 4-31】统计教师表中每个系男、女教师人数。

```
SELECT dept_id,t_sex,COUNT(t_sex) 人数
FROM teacher
GROUP BY dept_id,t_sex
ORDER BY dept_id
```

本例先对系分组，在此基础上再对教师性别分组。

4.2.3　分组筛选

HAVING 子句通常与 GROUP BY 子句一起使用。HAVING 子句可以对 GROUP BY 子句的分组结果进行筛选，输出满足一定条件的分组结果。

HAVING 子句的语法格式如下：

```
[HAVING <组筛选条件表达式>]
```

这里的<组筛选条件表达式>用于对分组后的查询结果进行筛选，其作用与 WHERE 子句相似，二者的区别是：

- 作用对象不同。WHERE 子句作用于表和视图中的行，而 HAVING 子句作用于形成的组。WHERE 子句限制查询的行，HAVING 子句限制查询的组。

- 执行顺序不同。若查询语句中同时有 WHERE 子句和 HAVING 子句，执行时，先去掉不满足 WHERE 子句条件的行，然后分组，再去掉不满足 HAVING 子句条件的组。
- WHERE 子句中不能直接使用聚合函数，但 HAVING 子句的<组筛选条件表达式>可以包含聚合函数，也可以包含 GROUP BY 子句中的字段。
- 对于那些用在分组之前或之后都不影响返回结果集的搜索条件，在 WHERE 子句中指定较好。因为这样可以减少 GROUP BY 分组的行数，使程序更有效。

【例 4-32】统计成绩表中每个学生的总分和平均分，只输出总分高于 150 分的学生的学号、总分和平均分。

```
SELECT s_id 学号,SUM(grade) 总分,AVG(grade) 平均分
FROM score
GROUP BY s_id
HAVING SUM(grade)>150
```

【例 4-33】统计学生表中籍贯为“江苏无锡”的学生人数。

```
SELECT  place,count(*) AS 人数
FROM student
WHERE place='江苏无锡'
GROUP BY  place
```

或者：

```
SELECT  place,count(*) AS 人数
FROM student
GROUP BY  place
HAVING  place='江苏无锡'
```

该例分别使用 WHERE 子句和 HAVING 子句对查询范围做了限制，其运行结果相同。两者的区别在于前者先判断籍贯是否为“江苏无锡”，再进行分组；后者先用 GROUP BY 子句对籍贯进行分组，再用 HAVING 子句限定返回籍贯为“江苏无锡”的组。这里推荐使用 WHERE 子句，因为更高效。

思考：统计学生表中籍贯为“江苏无锡”的男、女生人数。

分析这两条语句运行的正确性。

```
SELECT s_sex,count(*) AS 人数
FROM student
WHERE place='江苏无锡'
GROUP BY s_sex
```

```
SELECT s_sex,count(*) AS 人数
FROM student
GROUP BY s_sex
HAVING place='江苏无锡'
```

任务实施

1. 统计江苏籍的学生总人数

新建查询，在查询编辑器中输入如下 T-SQL 语句：

```
SELECT COUNT(s_id) AS 总人数 FROM student WHERE place LIKE '江苏%'
```

执行上述 SELECT 语句，查询结果如图 4-7 所示。

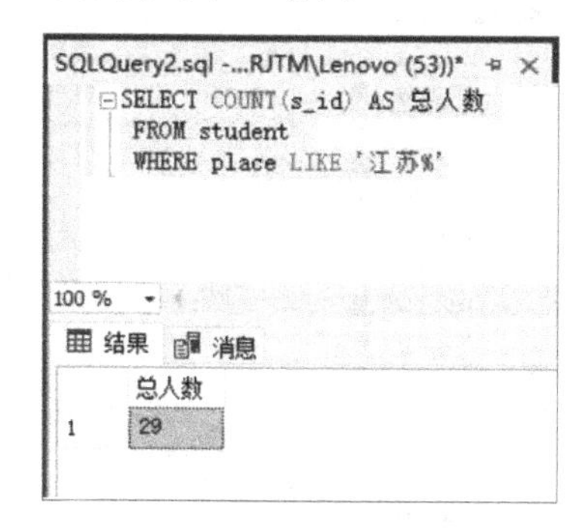

图 4-7　统计江苏籍的学生总人数

2. 按班级统计学生人数

新建查询，在查询编辑器中输入如下 T-SQL 语句：

```
SELECT class_id AS 班级 , COUNT(*) AS 人数
FROM  student
GROUP BY class_id
```

根据班级分组统计各班人数。执行上述 SELECT 语句，查询结果如图 4-8 所示。

SQLQuery2.sql -...RJTM\Lenovo (53))*

```
SELECT class_id AS 班级 , COUNT(*) AS 人数
FROM  student
GROUP BY class_id
```

100 %

结果　消息

	班级	人数
1	17020111	2
2	17040911	3
3	17040912	4
4	17041011	9
5	17050111	2
6	17050211	2
7	18040911	3
8	18040912	3
9	18041011	6
10	18041012	3
11	18041111	3
12	18041112	3

图 4-8　按班级统计学生人数

3. 统计每班男、女生人数

新建查询，在查询编辑器中输入如下 T-SQL 语句：

```
SELECT class_id,s_sex,COUNT(s_sex) 人数
FROM  student
GROUP BY class_id,s_sex
```

根据班级和性别分组统计人数。执行上述 SELECT 语句，查询结果如图 4-9 所示。

```
SELECT class_id,s_sex,COUNT(s_sex)人数
FROM student
GROUP BY class_id,s_sex
```

100 %

结果 消息

	class_id	s_sex	人数
1	17040911	男	1
2	17040912	男	1
3	17041011	男	6
4	17050111	男	2
5	17050211	男	2
6	18041011	男	4
7	18041012	男	1
8	18041111	男	2
9	18041112	男	3
10	17020111	女	2
11	17040911	女	2
12	17040912	女	3
13	17041011	女	3
14	18040911	女	3
15	18040912	女	3
16	18041011	女	2
17	18041012	女	2
18	18041111	女	1

图 4-9　统计每班男、女生人数

4. 按要求统计人数

分别统计 17041011 班男、女生人数，党、团员人数，来自不同地区的人数。

新建查询，在查询编辑器中输入如下 T-SQL 语句：

1）统计 17041011 班男、女生人数。

```
SELECT  s_sex AS 性别, count(s_id) AS 人数 FROM student  WHERE class_id='17041011'
GROUP BY s_sex
```

2）统计 17041011 班党、团员人数。

```
SELECT  politic AS 政治面貌, count(s_id) AS 人数 FROM student  WHERE class_id='17041011'
GROUP BY politic
```

3）统计 17041011 班来自不同地区的人数。

```
SELECT  place AS 籍贯, count(s_id) AS 人数 FROM student  WHERE class_id='17041011'
GROUP BY place
```

本查询分别对 17041011 班的学生按性别、政治面貌、籍贯进行分组，并且统计出各组人数。执行上述 SELECT 语句，查询结果如图 4-10 所示。

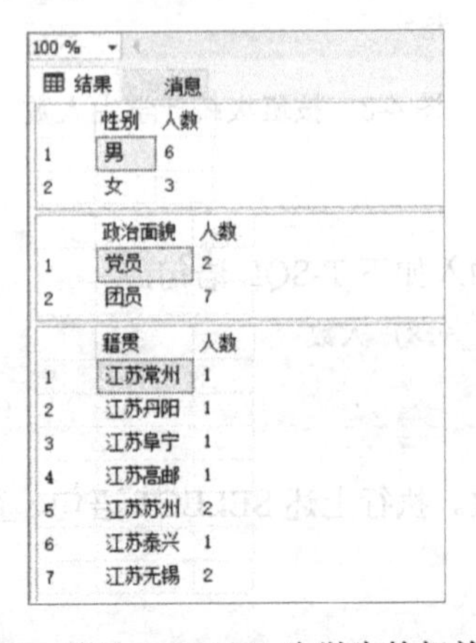

100 %

结果 消息

	性别	人数
1	男	6
2	女	3

	政治面貌	人数
1	党员	2
2	团员	7

	籍贯	人数
1	江苏常州	1
2	江苏丹阳	1
3	江苏阜宁	1
4	江苏高邮	1
5	江苏苏州	2
6	江苏泰兴	1
7	江苏无锡	2

图 4-10　统计 17041011 班学生的相关数据

任务总结

分组统计操作建立在数据查询的基础之上，涉及聚合函数和分组统计关键字的使用。当 SELECT 子句中只包含聚合函数时，是对查询结果整体进行统计。若要根据一个或多个字段进行分组统计，则使用 GROUP BY 子句；若要在表中记录分组后对这些组按条件进行筛选以输出满足条件的组，则使用 HAVING 子句。WHERE、GROUP BY、HAVING 子句和聚合函数的执行次序如下：WHERE 子句从数据源中去掉不符合搜索条件的数据；GROUP BY 子句将满足 WHERE 子句条件的记录进行分组，聚合函数为各个组计算统计值；HAVING 子句去掉不符合组筛选条件的各组记录。

4.3 【工作任务】多表连接查询

知识目标

- 掌握多表连接查询的方法。
- 掌握对查询结果进行分组和筛选的方法。
- 掌握对查询结果按一定顺序进行排序的方法。
- 掌握使用排名函数对数据进行排名的方法。

能力目标

- 会进行多表连接查询。
- 会对查询结果进行分组和筛选。
- 会对查询结果按一定的顺序进行排序。
- 会使用排名函数。

任务情境

老 K：“通过前面的学习，你一定对查询操作学习得不错，我来考考你吧！”

小 S：“好的，我试试吧！”

老 K：“如何查询某个学生的成绩单？”

小 S：“嗯，这个……成绩单中的数据包括学生的学号、姓名、课程名称和成绩等信息。在我参与的‘学生成绩管理系统’数据库的设计项目中，上述数据是分散在学生表、课程表和成绩表中的，要如何查询呢？”

老 K：“你说的很对。在实际应用中，查询往往针对多个表，可能涉及两个或更多个表，SELECT 语句也提供了多表查询功能。”

小 S：“我这就去学。”

任务描述　学生考试成绩统计

计算机应用技术 1701 班（班级编号为 17041011）的班主任王老师需要对本班学生的期末考试成绩进行统计，将统计结果作为 2017-2018-2 学期奖学金的评定依据。

- 查询本班学生各门课程的成绩，要求输出学号、姓名、课程名称、成绩，查询结果按学号的升序和分数的降序排列。
- 统计每个学生本学期所有课程的平均分、总分及名次。
- 查询本学期所有课程平均分高于 60 分（包括 60 分）的学生的学号、姓名、总分和平均分。
- 统计本班本学期每门课程的最高分、最低分和平均分，并且按平均分降序排列。
- 查询本学期不及格学生的学号、姓名、课程名称、成绩，查询结果按课程名称升序排列。

任务分析

此任务主要涉及多表查询，以及对查询结果的分组与筛选。

- 查询的数据分别来自 3 个表，属于多表查询。
- 此任务首先按学号分组，然后利用聚合函数得到每个学生的平均分、总分，最后利用排名函数获取名次。
- 此任务按学号分组统计成绩信息后，使用 HAVING 子句对分组结果进行筛选。
- 此任务按照课程编号对成绩进行分组统计。
- 此任务属于多表查询。

知识导读

前两节任务的查询只是涉及单个表的查询，在数据库的实际应用中经常需要从多个表中查询出相关联的数据，这就需要对多个表进行连接。在关系数据库中，将同时涉及两个或多个表的查询称为多表连接查询。

在 T-SQL 语言中，可以使用两种方法实现多表连接查询：一种是在 WHERE 子句中使用连接谓词编写连接条件，从而实现多表连接，这是早期的 SQL SERVER 定义的多表连接语法格式；另一种是在 FROM 子句中使用 JOIN...ON 关键字，将连接条件写在 ON 之后，这是美国国家标准学会（American National Standards Institute，ANSI）定义的多表连接语法格式。

4.3.1　使用连接谓词连接

使用连接谓词连接表的语法格式如下：

```
SELECT <输出字段列表>
FROM 表 1,表 2[,...n]
WHERE <表 1.字段名 1><连接谓词><表 2.字段名 2>
```

说明　连接谓词包括=、<、<=、>、>=、!=、<>等，从这些连接谓词可以看出，用于建立连接的两个字段必须具有可比性，这两个字段称为连接字段。通过连接谓词使“表 1.字段名 1”和“表 2.字段名 2”产生比较关系，从而将两个表连接起来。

1. 等值连接和不等值连接

连接谓词是“=”的连接，称为等值连接。连接谓词使用其他运算符的连接，称为不等值连接。其中等值连接在实际应用中最常见。等值连接条件通常采用“主键列=外键列”的形式。

【例 4-34】在学生表和成绩表中查询学生的基本信息和成绩信息。

```
SELECT student.*,score.*
FROM student, score
WHERE student.s_id=score.s_id
```

根据连接条件将学生表中主键 s_id 字段和成绩表中外键 s_id 字段值相等的记录连接起来。在查询结果中 s_id 字段出现两次，分别来源于学生表和成绩表。

2. 自然连接

在等值连接中，使输出字段列表中重复的字段只保留一个的连接称为自然连接。

在针对多表进行查询时，如果引用的字段被查询的多个表所共有，那么引用该字段时必须指定其属于哪个表，以提高查询语句的可读性。

【例 4-35】查询学生的基本信息和成绩信息，在输出结果中相同的字段只保留一个。

```
SELECT student.s_id,s_name,class_id,s_sex,nation,place,politic,
born_date,address,tel,student.resume,c_id,grade,score.resume
FROM student,score
WHERE student.s_id=score.s_id
```

3. 复合条件连接

含有多个连接条件的连接称为复合条件连接。

【例 4-36】查询学生的学号、姓名、所学课程名称和成绩。

```
SELECT student.s_id,s_name,c_name,grade
FROM student,score,course
WHERE student.s_id=score.s_id
AND score.c_id=course.c_id
```

本例中输出的字段分别在学生表、课程表和成绩表中，它们通过学生表中的学号和成绩表中的学号等值，以及成绩表中的课程编号和课程表中的课程编号等值连接为一张表，从而得到所需数据。

【例 4-37】查询选修大学英语或计算机应用基础课程的学生成绩，要求显示学号、姓名、课程名称、成绩。

```
SELECT student.s_id,s_name,c_name,grade
FROM student,score,course
WHERE student.s_id=score.s_id
AND score.c_id=course.c_id
AND (course.c_name = '大学英语' OR course.c_name = '计算机应用基础')
```

本例在三表连接的基础上，还多了一个限定课程的条件。

4. 自连接

一个表与其自身进行的连接称为自连接。如果想在同一个表中查询具有相同字段值的行，则可以使用自连接。在使用自连接时需要为表指定两个别名，并且对所引用的字段均采用别名指定其来源。

【例 4-38】查询同一课程成绩相同的学生的学号、课程编号和成绩。

```
SELECT a.s_id,b.s_id,a.c_id,a.grade
FROM score a,score b
WHERE a.grade=b.grade AND a.s_id<>b.s_id
AND a.c_id=b.c_id
```

4.3.2 使用 JOIN 关键字连接

T-SQL 语句扩展了以 JOIN 关键字连接表的方式，增强了表的连接能力和连接灵活性。

使用 JOIN 关键字连接表的语法格式如下：

```
SELECT <输出字段列表>
FROM 表名 1 <连接类型> 表名 2 ON <连接条件>
        [<连接类型> 表名 3 ON <连接条件>]...
```

说明：

- 表名 1、表名 2、表名 3 等用于指明需要连接的表。
- 连接类型有[INNER |{ LEFT | RIGHT | FULL } OUTER | CROSS] JOIN。
  - ➢ INNER JOIN 表示内连接；
  - ➢ OUTER JOIN 表示外连接，外连接又分左外连接（LEFT OUTER JOIN）、右外连接（RIGHT OUTER JOIN）和全外连接（FULL OUTER JOIN）；
  - ➢ CROSS JOIN 表示交叉连接。
- ON 用于指明连接条件。按照 ON 所指定的连接条件连接多个表，返回满足条件的行。

通过连接谓词进行的等值连接、不等值连接、自然连接和自连接都属于内连接。在实际应用中的连接查询一般为内连接查询。下面先介绍通过 JOIN 关键字实现内连接。

1. 内连接

【例 4-39】查询学生基本信息和成绩信息。

```
SELECT student.*,score.*
FROM student INNER JOIN score
ON student.s_id=score.s_id
```

【例 4-40】查询学号为 1704091203 的学生所在班级的名称。

```
SELECT class_name
FROM student JOIN class
ON student.class_id=class.class_id
WHERE student.s_id='1704091203'
```

【例 4-41】查询李东同学所在班级的名称。

```
SELECT class_name
FROM student JOIN class
ON student.class_id=class.class_id
WHERE student.s_name='李东'
```

【例 4-42】查询学号为 1704101108 的学生的基本信息和成绩信息。

```
SELECT student.s_id,s_name,class_id,s_sex,born_date,place,student.address,tel,nation,
```

```
politic,student.resume,c_id,grade,score.resume
FROM student JOIN score
ON student.s_id=score.s_id
WHERE student.s_id='1704101108'
```

【例 4-43】查询每个学生的最高分、最低分，输出学号、姓名、最高分、最低分。

```
SELECT student.s_id AS 学号,s_name AS 姓名,MAX(grade) AS 最高分,MIN(grade) AS 最低分
FROM student JOIN score  ON student.s_id=score.s_id
GROUP BY  student.s_id,s_name
```

【例 4-44】查询每个学生的成绩情况，输出学号、姓名、课程名称和成绩。

```
SELECT student.s_id AS 学号,s_name AS 姓名, c_name AS 课程名称, grade AS 成绩
FROM student JOIN score  ON student.s_id=score.s_id
JOIN course  ON course.c_id=score.c_id
```

本例中涉及学生表、课程表和成绩表共 3 个表。连接时先将学生表和课程表通过 s_id 字段等值连接，再将课程表与成绩表通过 c_id 字段等值连接。

2. 自连接

【例 4-45】查询与学号为 1704091203 的学生在同一班级的学生的学号与姓名。

```
SELECT a.s_id,a.s_name
FROM  student a  JOIN student b ON a.class_id=b.class_id
WHERE b.s_id ='1704091203' AND a.s_id<>'1704091203'
```

【例 4-46】查询与李东同学在同一个班级的学生基本信息。

```
SELECT a.*
FROM student a  JOIN student b ON a.class_id=b.class_id
WHERE b.s_name='李东' AND a.s_name<>'李东'
```

3. 外连接

在内连接中，只有满足连接条件的行才能显示在查询结果中，但有些情况下希望不满足条件的行也能出现在查询结果中，我们可以通过外连接实现。外连接不仅显示满足连接条件的行，还包括某个表中不满足连接条件的行。

外连接分为以下几种：

- 左外连接（LEFT OUTER JOIN）。查询结果除了显示满足条件的行，还包括左表的所有行。
- 右外连接（RIGHET OUTER JOIN）。查询结果除了显示满足条件的行，还包括右表的所有行。
- 全外连接（FULL OUTER JOIN）。查询结果除了显示满足条件的行，还包括两个表的所有行。

【例 4-47】查询 17050111 班学生的选课情况，未选课学生的信息也要输出。

```
SELECT *
FROM student  LEFT OUTER JOIN score  ON student.s_id=score.s_id
WHERE class_id ='17050111'
```

查询结果中包含 17050111 班所有学生的基本信息和成绩信息，未选课学生的成绩信息用 NULL 代替。

4.3.3 排名函数

排名函数能对数据行进行排名，从而提供一种以升序方式来组织输出的方法，可以给每一行一个唯一的序号，或者给每一组相似的行相同的序号。常用的排名函数如表 4-5 所示。

表 4-5 常用的排名函数

排 名 函 数	说 明
ROW_NUMBER	为查询的结果行提供连续的整数值作为排名序号
RANK	为查询的结果行提供升序的、非唯一的排名序号，对具有相同值的行提供相同的序号。由于部分行的序号相同，因此，要跳过一些序号
DENSE_RANK	与 RANK 函数类似，不同的是，无论有多少行具有相同的序号，DENSE_RANK 函数返回的具有不同值的行的序号值均比前一个序号值增加 1

语法格式如下：

```
排名函数 OVER (ORDER BY <字段名>)
```

说明：

- 排名函数。可以是 ROW_NUMBER、RANK、DENSE_RANK 之一。
- OVER。定义如何对数据进行排序或划分。
- ORDER BY <字段名>。定义数据排序的详情，依据此字段进行排序，并且计算排名值。

下面用 fun 表分别介绍这 3 个排名函数的功能及用法。fun 表的表结构与表中数据如图 4-11 所示，其中 s_id 字段和 c_id 字段的数据类型是 char，score 字段的数据类型是 float。

	s_id	c_id	score
1	1702011101	1010401	83
2	1702011102	1010401	75
3	1702011103	1010401	83
4	1702011104	1010401	90

图 4-11 fun 表的表结构与表中数据

【例 4-48】用排名函数按成绩升序列出课程编号为 1010401 的学生的名次。

（1）使用 ROW_NUMBER 函数。

```
SELECT ROW_NUMBER() OVER(ORDER BY score) AS row_number,*
FROM fun
```

执行上述 SELECT 语句，查询结果如图 4-12 所示。

	row_number	s_id	c_id	score
1	1	1702011102	1010401	75
2	2	1702011103	1010401	83
3	3	1702011101	1010401	83
4	4	1702011104	1010401	90

图 4-12 使用 ROW_NUMBER 函数

ROW_NUMBER 函数的功能是为查询出来的每一行记录生成一个序号。其中 row_number 列是由 ROW_NUMBER 函数生成的序号列。ROW_NUMBER 函数生成序号的基本原理是先使用 OVER

子句中的排序语句对记录进行排序，然后按着这个顺序生成序号。

（2）使用 RANK 函数。

```
SELECT RANK() OVER(ORDER BY score) AS row_number,*
FROM fun
```

执行上述 SELECT 语句，查询结果如图 4-13 所示。

	row_number	s_id	c_id	score
1	1	1702011102	1010401	75
2	2	1702011103	1010401	83
3	2	1702011101	1010401	83
4	4	1702011104	1010401	90

图 4-13 使用 RANK 函数

RANK 函数考虑到了 OVER 子句中排序字段值相同的情况，生成的序号有可能不连续。

（3）使用 DENSE_RANK 函数。

```
SELECT DENSE_RANK() OVER(ORDER BY score) AS row_number,*
FROM fun
```

执行上述 SELECT 语句，查询结果如图 4-14 所示。

	row_number	s_id	c_id	score
1	1	1702011102	1010401	75
2	2	1702011103	1010401	83
3	2	1702011101	1010401	83
4	3	1702011104	1010401	90

图 4-14 使用 DENSE_RANK 函数

DENSE_RANK 函数的功能与 RANK 函数类似，只是生成的序号是连续的。

任务实施

1. 查询成绩

查询本班学生各门课程的成绩，要求输出学号、姓名、课程名称、成绩，查询结果按学号的升序和分数的降序排列。

新建查询，在查询编辑器中输入如下 T-SQL 语句：

```
SELECT student.s_id,s_name,course.c_name,score.grade
FROM student,course,score
WHERE  semester ='2017-2018-2' AND class_id='17041011'
AND student.s_id=score.s_id AND course.c_id=score.c_id
ORDER BY s_id ASC,grade DESC
```

执行上述 SELECT 语句，查询结果如图 4-15 所示。

	s_id	s_name	c_name	grade
5	1704101103	王芳	网页制作技术	72
6	1704101103	王芳	面向对象程序设计	70
7	1704101104	孙楠	网页制作技术	63
8	1704101104	孙楠	面向对象程序设计	48
9	1704101105	李飞	网页制作技术	70
10	1704101105	李飞	面向对象程序设计	52
11	1704101106	陈丽丽	面向对象程序设计	60
12	1704101106	陈丽丽	网页制作技术	50
13	1704101107	刘盼盼	网页制作技术	90
14	1704101107	刘盼盼	面向对象程序设计	90
15	1704101108	陈国轼	面向对象程序设计	96
16	1704101108	陈国轼	网页制作技术	95
17	1704101109	陈森	网页制作技术	96
18	1704101109	陈森	面向对象程序设计	86

图 4-15　查询成绩

2. 统计平均分、总分及名次

查询每个学生本学期所有课程的平均分、总分及名次。

新建查询，在查询编辑器中输入如下 T-SQL 语句：

```
SELECT student.s_id  AS 学号,AVG(grade) AS 平均分,SUM(grade) AS 总分,
DENSE_RANK( ) OVER(ORDER BY AVG(score.grade) DESC) AS 名次
FROM student,course,score
WHERE semester ='2017-2018-2' AND class_id='17041011' AND student.s_id=score.s_id
AND course.c_id=score.c_id
GROUP BY student.s_id
ORDER BY AVG(grade)  DESC
```

执行上述 SELECT 语句，查询结果如图 4-16 所示。

	学号	平均分	总分	名次
1	1704101108	95	191	1
2	1704101109	91	182	2
3	1704101107	90	180	3
4	1704101102	78	156	4
5	1704101101	72	144	5
6	1704101103	71	142	6
7	1704101105	61	122	7
8	1704101104	55	111	8
9	1704101106	55	110	9

图 4-16　统计平均分、总分及名次

3. 查询平均分高于 60 分（包括 60 分）的学生信息

查询本学期所有课程平均分高于 60 分（包括 60 分）的学生的学号、姓名、总分和平均分。

新建查询，在查询编辑器中输入如下 T-SQL 语句：

```
SELECT student.s_id AS 学号,s_name AS 姓名,SUM(grade) AS 总分 ,AVG(grade) AS 平均分
FROM student,course,score
WHERE semester ='2017-2018-2' AND class_id='17041011' AND student.s_id=score.s_id AND
course.c_id=score.c_id
```

```
GROUP BY student.s_id,s_name
HAVING  AVG(grade)>=60
ORDER BY AVG(grade) DESC
```

执行上述 SELECT 语句，查询结果如图 4-17 所示。

	学号	姓名	总分	平均分
1	1704101108	陈国栻	191	95
2	1704101109	陈森	182	91
3	1704101107	刘盼盼	180	90
4	1704101102	吴汉禹	156	78
5	1704101101	彭志坚	144	72
6	1704101103	王芳	142	71
7	1704101105	李飞	122	61

图 4-17　查询平均分高于 60 分（包括 60 分）的学生信息

4. 统计最高分、最低分和平均分

统计本班本学期每门课程的最高分、最低分和平均分，并且按平均分降序排列。

新建查询，在查询编辑器中输入如下 T-SQL 语句：

```
SELECT course.c_name AS 课程名称,MAX(grade) AS 最高分, MIN(grade) AS 最低分,AVG(grade) AS 平均分
FROM student,course,score
WHERE  semester ='2017-2018-2' AND class_id='17041011' AND student.s_id=score.s_id AND course.c_id=score.c_id
GROUP BY course.c_name
ORDER BY AVG(grade) DESC
```

执行上述 SELECT 语句，查询结果如图 4-18 所示。

	课程名称	最高分	最低分	平均分
1	网页制作技术	96	50	76
2	面向对象程序设计	96	48	72

图 4-18　统计最高分、最低分和平均分

5. 查询不及格学生信息

查询本学期不及格学生的学号、姓名、课程名称、成绩，查询结果按课程名称升序排列。

新建查询，在查询编辑器中输入如下 T-SQL 语句：

```
SELECT student.s_id AS 学号,s_name AS 姓名,c_name  AS 课程名称 ,grade AS 成绩
FROM student,course,score
WHERE  semester ='2017-2018-2' AND class_id='17041011' AND grade<60
AND student.s_id=score.s_id AND course.c_id=score.c_id
ORDER BY c_name
```

执行上述 SELECT 语句，查询结果如图 4-19 所示。

	学号	姓名	课程名称	成绩
1	1704101104	孙楠	面向对象程序设计	48
2	1704101105	李飞	面向对象程序设计	52
3	1704101106	陈丽丽	网页制作技术	50

图 4-19　查询不及格学生信息

任务总结

多表连接查询是最常见的一种查询，在实际应用中内连接查询最为常用。编写查询语句可以采用六步分析方法。第一步：分析查询涉及的表，包括查询条件和查询结果涉及的表，确定 FROM 子句中的表名。第二步：如果是多表查询，分析表与表之间的连接条件，确定 JOIN 子句中 ON 后面的连接条件。第三步：分析查询是针对整个记录，还是选择部分行。如果是限制条件的部分行，那么确定 WHERE 子句中的行条件表达式。第四步：如果查询涉及分组统计，使用 GROUP BY 子句确定分组的列名；如果要对分完组的查询结果进行筛选，那么使用 HAVING 子句确定组筛选条件。第五步：确定查询目标列表达式。第六步：分析是否对查询结果进行排序，可以使用 ORDER BY 子句定义排序的列名和排序方式。

4.4 【工作任务】嵌套查询

知识目标

掌握使用子查询的方法。

能力目标

会在查询中使用子查询。

任务情境

小 S：“为了更好地掌握查询语句的用法，我利用‘学生成绩管理系统’数据库做了大量的练习。通过聚合函数在成绩表中查询出某门课程的平均分，代码如下所示。”

```
SELECT AVG(grade) FROM score WHERE c_id='170406'
```

小 S：“通过学生表和成绩表查询出 17041011 班平均分高于 80 分（包括 80 分）的学生信息，代码如下所示。”

```
SELECT student.s_id AS 学号,s_name AS 姓名,AVG(grade) AS 平均分
FROM student,score
WHERE class_id='17041011' AND student.s_id=score.s_id
GROUP BY student.s_id,s_name
HAVING AVG(grade)>=80
```

老 K：“看来查询语句掌握得不错啊！”

小 S：“多谢夸奖。可是我今天遇到了难题。我想查询 170406 号课程成绩高于该课程平均分的学生基本信息。可是思考了半天也没有头绪。于是上网搜索，网友提供了如下答案。”

```
SELECT * FROM student
WHERE s_id IN
```

```
(SELECT s_id FROM score WHERE c_id='170406' AND grade>(SELECT AVG(grade) FROM score WHERE c_id='170406'))。
```

老 K:“这条查询语句是正确的。它是通过嵌套查询实现的。你前面学习的查询都是单层查询，即查询中只有一个 SELECT-FROM-WHERE 查询块。而在实际应用中经常用到多层查询，即将一个查询块嵌套在 SELECT、INSERT、UPDATE 或 DELETE 语句中的 WHERE 或 HAVING 子句进行查询，这种查询称为嵌套查询。”

小 S：“原来查询里还可以再带查询，真是学无止境呀！您快帮我分析分析这段代码吧！”

老 K：“此题在第一层查询中首先从成绩表中查询出 170406 号课程的平均分，将其作为第二层查询的条件之一；第二层查询从成绩表中查询出 170406 号课程成绩高于平均分的所有学生的学号，查询结果是个学号集合；最后一层查询将第二层查询出的学号集合作为查询条件在学生表中找到对应的学生基本信息。”

小 S：“原来如此，我有些明白了。”

老 K：“上题还可以用其他方法实现，代码如下所示。”

```
SELECT s.s_id,s_name,grade
FROM student s JOIN score c ON s.s_id=c.s_id
WHERE c_id='170406' AND grade>(SELECT AVG(grade) FROM score WHERE c_id='170406')
```

老 K：“你在学习完嵌套查询的相关知识后可以去测试一下。”

任务描述　课程信息统计

教务处邓老师负责各班级的课程安排工作。她每学期都需要对各门课程的相关信息做统计分析，以便及时了解学生的学习情况及教师授课的情况。

- 查询所有开设 C 语言课程的班级学生名单，提供学号、姓名及班级编号。
- 查询 2017-2018-1 学期各位教师的任课信息，提供教师编号、教师姓名、课程名称及课时。
- 查询课时数高于所有课程平均课时数的课程信息。
- 查询成绩不及格及有缺考情况的课程相关信息，提供班级名称、学号、姓名、课程名称及成绩。
- 查询平均分高于 80 分的课程相关信息，提供班级编号、课程名称、任课教师姓名及平均分。

任务分析

各项任务具体分析如下。

- 此任务需要两层嵌套实现。在 course 表中先确定 C 语言课程的课程编号集合，再通过 score 表找到选修该课程的学生的学号集合，最后在 student 表中获取相关信息。也可采用三表连接查询。
- 此任务采用三表连接查询。将 course、teach 和 teacher 三表连接后得到查询结果集，设置行选择条件，然后指定查询输出目标字段。

- 此任务采用嵌套查询。子查询先从 course 表中查询出所有课程的平均课时数，再将其作为外查询的条件，通过关系运算符“>”设置关系表达式。
- 此任务涉及 student、score、course 和 class 共四个表，四表连接后设置行选择条件，然后指定查询输出目标字段。
- 此任务涉及 course、score、teacher 和 teach 共四个表。通过对班级编号、课程名称、任课教师姓名的分组，获得每个班级不同课程的平均分，再利用 HAVING 子句筛选出平均分高于 80 分的课程相关信息。

知识导读

4.4.1　嵌套查询概述

SQL Server 允许多层嵌套查询，即一个子查询中可以嵌套其他子查询，外层的 SELECT 语句称为外查询（主查询），内层的 SELECT 语句称为内查询（子查询）。为了区分外查询和内查询，内查询应加圆括号。

嵌套查询的语法格式如下：

```
SELECT * FROM  表名  WHERE 表达式 关系运算符 [ANY|ALL|SOME] (子查询)
SELECT * FROM  表名  WHERE 表达式 [NOT] IN (子查询)
SELECT * FROM  表名  WHERE 表达式 [NOT] EXISTS (子查询)
```

使用嵌套查询需要注意以下几点：

- 子查询需要用圆括号括起来。
- 子查询的 SELECT 语句中不能使用 image、text、ntext 等数据类型。
- 子查询返回结果值的数据类型必须和新增列或 WHERE 子句中的数据类型匹配。
- 子查询中不能使用 ORDER BY 子句。ORDER BY 子句应该放在最外层的父查询中，对最终的查询结果排序。

4.4.2　使用关系运算符的嵌套查询

使用关系运算符的嵌套查询语法格式如下：

```
表达式 关系运算符 [ALL|ANY|SOME] (子查询)
```

说明：

- 当子查询返回的是单值时，子查询可以由一个关系运算符（=、<、<=、>、>=、!=或<>）引入。
- 当子查询可能返回多个值时，可以将关系运算符与逻辑运算符 ANY、SOME 和 ALL 结合起来使用。
- ANY、SOME 是存在量词，表示表达式只要与子查询的结果集中的某个值满足比较关系，就返回 TRUE，否则返回 FALSE。两者含义相同，可互换。在 T-SQL 语句中，“=ANY|SOME”等价于“IN”，“<>ANY|SOME”没有意义。
- ALL 也是存在量词，要求子查询的所有查询结果列都要满足搜索条件。在 T-SQL 语句中，“<>ALL”等价于“NOT IN”，“=ALL”没有意义。

【例 4-49】利用嵌套查询查询学号为 1704091203 的学生所在班级的名称。

利用嵌套查询将例 4-40 写成如下 T-SQL 语句：

```
SELECT class_name        ⎫
FROM class               ⎬父查询
WHERE  class_id=         ⎭
(SELECT class_id         ⎫
FROM  student            ⎬子查询
WHERE s_id ='1704091203')⎭
```

本例中子查询语句“SELECT class_id FROM student WHERE s_id ='1704091203'”嵌套在父查询语句“SELECT class_name FROM class WHERE class_id=”的 WHERE 条件中。通过子查询在学生表中查询到学号为 1704091203 的学生所在的班级编号作为父查询的条件，从而查询出班级表中对应的班级名称。子查询在学生表中查询到学号为 1704091203 的学生所在的班级编号，由于返回的是单值，因此在父查询中用关系运算符“=”设置关系表达式查询班级名称。

【例 4-50】查询与 1704091203 号学生在同一班级的其他学生的学号与姓名。

```
SELECT s_id ,s_name
FROM student
WHERE class_id=
(SELECT class_id FROM student WHERE s_id ='1704091203') AND s_id<>1704091203
```

通过子查询在学生表中查询到 1704091203 号学生所在的班级编号，由于返回的是单值，因此在父查询中用关系运算符“=”设置关系表达式查询其他学生的信息。本例题可以通过自连接查询实现（见例 4-45）。

【例 4-51】查询选修了 170402 号课程且成绩比 1704091102 号学生成绩高的学生的学号、课程编号和成绩。

```
SELECT s_id,c_id,grade
FROM score
WHERE c_id='170402'
AND grade>(SELECT grade
FROM score
WHERE s_id='1704091102'
AND c_id='170402')
```

通过子查询查询到 1704091102 号学生选修的 170402 号课程的成绩，由于返回的成绩为单值，因此在父查询的 WHERE 子句中用关系运算符“>”设置成绩查询条件。

【例 4-52】查询选修了 170402 号课程且成绩比 1704091107 号和 1704091108 号学生的 170402 号课程成绩都高的学生的学号、课程编号和成绩。

```
SELECT s_id,c_id,grade
FROM score
WHERE c_id='170402'AND
grade>ALL(SELECT grade
FROM score
WHERE (s_id='1704091107' OR s_id='1704091108') AND c_id='170402')
```

通过子查询查询到 1704091107 号和 1704091108 号学生选修 170402 号课程的成绩，因为父查询中要求成绩同时高于子查询结果的两个值，所以在父查询 WHERE 子句中用“>ALL”设置成绩查询条件。

4.4.3 使用谓词 IN 的嵌套查询

使用谓词 IN 的子查询结果是一个集合。将子查询的结果作为外部查询的条件，判断外部查询中的某个值是否属于子查询的结果集，使用谓词 IN 的嵌套查询语法格式如下：

```
表达式 [NOT] IN (子查询)
```

若使用谓词IN，则当表达式的值属于子查询的结果集时，结果返回TRUE，否则结果返回FALSE。若使用 NOT IN，则返回的值刚好与 IN 相反。

【例 4-53】查询李东同学所在班级的名称。

```
SELECT class_name
FROM class
WHERE  class_id  IN
(SELECT class_id
FROM  student
WHERE s_name='李东')
```

由于李东同学在学生表中可能会有重名的现象，也就是说，在子查询中所得到的查询结果不唯一，因此该查询使用谓词 IN 设置查询条件。

【例 4-54】查询与李东同学在同一班级的学生的学号与姓名。

```
SELECT s_id ,s_name
FROM student
WHERE class_id
IN (SELECT class_id FROM student WHERE s_name ='李东') AND s_name<>'李东'
```

【例 4-55】查询选修了 170402 号课程的学生的学号、姓名和班级编号。

```
SELECT s_id,s_name,class_id
FROM student
WHERE s_id  IN
(SELECT s_id
FROM score
WHERE c_id='170402')
```

通过子查询查询到选修了 170402 号课程的学生学号，由于选修 170402 号课程的学生可能有若干名，查询结果中的学号构成了集合，因此在父查询中用谓词 IN 设置查询条件。

【例 4-56】查询选修了 170402 号课程且成绩高于 80 分的学生的学号、姓名和班级编号。

```
SELECT s_id,s_name,class_id
FROM student
WHERE s_id  IN
(SELECT s_id
FROM score
WHERE c_id='170402'AND grade>80)
```

思考：上述 3 个例题是否能够通过多表连接查询实现？

【例 4-57】查询未选修 170401 号课程的学生的学号、姓名和班级编号。

```
SELECT s_id,s_name,class_id
FROM student
WHERE s_id NOT IN
(SELECT s_id
```

```
FROM score
WHERE c_id='170401')
```

4.4.4 使用谓词 EXISTS 的嵌套查询

逻辑运算符 EXISTS 代表存在。使用谓词 EXISTS 的子查询不返回任何实际数据，它只产生逻辑真值 TRUE 或逻辑假值 FALSE。若子查询结果非空，则外层的 WHERE 子句返回 TRUE，否则返回 FALSE。EXISTS 也可以与 NOT 结合使用，即 NOT EXISTS，其返回值与谓词 EXISTS 刚好相反。由于子查询不返回任何实际数据，只产生 TRUE 或 FALSE，因此使用谓词 EXISTS 的子查询的 SELECT 子句投影列表可指定多个表达式，其列名常为“*”。使用谓词 EXISTS 的嵌套查询语法格式如下：

```
[NOT] EXISTS (子查询)
```

【例 4-58】查询选修了 170401 号课程的学生的学号、姓名和班级编号。

```
SELECT s_id,s_name,class_id
FROM student
WHERE EXISTS (SELECT * FROM score WHERE
c_id='170401' AND s_id =student.s_id )
```

本例可使用谓词 IN 实现：

```
SELECT s_id,s_name,class_id
FROM student
WHERE s_id IN
(SELECT s_id
FROM score
WHERE c_id='170401')
```

EXISTS 和 IN 的区别在于运行效率不同。如果外层查询表小于子查询表，则用 EXISTS；如果外层查询表大于子查询表，则用 IN；如果外层查询表和子查询表差不多，则两者都可。

本例可使用连接查询实现：

```
SELECT student.s_id,s_name,class_id
FROM student,score
WHERE c_id='170401' AND score.s_id=student.s_id
```

任务实施

1. 查询学生基本信息

查询所有开设 C 语言课程的班级学生名单，提供学号、姓名及班级编号。

方法一：嵌套查询。

新建查询，在查询编辑器中输入如下 T-SQL 语句：

```
SELECT  s_id,s_name,class_id
FROM student
WHERE s_id IN(SELECT  s_id
FROM score WHERE  c_id IN (SELECT  c_id
FROM course WHERE c_name LIKE '%C语言%'))
```

方法二：三表连接查询。

新建查询，在查询编辑器中输入如下 T-SQL 语句：

```
SELECT score.s_id,s_name ,class_id
FROM student JOIN score ON score.s_id=student.s_id
JOIN course ON score.c_id= course.c_id
WHERE  c_name LIKE '%C语言%')
```

执行上述 SELECT 语句，部分查询结果如图 4-20 所示。

	s_id	s_name	class_id
1	1704091101	李东	17040911
2	1704091102	汪晓	17040911
3	1704091103	李娇娇	17040911
4	1704091201	沈森森	17040912
5	1704091202	汪晓庆	17040912
6	1704091203	黄娟	17040912
7	1704091204	章子怡	17040912
8	1704101101	彭志坚	17041011
9	1704101102	吴汉禹	17041011
10	1704101103	王芳	17041011
11	1704101104	孙楠	17041011
12	1704101105	李飞	17041011
13	1704101106	陈丽丽	17041011
14	1704101107	刘盼盼	17041011
15	1704101108	陈国轼	17041011
16	1704101109	陈森	17041011
17	1804091101	刘小舒	18040911
18	1804091102	毕雅如	18040911

图 4-20　查询开设 C 语言课程的班级学生名单

2. 查询教师任课信息

查询 2017-2018-1 学期各位教师的任课信息，提供教师编号、教师姓名、课程名称及课时。

新建查询，在查询编辑器中输入如下 T-SQL 语句：

```
SELECT teach.t_id,teacher.t_name,course.c_name,course.period
FROM teach,course,teacher
WHERE semester='2017-2018-1' AND teach.t_id=teacher.t_id AND teach.c_id=course.c_id
```

执行上述 SELECT 语句，查询结果如图 4-21 所示。

	t_id	t_name	c_name	period
1	0101	杨小帆	商务英语	64
2	0102	许志林	商务日语	64
3	0201	张弛	应用文稿写作	72
4	0201	张弛	广告设计	72
5	0401	刘少明	数据库及应用	64
6	0402	马丽丽	C语言程序设计	72
7	0405	陈静	大学英语	72
8	0406	唐曼	高等数学	72
9	0407	唐杰	计算机应用基础	84

图 4-21　查询 2017-2018-1 学期各位教师的任课信息

3. 查询课程信息

查询课时数高于所有课程平均课时数的课程信息。

新建查询，在查询编辑器中输入如下 T-SQL 语句：

```
SELECT * FROM course
WHERE period > (SELECT  AVG(period) FROM course)
```

执行上述 SELECT 语句，查询结果如图 4-22 所示。

	c_id	c_name	c_type	period	credit	semester
1	170201	应用文稿写作	职业技术课	72	3	2017-2018-1
2	170202	广告设计	职业技术课	72	3	2017-2018-1
3	170402	C语言程序设计	职业基础课	72	3	2017-2018-1
4	170403	网页制作技术	职业技术课	72	4	2017-2018-2
5	170405	大学英语	职业基础课	72	2	2017-2018-1
6	170406	高等数学	职业基础课	72	2	2017-2018-1
7	170407	计算机应用基础	职业基础课	84	3	2017-2018-1
8	180402	C语言	职业基础课	72	3	2018-2019-1
9	180403	网页制作技术	职业技术课	72	4	2018-2019-2
10	180405	大学英语	职业基础课	72	2	2018-2019-1
11	180406	高等数学	职业基础课	72	2	2018-2019-1
12	180407	计算机应用基础	职业基础课	84	3	2018-2019-1

图 4-22　查询课时数高于所有课程平均课时数的课程信息

4. 查询成绩不及格及有缺考情况的课程相关信息

查询成绩不及格及有缺考情况的课程相关信息，提供班级名称、学号、姓名、课程名称及成绩。

新建查询，在查询编辑器中输入如下 T-SQL 语句：

```
SELECT class_name,student.s_id,s_name,c_name,grade
FROM student,score,course,class
WHERE (grade <60 OR grade IS NULL) AND student.s_id=score.s_id
AND class.class_id=student.class_id
AND course.c_id=score.c_id
```

执行上述 SELECT 语句，部分查询结果如图 4-23 所示。

	class_name	s_id	s_name	c_name	grade
1	文秘1701	1702011101	李煜	商务英语	40
2	文秘1701	1702011102	王国卉	广告设计	50
3	软件1701	1704091101	李东	数据库及应用	56
4	软件1701	1704091101	李东	C语言程序设计	56
5	软件1701	1704091101	李东	网页制作技术	56
6	软件1701	1704091102	汪晓	面向对象程序设计	54
7	软件1701	1704091102	汪晓	大学英语	54
8	软件1701	1704091102	汪晓	高等数学	54
9	软件702	1704091204	章子怡	C语言程序设计	52
10	计应1701	1704101101	彭志坚	计算机应用基础	NULL
11	计应1701	1704101102	吴汉禹	商务英语	55
12	计应1701	1704101102	吴汉禹	计算机应用基础	NULL
13	计应1701	1704101103	王芳	高等数学	56
14	计应1701	1704101103	王芳	计算机应用基础	56
15	计应1701	1704101104	孙楠	数据库及应用	52
16	计应1701	1704101104	孙楠	面向对象程序设计	48
17	计应1701	1704101105	李飞	C语言程序设计	52
18	计应1701	1704101105	李飞	面向对象程序设计	52

图 4-23　查询成绩不及格及有缺考情况的课程相关信息

5. 查询平均分高于 80 分的课程相关信息

查询平均分高于 80 分的课程相关信息，提供班级编号、课程名称、任课教师姓名及平均分。

新建查询，在查询编辑器中输入如下 T-SQL 语句：

```
SELECT  LEFT(s_id,8) AS 班级编号,c_name AS 课程名称,t_name  AS 教师姓名,AVG(score.grade)AS
平均分
FROM score,course,teacher ,teach
WHERE course.c_id =score.c_id AND teacher.t_id=teach.t_id
AND teach.c_id=score.c_id AND LEFT(s_id,8) IN
(SELECT LEFT(s_id,8) FROM score)
GROUP BY LEFT(s_id,8),course.c_name ,t_name
HAVING AVG(score.grade)>80
```

执行上述 SELECT 语句，查询结果如图 4-24 所示。

	班级编号	课程名称	教师姓名	平均分
1	17040912	网页制作技术	刘晓阳	82
2	17050111	商务英语	杨小帆	95
3	17050111	数据库及应用	刘少明	95
4	17050111	应用文稿写作	张弛	92
5	18040911	C语言	马丽丽	84
6	18040911	高等数学	唐杰	82
7	18040911	网页制作技术	刘晓阳	84
8	18040912	高等数学	唐杰	85
9	18041012	计算机应用基础	唐杰	83

图 4-24　查询平均分高于 80 分的课程相关信息

任务总结

本任务主要介绍了嵌套查询。嵌套查询可以用多个简单的查询构造复杂的查询，从而提高 T-SQL 语言的能力，但嵌套不能超过 32 层。多表连接查询和嵌套查询可能都会涉及两个或多个表。一般来说，多表连接查询可以用嵌套查询替换，嵌套查询将复杂的多表连接查询分解成一系列的逻辑步骤，从而使条理更加清晰；但反过来则不一定。多表连接查询可以合并两个或多个表中的数据，而嵌套查询的 SELECT 语句的结果只能来自一个表，子查询的结果是用于作为选择结果数据进行参照的。嵌套查询比较灵活、方便、形式多样，适合作为查询的筛选条件。多表连接查询有执行速度快的优点，它更适合查看多表的数据。

4.5 【工作任务】数据更新

知识目标

- 掌握使用“对象资源管理器”维护数据表中数据的方法。
- 掌握使用 T-SQL 语句维护数据表中数据的方法。

能力目标

- 会使用“对象资源管理器”更新数据表中的数据。
- 会使用 INSERT 语句向数据表中插入数据。
- 会使用 UPDATE 语句修改数据表中的数据。
- 会使用 DELETE 语句删除数据表中的数据。

任务情境

老 K：“前一阶段你主要学习查询，感觉如何？”

小 S：“感觉还不错。我已经学习了单表查询、多表连接查询和嵌套查询，还学习了分组统计查询。我发现在系统开发中，查询业务处处可见，我还要继续认真学习，好好掌握。”

老 K：“是的，查询是数据操作中最常见的工作。不过，对数据的操作除了常用的查询操作，还包括插入数据、修改数据、删除数据等操作，这些操作统称为数据更新。”

小 S：“好的！”

老 K：“你要记住，在对数据进行操作时，对象都是记录，而不是记录中的某个数据。插入数据是往表中插入一条或多条记录；修改数据是对表中现有的记录进行修改；删除数据是删除指定的记录。另外，虽然这些操作通过‘对象资源管理器’和 T-SQL 语句均可以实现，但是在系统开发中，都是使用 T-SQL 语句进行处理的。例如，在淘宝网站上注册新用户、修改个人信息、注销账户，用户并不需要到 SQL Server 中进行操作，只需在程序员开发的系统对应页面（淘宝注册页面、修改个人信息页面、注销页面）输入相关信息，系统在判断信息无误后，调用 T-SQL 的插入、修改、删除语句，实现对后台数据库数据的更新。”

小 S：“原来如此，谢谢指教！”

任务描述

“学生成绩管理系统”运行后，每天都会更新数据库中的数据，产生新的数据，修改出错的数据，删除过期失效的数据。

- 新生报到需要在学生表中插入记录。

序号	s_id	s_name	s_sex	born_date	nation	place	politic	tel	address	class_id	resume
1	1804111205	张博	女	1999-05-12	汉	江苏徐州	团员	0516-83456323	江苏省徐州市解放南路	18041112	

续表

序号	s_id	s_name	s_sex	born_date	nation	place	politic	tel	address	class_id	resume
2	1804111206	姚蓓	女	1999-09-22	汉	江苏昆山	团员	0512-86452367	江苏省昆山市玉山镇	18041112	

- 教学计划修订，需要将 course 表中的“计算机应用基础”课程名称修改为“信息技术”，并且将课时值调整为 56。
- 在 score 表中，删除选修 170101 号课程的 1702011101 号学生的成绩记录。

任务分析

通过以上的任务描述，完成任务的具体步骤如下：

（1）在数据表中插入记录；

（2）修改数据表记录；

（3）删除数据表记录。

知识导读

4.5.1 使用“对象资源管理器”更新数据

1. 插入记录

以 student 表为例，使用“对象资源管理器”向数据表中插入记录的操作步骤如下。

（1）在“对象资源管理器”中依次展开“服务器”→“数据库”→“student”数据库→“表”节点，找到 student 表。

（2）右击 student 表，在弹出的快捷菜单中选择“编辑前 200 行”选项。

提示 如果数据表中的数据记录超过 200 行，那么可以调整需要编辑的行数，具体操作如下。

单击工具栏上的“工具”菜单栏，选择“选项”菜单，在弹出的“选项”对话框中选择“SQL Server 对象资源管理器”目录下的“命令”选项，在对话框右边显示“表和视图选项”，在“‘编辑前<n>行’命令的值”文本框中将原先的“200”调整为“2000”，如图 4-25 所示。

完成后单击“确定”按钮，在“对象资源管理器”中右击 student 数据库下的 student 表，在弹出的快捷菜单中选择“编辑前 2000 行”选项，打开 student 表。

（3）在 student 表中插入记录即可，如图 4-26 所示。在插入记录完成后关闭 student 表，插入的记录将自动保存。

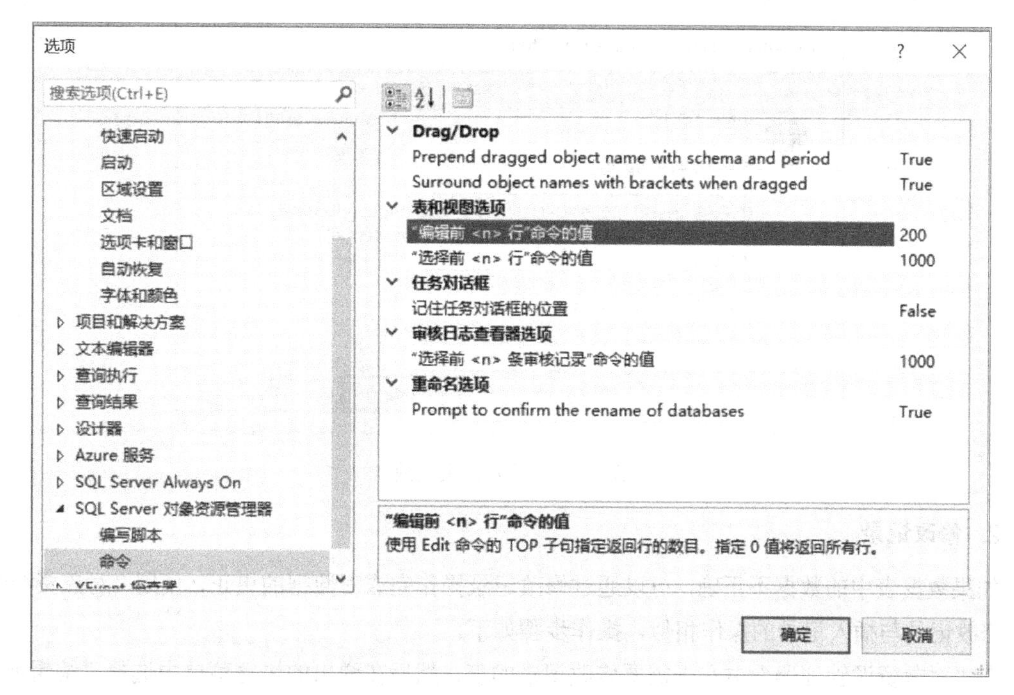

图 4-25　调整需要编辑的行数

s id	s name	s sex	born date	nation	place	politic	tel	address	class id	re
1804091201	刘莉	女	2000-01-28 0...	汉	江苏丹阳	团员	18752748977 ...	江苏省丹阳市	18040912	NU
1804091202	顾倩	女	2000-06-11 0...	汉	江苏镇江	党员	13352668833 ...	江苏省镇江市	18040912	NU
1804091203	阿诗玛	女	1999-11-13 0...	汉	云南昆明	党员	15552500214 ...	云南省昆明市	18040912	NU
1804101101	许海建	女	1999-11-11 0...	汉	湖北武汉	团员	18752511111 ...	湖北省武汉市	18041011	NU
1804101102	陈林	女	1999-09-01 0...	汉	湖南长沙	团员	18652511112 ...	湖南省长沙市	18041011	NU
1804101103	顾正刚	男	2000-02-05 0...	汉	江苏常州	团员	18752512121 ...	江苏省常州市	18041011	NU
1804101104	高子越	男	2000-04-06 0...	汉	江苏常州	团员	18752512345 ...	江苏省常州市	18041011	NU
1804101105	田亮	男	2000-07-05 0...	汉	江苏常州	团员	18723312121 ...	江苏省常州市	18041011	NU
1804101106	杨洋	男	2000-05-05 0...	汉	江苏扬州	团员	13662512121 ...	江苏省扬州市	18041011	NU
1804101201	许洁	女	2000-05-01 0...	汉	安徽合肥	团员	18752511234 ...	安徽省合肥市	18041012	NU
1804101202	孙莎莎	女	1999-09-12 0...	汉	中国北京	团员	18652515643 ...	北京市海定区	18041012	NU
1804101203	夏志	男	2000-06-05 0...	汉	四川成都	党员	18552512222 ...	四川省成都市	18041012	NU
1804111101	夏伟	男	1999-11-01 0...	汉	江苏盐城	党员	18952890121 ...	江苏省盐城市	18041111	NU
1804111102	孙鹏城	男	2000-05-01 0...	汉	江苏徐州	团员	18852125621 ...	江苏省徐州市	18041111	NU
1804111103	刘柳	女	2000-02-04 0...	汉	江西南昌	团员	18752509809 ...	江西省南昌市	18041111	NU
1804111201	陈建	男	2000-03-01 0...	汉	北京	党员	18952578622 ...	北京市海淀区	18041112	NU
1804111202	罗进	男	2000-08-01 0...	汉	河北沧州	团员	18852453533 ...	河北省沧州市	18041112	NU
1804111203	李东	男	2000-05-01 0...	汉	江苏扬州	团员	13836779288 ...	江苏省扬州市	18041112	NU
1701011101	王丹	女	2000-07-18 0.	汉	江苏江都	团员	13328229133	江苏江都市	17010111	NU

图 4-26　插入记录

提　示　在向表中插入记录时，如果插入记录失败，则会弹出如图 4-27 所示的对话框。这是因为 student 表和 class 表存在主外键约束关系，我们插入的班级编号 17010111，并不是 class 表中的班级编号，我们只要在 class 表中添加班级编号为 17010111 的记录即可。

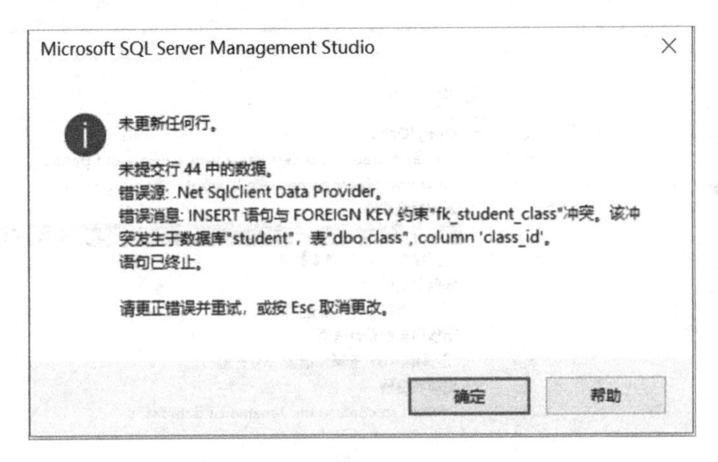

图 4-27　插入记录失败

2. 修改记录

如果数据表中的数据不正确，可以通过修改记录操作完成对数据的更正，使用“对象资源管理器”修改记录与插入记录的操作相似，操作步骤如下。

在“对象资源管理器”中右击需要修改记录的表，然后在弹出的快捷菜单中选择“编辑前 200 行”选项，打开需要修改记录的表，修改相应记录即可。

3. 删除记录

随着对数据的使用和修改，表中可能存在一些无用的数据，这些无用的数据不仅占用空间，还会影响修改和查询的速度，所以应及时将它们删除。以 student 表为例，使用“对象资源管理器”删除记录的操作步骤如下。

（1）在“对象资源管理器”中依次展开“服务器”→“数据库”→“student”数据库→“表”节点，找到 student 表。

（2）右击 student 表，在弹出的快捷菜单中选择“编辑前 200 行”选项，打开 student 表。

（3）右击要删除的记录，在弹出的快捷菜单中选择“删除”选项，如图 4-28 所示。

（4）在弹出的对话框中单击“是”按钮，即可成功删除记录，如图 4-29 所示。

图 4-28　“删除”选项

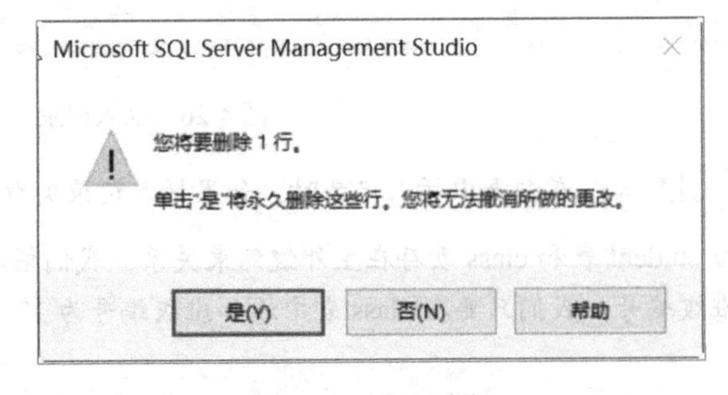

图 4-29　确认删除

4.5.2 使用 T-SQL 语句更新数据

1. 插入记录

1）插入一条记录。

语法格式如下：

```
INSERT [INTO] 表名 [(字段列表)] VALUES (值列表)
```

说明：

- [INTO]是可选项，可以省略。
- 表名是必选项。
- 字段列表是可选项，如果省略，则将值插入所有列。
- 字段之间和值之间用逗号分隔。

【例 4-59】在系部表中添加两条记录。

dept_id	dept_name	dept_head
06	医学系	吕平
07	数学系	杨萍

代码如下：

```
INSERT dept(dept_id,dept_name,dept_head)
VALUES('06','医学系','吕平')
INSERT dept
VALUES('07','数学系','杨萍')
```

当表中所有字段都插入数据并且指定数据的顺序与表结构中字段的顺序一致时，可以省略字段列表。

【例 4-60】在学生表的 s_id、s_name 和 class_id 字段中分别插入数据“1804111208”、“徐成”和“18041112”。

```
INSERT student(s_id,s_name,class_id)
VALUES('1804111208','徐成','18041112')
```

添加数据到部分字段，必须指明字段的名称，并在 VALUES 子句中按对应字段的顺序插入数据。主键和不允许为空值的字段必须插入数据。

2）插入查询结果。

通过两种方法可以将查询结果插入表中，实现数据记录的批量添加。第一种方法是使用 SELECT INTO 语句在创建新表的同时将查询结果插入新表中；第二种方法参见例 4-64，在 INSERT 语句中嵌套子查询语句向表中插入查询结果，前提是 INSERT 语句后的表必须存在，并且表中字段的数据类型和长度都要与查询结果中的字段一致。

2. 修改记录

语法格式如下：

```
UPDATE 表名 SET 字段名=更新值 [WHERE <更新条件>]
```

说明：

- SET 后面可以设置多个字段的更新值，使用逗号分隔。
- WHERE 子句是可选项，用于限制修改记录的条件。如果不限制，则整个表的所有记录都将被更新。

提 示　需要注意的是，使用 UPDATE 语句，可以更新一行数据，也可以更新多行数据。

【例 4-61】修改学生表中 18041112 班徐成同学的性别为“男”。

```
UPDATE student
SET s_sex ='男'
WHERE class_id='18041112' AND s_name='徐成'
```

【例 4-62】将成绩表中课程编号前两位为 18 的修改为 19。

```
UPDATE course
SET c_id='19'+RIGHT(c_id,LEN(c_id)-2),
WHERE c_id LIKE '18%'
GO
UPDATE score
SET c_id='19'+RIGHT(c_id,LEN(c_id)-2),
WHERE c_id LIKE '18%'
```

由于课程表和成绩表之间存在主外键约束关系，因此必须先将课程表中课程编号前两位为 18 的修改为 19 后，再修改成绩表。

3. 删除记录

语法格式如下：

```
DELETE [FROM] 表名 [WHERE <删除条件>]
```

通过在 DELETE 语句中使用 WHERE 子句，限制删除记录的条件，可以删除表中的单条、多条及所有记录。如果 DELETE 语句中没有 WHERE 子句的限制，表中的所有记录都将被删除。

【例 4-63】删除学生表中 18041112 班徐成同学的学生基本信息。

```
DELETE FROM  student
WHERE class_id='18041112' AND s_name='徐成'
```

DELETE 和 DROP 的区别有以下两点。

1）DELETE 是删除记录命令，即使删除表中所有的记录，表也仍然存在。

DELETE 语句只能对整条记录进行删除，不能删除记录的某个字段的值。系统每次删除表中的一行记录，并且在从表中删除记录之前，在事务日志文件中记录相关的删除操作和删除记录中的值，在删除失败时，可以通过事务日志文件恢复数据。

2）DROP 是删除表命令，在删除表的同时表中的记录自然也不存在了。

4.5.3 INSERT、UPDATE 和 DELETE 语句中的子查询

前面介绍了 SELECT 语句中的嵌套查询，在 INSERT、UPDATE 和 DELETE 语句中，也可以嵌套查询语句，用于将子查询的结果插入新表，或者设置修改和删除记录的条件。

1. 带子查询的插入操作

INSERT 语句中的 SELECT 子查询可将来源于一个或多个表、视图中的值添加到另一个表中，实现向指定的表中插入批量的记录。带子查询的插入操作语法格式如下：

```
INSERT [INTO] <表名> [(<字段1>[,<字段2>...])]
SELECT [<字段A>[,<字段B>...]]
FROM <表名>
[WHERE <条件表达式>]
```

说明：

- INSERT 后面的字段列表的数据类型必须与 SELECT 后面的字段列表的数据类型一致。
- (<字段 1>[,<字段 2>...])中的字段数目可以多于(<字段 A>[,<字段 B>...])中的字段数目，但多余的字段应该定义为可以为空值或定义了默认约束，否则插入记录失败。

【例 4-64】创建一个新的学生表 st_info，要求包括学号、姓名和备注 3 个字段，然后将 student 表中相应的字段值插入 st_info 表中，最后显示 st_info 表中的记录。

```
CREATE TABLE st_info
(学号 char(10)PRIMARY KEY,
姓名 char(10),
备注 char(100))
Go
INSERT INTO st_info(学号,姓名,备注)
SELECT s_id,s_name,resume
FROM student
Go
SELECT * FROM st_info
```

说 明　在创建 st_info 表时再添加一个年龄字段，并且将该字段定义为允许为空值，也是正确的；若定义年龄字段不允许为空值，则插入记录失败。

2. 带子查询的修改操作

子查询与 UPDATE 语句嵌套，子查询用于指定修改记录的条件。

【例 4-65】对于 course 表中学分（credit）字段为空值的记录，将学分（credit）字段值用表中学分的平均值填充，将学时（period）字段值修改为 80。

```
UPDATE course
SET credit=(SELECT AVG(credit) FROM course),period=80
WHERE credit IS NULL
```

3. 带子查询的删除操作

子查询与 DELETE 语句嵌套，子查询用于指定删除记录的条件。

【例 4-66】删除没有选修 170407 号课程的学生记录。

```
DELETE student
WHERE s_id NOT IN
(SELECT s_id
FROM score
WHERE c_id='170407')
```

任务实施

1. 插入记录

新生报到需要在学生表中插入记录。

使用 INSERT 语句插入记录。新建查询，在查询编辑器中输入如下 T-SQL 语句：

```
INSERT student(s_id,s_name,s_sex,born_date,nation,place,politic,
tel,address,class_id,resume)
```

```
VALUES('1804111205','张博','女','1999-05-12','汉','江苏徐州','团员',
'0516-83456323','江苏省徐州市解放南路','18041112','')
```

单击工具栏上的“执行”按钮，在“消息”窗格中出现“(1 行受影响)”的提示，说明记录插入成功。插入记录执行结果如图 4-30 所示。

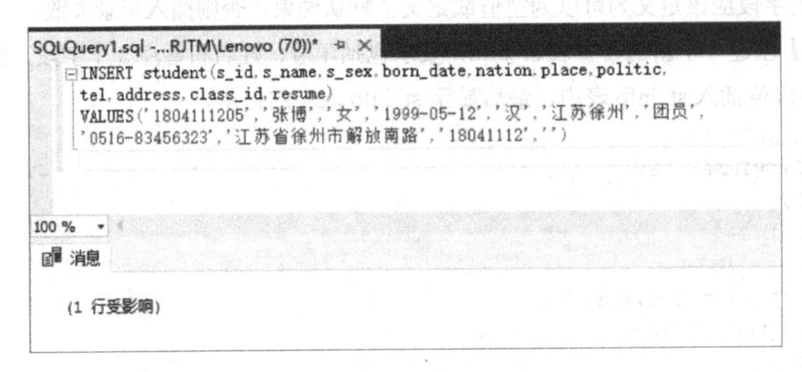

图 4-30　插入记录执行结果

提示　在上面的语句输入过程中，有自动提示功能，可以直接选择，如图 4-31 示。

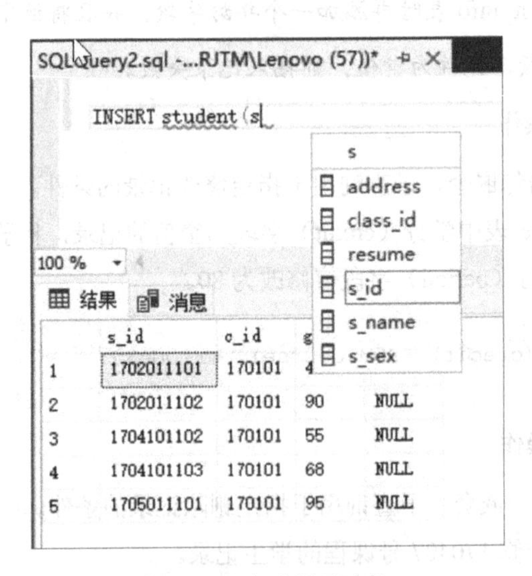

图 4-31　自动提示功能

```
INSERT INTO student                     --INTO 关键字可省略
VALUES('1804111206','姚蓓','女','1999-09-22','汉','江苏昆山','团员',
'0512-86452367','江苏省昆山市玉山镇','18041112','')
```

单击工具栏上的“执行”按钮，在“消息”窗格中出现“(1 行受影响)”的提示，说明记录插入成功。

通过 SELECT * FROM student 语句查看 student 表中的记录，如图 4-32 所示。

SQLQuery1.sql -...RJTM\Lenovo (70))*

```
INSERT INTO student                    --INTO关键字可省略
VALUES('1804111206','姚蓓','女','1999-09-22','汉','江苏昆山','团员',
'0512-86452367','江苏省昆山市玉山镇','18041112','')
select * from student
```

100 %

结果　消息

	s_id	s_name	s_sex	born_date	nation	place	politic	tel	address	class_id	resume
32	1804101104	高子越	男	2000-04-06 00:00:00	汉	江苏常州	团员	18752512345	江苏省常州市	18041011	NULL
33	1804101105	田亮	男	2000-07-05 00:00:00	汉	江苏常州	团员	18723312121	江苏省常州市	18041011	NULL
34	1804101106	杨洋	男	2000-05-05 00:00:00	汉	江苏扬州	团员	13662512121	江苏省扬州市	18041011	NULL
35	1804101201	许洁	女	2000-05-01 00:00:00	汉	安徽合肥	团员	18752511234	安徽省合肥市	18041012	NULL
36	1804101202	孙莎莎	女	1999-09-12 00:00:00	汉	中国北京	团员	18652515643	北京市海淀区	18041012	NULL
37	1804101203	夏志	男	2000-06-05 00:00:00	汉	四川成都	党员	18552512222	四川省成都市	18041012	NULL
38	1804111101	夏伟	男	1999-11-01 00:00:00	汉	江苏盐城	党员	18952890121	江苏省盐城市	18041111	NULL
39	1804111102	孙鹏城	男	2000-05-01 00:00:00	汉	江苏徐州	团员	18852125621	江苏省徐州市铜山	18041111	NULL
40	1804111103	刘柳	女	2000-02-04 00:00:00	汉	江西南昌	团员	18752509809	江西省南昌市	18041111	NULL
41	1804111201	陈建	男	2000-03-01 00:00:00	汉	北京	党员	18952578622	北京市海淀区	18041112	NULL
42	1804111202	罗进	男	2000-08-01 00:00:00	汉	河北沧州	团员	18852453533	河北省沧州市	18041112	NULL
43	1804111203	李东	男	2000-05-01 00:00:00	汉	江苏扬州	团员	13836779288	江苏省扬州市广陵区	18041112	NULL
44	1804111205	张博	女	1999-05-12 00:00:00	汉	江苏徐州	团员	0516-8345...	江苏省徐州市解...	18041112	
45	1804111206	姚蓓	女	1999-09-22 00:00:00	汉	江苏昆山	团员	0512-8645...	江苏省昆山市玉山镇	18041112	

图 4-32　查看 student 表中的记录

2. 修改记录

教学计划修订，需要将 course 表中的“计算机应用基础”课程名称修改为“信息技术”，并且将课时值调整为 56。

使用 UPDATE 语句修改记录。新建查询，在查询编辑器中输入如下 T-SQL 语句：

```
UPDATE course
SET c_name='信息技术',period=56
WHERE c_name='计算机应用基础'
```

单击工具栏上的“执行”按钮，在“消息”窗格中出现“(1 行受影响)”的提示，说明记录修改成功。

3. 删除记录

在 score 表中，删除选修 170101 号课程的 1702011101 号学生的成绩记录。

使用 DELETE 语句删除记录。新建查询，在查询编辑器中输入如下 T-SQL 语句：

```
USE student
DELETE score
WHERE s_id='1702011101' AND c_id='170101'
```

单击工具栏上的“执行”按钮，在“消息”窗格中出现“(1 行受影响)”的提示，说明记录删除成功。

任务总结

本任务主要介绍了使用“对象资源管理器”和 T-SQL 语句两种方法对数据表进行插入记录、修改记录和删除记录的操作方法，在添加、修改和删除记录时，要注意表与表之间主外键约束关系。

4.6 【工作任务】查询优化——索引

知识目标

- 理解索引的概念。
- 掌握索引的优点、分类、规则和作用。

能力目标

能够使用“对象资源管理器”和 T-SQL 语句创建和管理索引。

任务情境

小 S 在数据库项目开发中发现随着数据量的增加，查询的速度会减慢。他去请教老 K。

老 K：“用户对数据库最频繁的操作是数据查询。在执行查询操作时，一般情况下会对整个表进行数据查询。当数据很多时，搜索数据花费的时间自然会增加，从而造成服务器资源的浪费。为了提高数据查询的速度，数据库引入了索引机制来优化查询。”

小 S：“那索引是通过什么方式提高查询速度的呢？”

老 K：“数据库中的索引和书籍的目录类似。利用目录可以快速地找到书中的内容，无须翻阅整本书。相应地，利用索引可以快速地找到数据表中的内容。例如，在数据库中，执行‘SELECT * FROM book WHERE id=106’语句，如果没有索引，必须遍历整个表，直到找到‘id=106’这一行为止；为 id 创建索引后，可以直接在索引列找到 106，继而得到这一行的地址，根据其地址，很快就能找到这一行。索引起到了定位的作用。”

小 S：“原来如此。”

任务描述　学生基本信息快速查询

学生需要根据本人学号或姓名在数据库中查询个人信息。学校目前在校生达到 5000 人，数据库中存储的信息量相当大，这给查询工作带来一定的不便。因此，希望通过某种方式来提高查询速度。

任务分析

索引对表中记录按查询字段的大小进行排序，可以提高查询的速度。在本任务中要提高学生按学号和姓名查询信息的速度，可以在学生表中分别为学号列和姓名列创建索引。

4.6.1　索引的概念

用户对数据库最基本、最频繁的操作是数据查询。在数据库中，数据查询就是对数据表进行扫描。数据库提供了类似字典目录的机制，可以快速定位表中数据行的某些列，从而形成“数据行的目录”，在查询数据表之前先浏览“数据行的目录”以提高查询效率，“数据行的目录”就是索引。

索引是以数据表的列为基础创建的数据库对象，它保存着表中排序的索引列，并且记录了索引列在数据表中的物理存储位置，实现了对表中数据的逻辑排序。索引由一行行的记录组成，每一行记录都包含数据表中一列或若干列值的集合和相应指向表中数据页的逻辑指针。

索引页是数据库中存储索引的数据页。索引页存储查询数据行的关键字及该数据行的地址指针。它类似于汉语字典中按拼音或笔画排序的目录页。在对数据进行查询时，系统先搜索索引页，从索引项中找到所需数据的指针，再直接通过指针从数据页读取数据。

4.6.2　索引的优点

在数据库中创建索引进行数据查询具有以下优点：

- 保证数据记录的唯一性。唯一性索引的创建可以保证表中的数据记录不重复。
- 提高数据查询速度。
- 提高表与表之间的连接速度，并且实现表与表之间的参照完整性。
- 在使用分组和排序子句进行数据查询时，可以显著减少查询中分组和排序的时间。

4.6.3　索引的分类

在 SQL Server 系统中，索引有两种分类方式。按照存储结构不同分为聚集索引和非聚集索引，按照维护和管理方式不同分为唯一性索引、复合索引和系统自动创建的索引。本节我们重点讲解几种常见的索引。

1. 聚集索引

聚集索引（Clustered Index）是指数据行的物理存储顺序与索引的顺序完全相同，即索引的顺序决定了表中行的存储顺序。

新华字典正文的本身就是一个聚集索引。例如，在字典中查“安”字时，由于其拼音为“an”，因此你会很自然地翻开字典的前几页寻找，这是因为拼音排序汉字的字典是以英文字母“a”开头并以英文字母“z”结尾的，那么“安”字就自然地排在字典的前面部分；同样的，当在字典中查“张”字时，要翻到字典的最后部分，因为“张”的拼音是“zhang”。也就是说，字典的正文部分本身就是一个目录。

聚集索引对于那些经常要搜索范围值的列特别有效。使用聚集索引找到包含第一个值的行后，便可以确保包含后续索引值的行物理相邻。

2. 非聚集索引

非聚集索引（Nonclustered Index）具有完全独立于数据行的结构。非聚集索引的顺序与数据的物理存储顺序不一致，索引中的项目按索引键值的顺序存储，而表中的数据按操作系统指定的物理存储顺序存储。SQL Server 在查询数据时，先对非聚集索引进行搜索，找到数据在表中的位置，然后根据索引所提供的数据位置信息，到磁盘中的该位置处读取数据。

聚集索引的查询速度比非聚集索引快，但非聚集索引的维护比聚集索引容易。

3. 唯一性索引

唯一性索引（Unique Index）可以确保所有数据行中任意两行的被索引列（不包括 NULL）无重复值。对聚集索引和非聚集索引都可以使用 UNIQUE 关键字创建唯一性索引。如果是复合唯一性索引（多列，最多 16 列），则该索引可以确保索引列中每个组合都是唯一的。唯一性索引不允许有两行具有相同的索引值，在创建唯一性索引时，如果该索引列上已经存在重复值，系统会报错。

提示：

- 主键一定是唯一性索引，但是唯一性索引不一定是主键。
- 一个表可以有多个唯一性索引，但是主键只能有一个。
- 主键不允许为空值，但是唯一性索引允许为空值。

4.6.4 索引的规则

索引虽然可以提高查询速度，但是它需要牺牲一定的系统性能，因此创建索引时，哪些列适合创建索引，哪些列不适合创建索引，需要进行一番考察判断才能确定。在 SQL Server 系统中，使用索引时应注意以下规则：

- 索引的使用对用户是透明的，用户不需要在执行 T-SQL 语句时指定使用哪个索引及如何使用索引。索引一旦创建，当在表上进行 DML 操作时，系统会自动维护索引，并决定何时使用索引。
- 由于聚集索引改变表的物理顺序，所以应先创建聚集索引，后创建非聚集索引。
- 每个表只能有一个聚集索引，定义有主键的列会自动创建唯一性聚集索引。
- 在定义有外键的列上可以创建索引。有外键的列通常用于数据表之间的连接，在其上创建索引可以提高数据表之间的连接速度。
- 在经常排序查询的列上最好创建索引。因为索引已经排序，其指定的范围是连续的。利用索引的排序，可提高排序查询的速度。
- 在指定范围内需要快速或频繁查询的列最好创建索引。
- 在查询中很少涉及的列或重复值比较多的列上不要创建索引。在查询中很少使用的列，有无索引并不能提高查询速度，相反会增加系统维护时间和消耗系统空间。例如，性别列只有列值“男”和“女”，增加索引并不能显著提高查询速度。
- 在定义为 text、ntext 或 image 数据类型的列上不要创建索引，因为数据类型为 text、ntext 或 image 的数据列的数据量要么很大，要么很小，不利于使用索引。

4.6.5　使用“对象资源管理器”创建和管理索引

1. 创建索引

【例 4-67】在 student 数据库中为 course 表创建一个非聚集索引，索引名称为 index_c_name，被索引的列为 c_name。

（1）在“对象资源管理器”中依次展开“数据库”→“student”数据库→“表”→“dbo.course”节点。

（2）右击“索引”节点，在弹出的快捷菜单中选择“新建索引”选项中的“非聚集索引”选项，如图 4-33 所示。

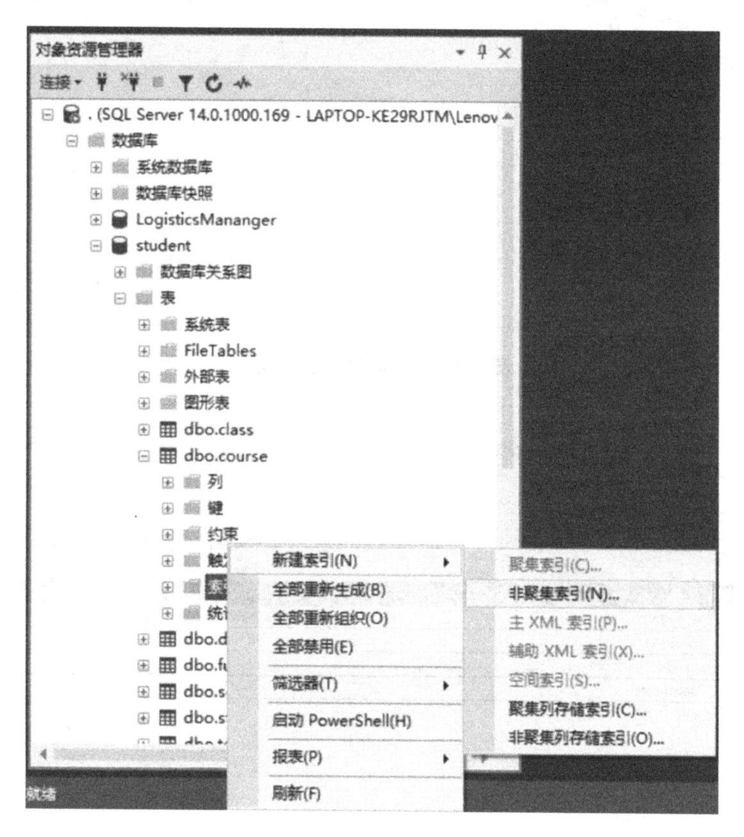

图 4-33　新建索引

（3）在打开的“新建索引”窗口中选择“常规”选择页，在“索引名称”文本框中输入所要创建的索引名称“index_c_name”，如图 4-34 所示。

（4）单击“添加”按钮，打开如图 4-35 所示的窗口，在该窗口中选择需要创建索引的列“c_name”，单击“确定”按钮完成被索引字段的设置，返回“新建索引”窗口。

（5）在“新建索引”窗口中，单击“确定”按钮，完成索引的创建。

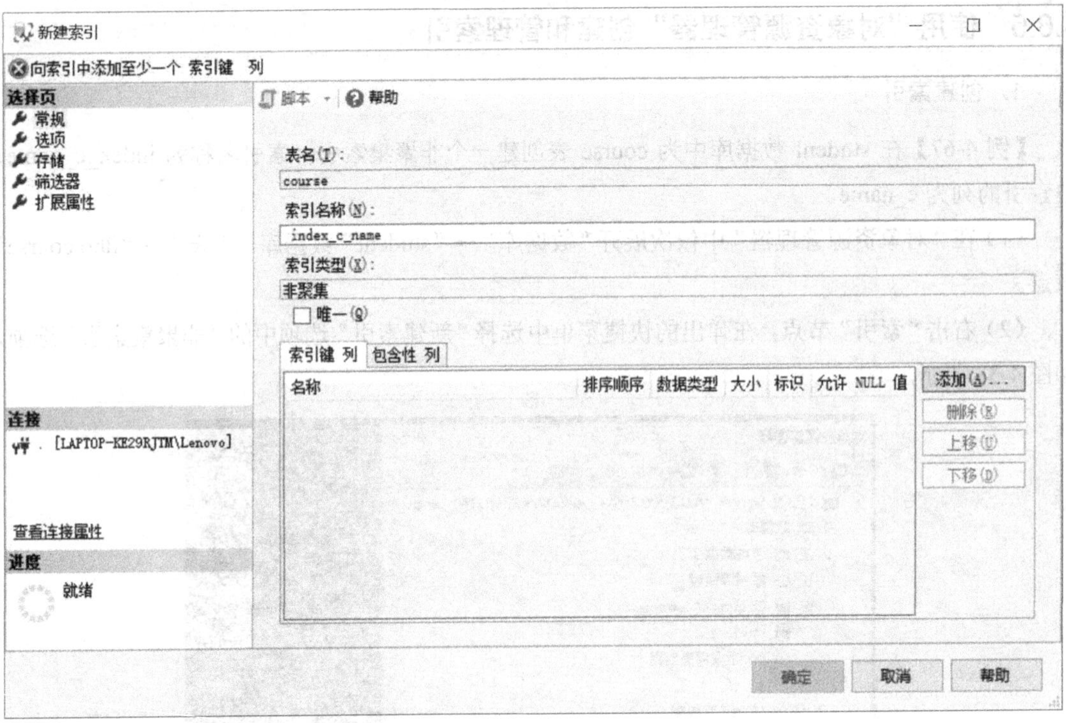

图 4-34　“新建索引”窗口

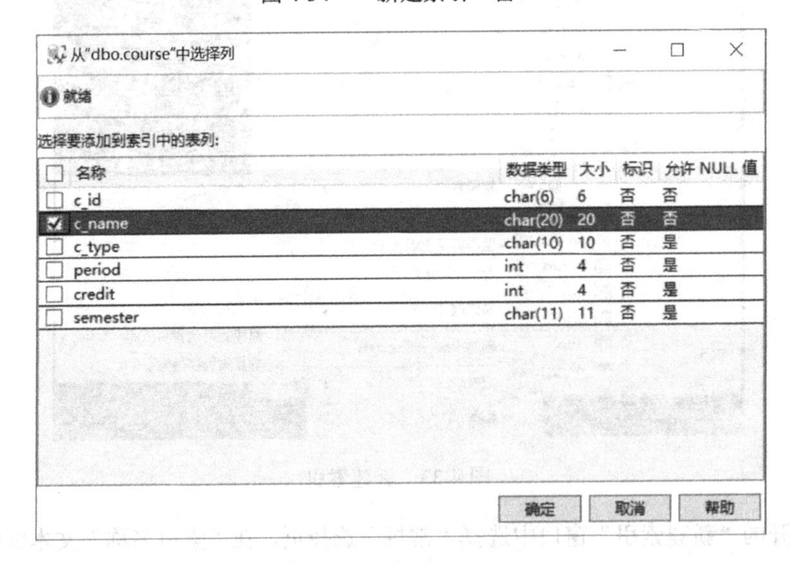

图 4-35　选择需要创建索引的列

2. 删除索引

当不再需要表中的某个索引或表中的某个索引已经对系统性能造成负面影响时，用户就需要删除该索引。

【例 4-68】在 student 数据库中删除索引 index_c_name。

（1）在“对象资源管理器”中依次展开“数据库”→“student”数据库→“表”→“dbo.course”→“索引”节点。

（2）右击表中的“index_c_name”索引，在弹出的快捷菜单中选择“删除”选项，弹出“删除对象”对话框，在该对话框中，单击“确定”按钮即可删除索引。

4.6.6 使用 T-SQL 语句创建和管理索引

1. 创建索引

语法格式如下：

```
CREATE [UNIQUE] [CLUSTERED|NONCLUSTERED] INDEX 索引名
ON
{表名|视图名 (列[ASC|DESC][,...n])}
```

说明：

- UNIQUE。创建唯一性索引。
- CLUSTERED|NONCLUSTERED。创建聚集索引与非聚集索引（默认为非聚集索引）。
- 列。索引包含列的名字。指定两个或多个列名，可为指定列的组合值创建复合索引。
- ASC|DESC。索引列的排序方式，默认为升序。

提 示 索引名在表或视图中必须唯一，但在数据库中不必唯一。索引名必须遵循标识符命名规则。

【例 4-69】在 student 数据库中为 score 表的 c_id 列和 grade 列创建名为 index_course_grade 的复合索引。

```
USE student
GO
CREATE NONCLUSTERED INDEX index_course_grade
ON score (c_id, grade)
```

2. 删除索引

语法格式如下：

```
DROP INDEX <表名.索引名,...n >
```

【例 4-70】删除 student 数据库中 score 表上名为 index_course_grade 的复合索引。

```
USE student
GO
DROP INDEX score.index_course_grade
```

任务实施

1. 创建学号索引

因为学生表中的学号是主键，所以在创建约束时会自动创建唯一性聚集索引，如图 4-36 所示。

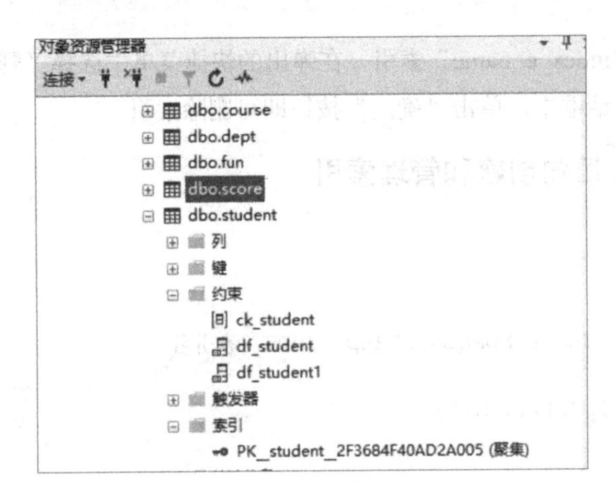

图 4-36　学号索引

2. 创建姓名索引

新建查询，在查询编辑器中输入如下 T-SQL 语句：

```
USE student
GO
CREATE  NONCLUSTERED  INDEX  index_s_name
ON
student (s_name)
```

任务总结

SQL Server 访问数据库的方式有两种：一种是扫描表的所有页，称为表扫描；另一种是使用索引技术。当使用表扫描的时候，必须对整个表中的数据进行查询，效率较低，而通过索引可以提高查询的效率。将数据表中的某些列（如主键）设置成索引，在查询数据时先查看索引而不扫描整个数据表，可以减少查询中的排序时间、提高表与表之间的连接速度、提高数据查询的效率。但是创建索引需要占用磁盘空间并花费一定的时间，维护索引也会花费时间和降低数据修改速度。

思考与练习

一、选择题

1. 在 T-SQL 语言中，SELECT 语句的完整语法较复杂，但至少应该包括（　　）部分。

　A．SELECT，INTO　　B．SELECT，FROM

　C．SELECT，GROUP　　D．仅 SELECT

2. SQL Server 中查询表中数据的命令是（　　）。

　A．USE　　B．SELECT

　C．UPDATE　　D．DROP

3．在 T-SQL 语言中，条件“年龄 BETWEEN 15 AND 35”表示年龄在 15 岁与 35 岁之间，并且（　　）。

A．包括 15 岁和 35 岁　　B．不包括 15 岁和 35 岁

C．包括 15 岁但不包括 35 岁　　D．包括 35 岁但不包括 15 岁

4．“SELECT s_no=学号,s_name=姓名 FROM information WHERE 班级名='软件 021'”表示（　　）。

A．查询 information 表中软件 021 班学生的学号、姓名

B．查询 information 表中软件 021 班学生的所有信息

C．查询 information 表中学生的学号、姓名

D．查询 information 表中计算机系学生的记录

5．模糊查询 LIKE '_a%'，其结果是（　　）。

A．aili　　B．bai

C．bba　　D．cca

6．表示职称为“副教授”且性别为“男”的表达式为（　　）。

A．职称='副教授' OR 性别='男'　　B．职称='副教授' AND 性别='男'

C．BETWEEN '副教授' AND '男'　　D．IN ('副教授','男')

7．要查询 information 表中学生姓名中含有“张”的学生基本信息，可用（　　）命令。

A．SELECT * FROM information WHERE s_name LIKE '张%'

B．SELECT * FROM information WHERE s_name LIKE '张_'

C．SELECT * FROM information WHERE s_name LIKE '%张%'

D．SELECT * FROM information WHERE s_name='张'

8．在 T-SQL 语言中，不是逻辑运算符号的是（　　）。

A．AND　　B．NOT

C．OR　　D．XOR

9．查询员工工资信息时，结果按工资降序排列，正确的是（　　）。

A．ORDER BY 工资　　B．ORDER BY 工资 DESC

C．ORDER BY 工资 ASC　　D．ORDER BY 工资 DISTINCT

10．查询毕业学校名称与“清华”有关的记录应该用（　　）。

A．SELECT * FROM 学习经历 WHERE 毕业学校 LIKE '*清华*'

B．SELECT * FROM 学习经历 WHERE 毕业学校 = '%清华%'

C．SELECT * FROM 学习经历 WHERE 毕业学校 LIKE '?清华?'

D．SELECT * FROM 学习经历 WHERE 毕业学校 LIKE '%清华%'

11．在 T-SQL 语言中，SELECT 语句的“SELECT DISTINCT”表示查询结果中（　　）。

A．属性名都不相　　B．去掉了重复的列

C．行都不相同　　D．属性值都不相同

12. 在（ ）子查询中，内层查询只处理一次，得到一个结果集，再依次处理外层查询。

A. IN 子查询　　B. EXIST 子查询

C. NOT EXIST 子查询　　D. JOIN 子查询

13. 命令“SELECT s_no,AVG(grade) AS '平均分' FROM score GROUP BY s_no HAVING AVG(grade)>=85”表示（ ）。

A. 查询 score 表中平均分高于 85 分的学生的学号和平均分

B. 查询平均分高于 85 分的学生

C. 查询 score 表中各科成绩高于 85 分的学生

D. 查询 score 表中各科成绩高于 85 分的学生的学号和平均分

14. 索引项的顺序与表中记录的物理顺序一致的索引，称为（ ）。

A. 复合索引　　B. 唯一性索引

C. 聚集索引　　D. 非聚集索引

15. 创建索引的目的是（ ）。

A. 降低 SQL Server 数据查询的速度　　B. 与 SQL Server 数据查询的速度无关

C. 加快数据库的打开速度　　D. 提高 SQL Server 数据查询的速度

16. SELECT 语句中与 HAVING 子句同时使用的是（ ）子句。

A. ORDER BY　　B. WHERE

C. GROUP BY　　D. 无须配合

17. 数据库中有两个表：教师（教师编号，姓名）和课程（课程号，课程名，教师编号），为快速查询出某位教师所讲授的课程，应该（ ）。

A. 在教师表上按教师编号创建索引　　B. 在课程表上按课程号创建索引

C. 在课程表上按教师编号创建索引　　D. 在教师表上按姓名创建索引

18. 假设 student 表中有 200 条记录，语句“SELECT TOP 40 PERCENT FROM student”实现的查询功能是（ ）。

A. 查询 student 表中的所有记录　　B. 查询 student 表中的前 40 条记录

C. 查询 student 表中的前 60 条记录　　D. 查询 student 表中的前 80 条记录

19. 查询 student 表中所有第一位为 8 或 6，并且第三位为 0 的电话号码（列名：telephone）（ ）。

A. SELECT telephone FROM student WHERE telephone LIKE '[8,6]%0*'

B. SELECT telephone FROM student WHERE telephone LIKE '(8,6)*0%'

C. SELECT telephone FROM student WHERE telephone LIKE '[8,6]_0%'

D. SELECT telephone FROM student WHERE telephone LIKE '[8,6]_0*'

20. 在学生表中基于“学号”字段创建的索引属于（ ）。

A. 唯一性索引　非聚集索引　　B. 非唯一性索引　非聚集索引

C. 聚集索引　非唯一性索引　　D. 唯一性索引　聚集索引

二、填空题

1. 当在一个表中已经存在 PRIMARY KEY 约束时，不能再创建__________索引。用“CREATE INDEX ID_Index ON Students (身份证)”创建的索引为_________索引。

2. ________子句查询与 WHERE 子句查询类似，不同的是 WHERE 子句限定于行的查询，而该子句限定于对统计组的查询。

3. 如果表的某一列被指定具有 NOT NULL 属性，则表示________________________。

4. 根据索引的存储结构不同将其分为两类：________和________。

5. 当使用 SELECT 语句进行模糊查询时，可以使用模糊匹配操作符________或________，但要在条件值中使用____或____等通配符来配合查询。模糊查询只能针对字段类型是________的列进行查询。

6. 向表或视图中插入记录使用________语句，修改表中的记录使用________语句，删除表中的记录使用________语句。

7. ________命令是删除记录，将表中的所有记录都删除但表仍然存在；而________命令是删除表，删除表的同时表中的记录自然也不再存在。

8. 已知有学生表：S(SNO,SNAME,AGE,DNO)，各属性含义依次为学号、姓名、年龄和所在系号；学生选课表：SC(SNO,CNO,SCORE)，各属性含义依次为学号、课程号和成绩。分析以下 T-SQL 语句：

```
SELECT SNO
FROM SC
WHERE SCORE = (SELECT MAX(SCORE) FROM SC WHERE CNO='002')
```

简述上述 T-SQL 语句完成的查询操作是____________。

三、简答题

1. 简述 T-SQL 语言中的 SELECT 查询语句各子句的功能。

2. 如何从一个表中抽取数据保存到一个新的表中？

3. 简述 WHERE 子句与 HAVING 子句的区别。

4. 哪些列适合创建索引？哪些列不适合创建索引？

四、设计题

在 teachdb 数据库中用 T-SQL 语言实现下列功能。

1. 将一条学生记录（学号：180201；姓名：丁莉；性别：女；年龄：19；班级编号：1802；所在系：计算机系）插入 Student 表中。

2. 将一条学生记录（学号：180202；姓名：赵军；性别：男；年龄：19；班级编号：1802；所在系：计算机系）插入 Student 表中。

3. 将一条课程记录（课程编号：1；课程名程：高等数学；学分：4）插入 Course 表中。

4. 将高等数学课程学分的值修改为 6。

5. 删除计算机系所有学生的成绩记录。

6. 查询考试成绩不及格的学生的学号。

7. 统计选修 1 号课程的学生成绩的平均分。

8. 查询计算机系姓赵的男同学的姓名（Sname）、性别（Ssex）、年龄（Sage）。

9. 在 Student 表中查询第二个字为“宝”的学生姓名。

10. 查询选修 3 号课程的学生的学号及其成绩，查询结果按分数的降序排列。

11. 查询选修 1 号课程的学生的最高分。

12．查询每个学生的班级编号、学号、姓名、平均分，查询结果按平均分降序排列，平均分相同者按班级升序排列。

13．查询与“李洋”在同一个系的学生基本信息。

14．查询“李小波”选修的全部课程名称。

15．查询所有成绩都高于 80 分的学生姓名及所在系。

16．查询没有选修操作系统课程的学生姓名。

第5章

数据库的高级管理

5.1 【工作任务】视图的创建与应用

知识目标

- 理解视图的概念。
- 了解视图与基本表的区别。
- 掌握创建、管理和使用视图的方法。
- 掌握通过视图管理基本表中数据的方法。

能力目标

能根据需要创建、管理和使用视图。

任务情境

在前面的学习中，小S已经学会了如何将多表连接整合为一个大表，而后基于此完成各项复杂的查询任务。但是他心中仍然有疑问，于是他找到老K。

小S："我们当初在设计表时，为了减少数据冗余、防止操作异常，将信息尽量分散到不同的表中存储，如学生、课程和成绩各自存储于一个独立的表中，而在工作中又经常要同时查看这三个表的信息，那么我们当初的设计是不是不合理呢？"

老K："当初，在设计表结构的时候，是根据范式来规范化关系模式进行设计的，其目的是使数据的存储更方便，但是对于用户查看数据而言，确实有些困难。不过问题总有办法解决，可以设计一些专门给用户查看的'表'。"

小S："好的。请您快告诉我，到底是什么样的表呢？和我们之前的表不一样吗？"

老K："我们之前所说的表是物理表，用于存储真实的数据，它面向DBA开放。其实，还可以在此基础上构建虚拟表，普通用户可以通过它一站式地查看自己所需要的数据，就不用进行复杂的多表连接查询啦！这个虚拟表，就是数据库中的‘视图’。”

小 S：“太好了，我们学习一下视图的知识吧！”

任务描述　学生信息定制

各班班主任都比较关心本班学生的基本信息和成绩信息，同时也希望对本班学生的基本信息进行管理。请帮助各班班主任完成此项工作，使其对信息的获取及操作更加方便、快速和安全。

任务分析

各班班主任的查询需求是固定的，每次都写同样的查询语句非常麻烦，我们可通过视图定制班主任所需的数据，以满足其需要。完成任务的具体步骤如下：

（1）学生的基本信息存储于 student 表中，基于 student 表创建班主任所需的学生基本信息视图；

（2）学生成绩的具体信息涉及 student、course、score 三个表，通过三表连接创建班主任所需的学生成绩信息视图；

（3）利用所创建的视图，使用相关语句实现对指定班级学生信息的管理。

知识导读

5.1.1　视图的概念

视图（View）是一种数据对象，它是以基本表（Table）为基础，通过 SELECT 查询语句定义的虚拟表。视图的数据（行和列）来自定义视图的查询语句所引用的基本表或其他视图，并且在引用视图时动态生成。

视图和基本表在操作上没有什么区别，但二者的本质是不同的：基本表是实际存储记录的地方，其数据存储于磁盘中；视图并不保存任何记录，它存储的是查询语句，其所呈现出来的记录实际来自一个或多个基本表或视图。用户可以根据查询需要创建不同的视图，而且数据库的数据量不会因此而增加。由于视图中的数据都来自基本表，是在视图被引用时动态生成的，因此当基本表中的数据发生变化时，由视图查询出来的数据也随之改变；当通过视图更新数据时，实际上是在更新基本表中存储的数据。

5.1.2　视图的优点

视图是定义在基本表之上的，对视图的一切操作最终也要转化为对基本表的操作。既然如此，为什么还要定义视图呢？这是因为合理使用视图有许多优点。

1. 视图可以简化用户对数据的理解

用户只关心自己感兴趣的某些特定数据，而那些不需要的或无用的数据则不在视图中显示出来，因此视图可以让不同的用户以不同的方式查看同一个数据集。

2. 视图可以简化用户操作

使用视图，用户不必了解数据库及实际表的结构，就可以方便地使用和管理数据。用户可以将不同表中经常使用的部分列和行的数据定义为视图，这样，在每次执行相同查询操作时，只要一条简单的SELECT语句就可以得到结果，而不必重新编写复杂的查询语句。

3. 视图提供了限制访问敏感数据的安全机制

通过视图，用户只能查看和修改他们看到的数据，其他数据库或表不可见也不可访问。数据库的授权命令可以使每个用户对数据库的查询限制在特定的数据库对象上，而不能授权到数据库特定的行或列上。

5.1.3 使用“对象资源管理器”创建和管理视图

1. 创建视图

【例5-1】在student数据库中创建一个名为 view_place的视图，通过视图只能看到籍贯为“常州”的学生基本信息。

（1）在“对象资源管理器”中依次展开“数据库”→“student”数据库节点。

（2）右击“视图”节点，在弹出的快捷菜单中选择“新建视图”选项，如图5-1所示，弹出的“添加表”对话框如图5-2所示。

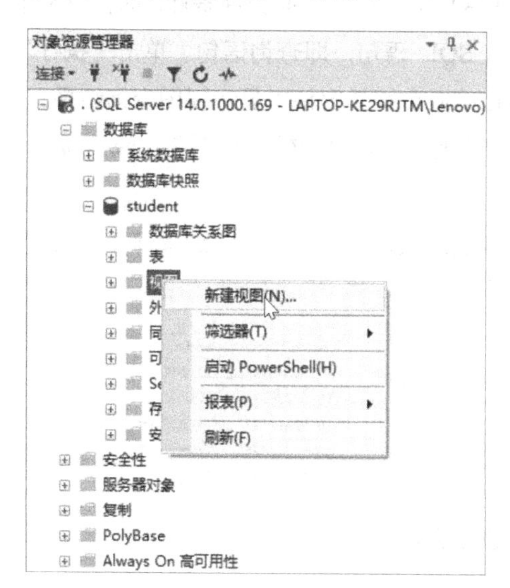

图5-1　新建视图

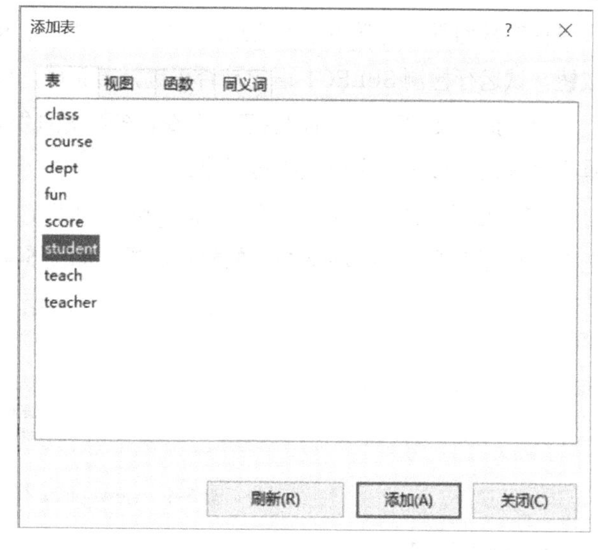

图5-2　“添加表”对话框

（3）在“添加表”对话框中选择创建视图的基本表，单击“添加”按钮，即可添加创建视图的基本表，重复该操作，可以添加多个基本表。在这里选择student表。

（4）基本表添加完成后，单击“关闭”按钮退出，进入视图设计窗口。该窗口分为四个子窗格。在第一个关系图窗格中可以看到新添加的基本表。基本表各选项左边有一个复选框，选择相应的复选框，可以指定对应的列在视图中被引用。本例选择student表中的所有列，如图5-3所示。

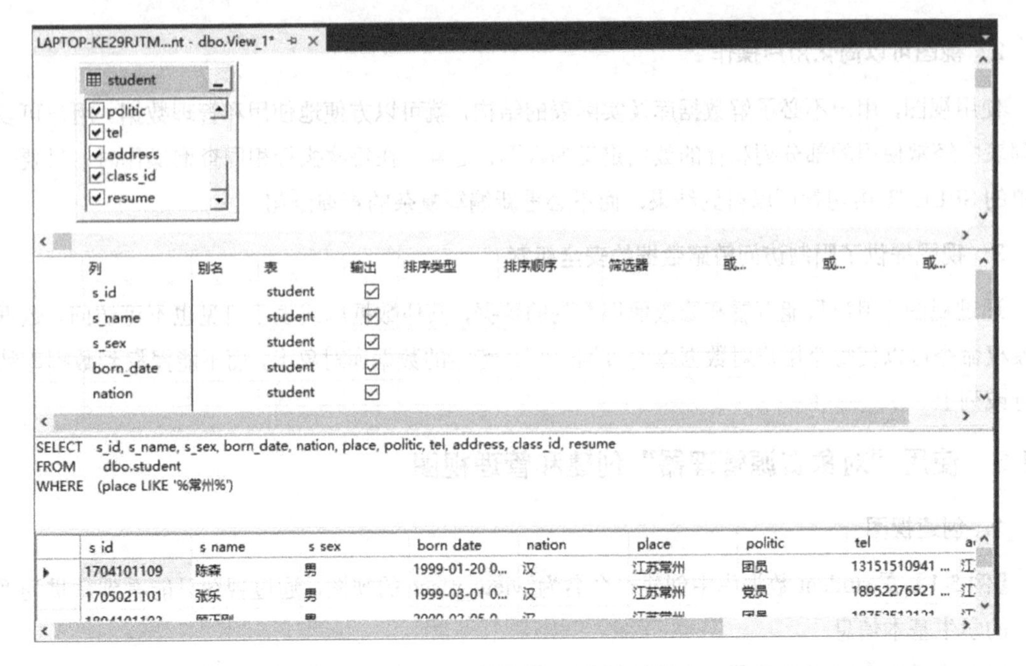

图 5-3　视图设计窗口

（5）在图 5-3 中的第二个窗格是条件窗格，可设置查询的条件、视图中记录的排序类型和排序顺序等视图属性。本例在 place 列中的筛选器一栏设置“LIKE '%常州%'”的查询条件，即在查询中只包括籍贯为常州的学生基本信息。在第三个窗格显示 T-SQL 语句，即查询语句。单击“执行”按钮，试运行检测 SELECT 语句是否正确，若正确，则在第四个结果窗格中显示视图查询结果。

（6）执行文件菜单中的“保存”命令，在弹出的“选择名称”对话框中输入视图名 view_place，单击“确定”按钮，完成视图的创建。

（7）展开“视图”节点，右击 view_place 视图，在弹出的快捷菜单中选择“选择前 1000 行”选项，也可查看 view_place 视图的执行结果，如图 5-4 所示。

s id	s name	s sex	born date	nation	place	politic	tel	address	class id
1704101109	陈森	男	1999-01-20 0...	汉	江苏常州	团员	13151510941 ...	江苏省常州市	17041011
1705021101	张乐	男	1999-03-01 0...	汉	江苏常州	党员	18952276521 ...	江苏省常州	17050211
1804101103	顾正刚	男	2000-02-05 0...	汉	江苏常州	团员	18752512121 ...	江苏省常州市	18041011
1804101104	高子越	男	2000-04-06 0...	汉	江苏常州	团员	18752512345 ...	江苏省常州市	18041011
1804101105	田亮	男	2000-07-05 0...	汉	江苏常州	团员	18723312121 ...	江苏省常州市	18041011

图 5-4　view_place 视图执行结果

2. 查看视图

在“对象资源管理器”中依次展开“数据库”→“student”数据库→“视图”节点，右击相应的视图，在弹出的快捷菜单中选择“属性”选项，即可查看视图的创建时间、名称等信息；在弹出的快捷菜单中选择“设计”选项，打开视图设计窗口，即可查看没有加密的视图设计信息。

3. 修改视图

在“对象资源管理器”中依次展开“数据库”→“student”数据库→“视图”节点，右击相应的视图，在弹出的快捷菜单中选择“设计”选项，打开视图设计窗口，在该窗口中可以对视图进行修改，在修改完成后保存退出即可。

4. 删除视图

在“对象资源管理器”中依次展开“数据库”→“student”数据库→“视图”节点，右击相应的视图，在弹出的快捷菜单中选择“删除”选项，弹出“删除对象”对话框，在该对话框中单击“确定”按钮即可删除视图。

5.1.4　使用 T-SQL 语句创建和管理视图

1. 创建视图

语法格式如下：

```
CREATE VIEW 视图名
[WITH ENCRYPTION]
AS
SELECT 语句
[WITH CHECK OPTION]
```

说明：

- WITH ENCRYPTION。对视图的创建语句进行加密。
- WITH CHECK OPTION。强制视图上执行的所有数据修改语句都必须符合由 WHERE 子句设置的条件。若在 SELECT 语句中使用了 TOP 关键字，则不能指定该项。

【例 5-2】在 student 数据库中创建一个名为 view_student 的视图，通过视图只能看到学生的学号、姓名、性别和班级。

```
USE student
GO
CREATE VIEW view_student
AS
SELECT s_id AS 学号, s_name AS 姓名, s_sex AS 性别 , class_id AS 班级
FROM  student
```

在命令执行成功后，在“对象资源管理器”中展开“student”数据库中的“视图”节点，可以看到视图 view_student 已经创建成功了。

查看视图中的数据，只需在查询编辑器中输入如下 T-SQL 语句并执行即可，部分结果如图 5-5 所示。

```
SELECT * FROM  view_student
```

提示：

- 视图的命名必须符合 SQL Server 2017 中规定的标识符命名规则，对每个用户来说视图名必须是唯一的，并且不能与该用户所拥有的数据表的名称相同。
- 只能在当前数据库中创建视图。
- CREATE VIEW 必须是批处理中的第一条语句。
- 一个视图最多只能引用 1024 列，视图中的记录数由其基本表中的记录数决定。
- 定义视图时，如果引用的多个表的列名相同，或者某列包含有函数、数学表达式、常量，则必须定义列的别名。
- 视图引用的基本表或视图一旦被删除，该视图就不能再被使用，直至创建新的基本表或

视图。

- 在定义视图时不能包含 ORDER BY 关键字、COMPUTE 关键字、COMPUTE BY 关键字和 INTO 子句；视图不能引用临时表。

	学号	姓名	性别	班级
1	1702011101	李煜	女	17020111
2	1702011102	王国卉	女	17020111
3	1704091101	李东	男	17040911
4	1704091102	汪晓	女	17040911
5	1704091103	李娇娇	女	17040911
6	1704091201	沈森森	男	17040912
7	1704091202	汪晓庆	女	17040912
8	1704091203	黄娟	女	17040912
9	1704091204	章子怡	女	17040912
10	1704101101	彭志坚	男	17041011
11	1704101102	吴汉禹	男	17041011
12	1704101103	王芳	女	17041011
13	1704101104	孙楠	男	17041011
14	1704101105	李飞	男	17041011
15	1704101106	陈丽丽	女	17041011
16	1704101107	刘盼盼	女	17041011
17	1704101108	陈国栻	男	17041011

图 5-5　查看 view_student 视图中的数据

【例 5-3】在 student 数据库中创建一个名为 view_teacher 的视图。通过该视图，只能访问到信息工程学院教师的信息，并且对视图语句加密。

```
USE student
GO
CREATE VIEW  view_teacher
WITH ENCRYPTION
AS
SELECT dept_name,t_id,t_name,t_sex,title
FROM  teacher,dept
WHERE dept_name='信息工程学院' AND
dept.dept_id=teacher.dept_id
```

2. 查看视图

使用系统存储过程查看视图的相关信息。该方法不仅可以查看视图的创建时间、名称等信息，还可以查看视图的定义信息。查看视图信息常用的系统存储过程如表 5-1 所示。

表 5-1　查看视图信息常用的系统存储过程

名　称	功　能
SP_HELP 视图名	查看视图的特征信息
SP_HELPTEXT　视图名	查看视图的定义信息
SP_DEPENDS　视图名	查看视图依赖的对象

【例 5-4】使用 SP_HELP 查看视图 view_student 的特征信息。

```
USE  student
GO
SP_HELP view_student
```

执行结果如图 5-6 所示。

SQLQuery4.sql -...RJTM\Lenovo (53))*

```
USE  student
GO
SP_HELP view_student
```

100 %

结果　消息

	Name	Owner	Type	Created_datetime
1	view_student	dbo	view	2019-07-18 16:14:25.123

	Column_name	Type	Computed	Length	Prec	Scale	Nullable	TrimTrailingBlanks	FixedLenNullInSource	Collation
1	s_id	char	no	10			no	no	no	Chinese_PRC_CI_AS
2	s_name	char	no	10			no	no	no	Chinese_PRC_CI_AS
3	s_sex	char	no	2			yes	no	yes	Chinese_PRC_CI_AS
4	born_date	s...	no	4			yes	(n/a)	(n/a)	NULL
5	nation	char	no	10			yes	no	yes	Chinese_PRC_CI_AS
6	place	char	no	16			yes	no	yes	Chinese_PRC_CI_AS
7	politic	char	no	10			yes	no	yes	Chinese_PRC_CI_AS
8	tel	char	no	20			yes	no	yes	Chinese_PRC_CI_AS

	Identity	Seed	Increment	Not For Replication
1	No identity column defined.	NULL	NULL	NULL

	RowGuidCol
1	No rowguidcol column defined.

图 5-6　查看视图 view_student 的特征信息

【例 5-5】使用 SP_HELPTEXT 查看视图 view_student 的定义信息。

```
USE student
GO
SP_HELPTEXT view_student
```

执行结果如图 5-7 所示。

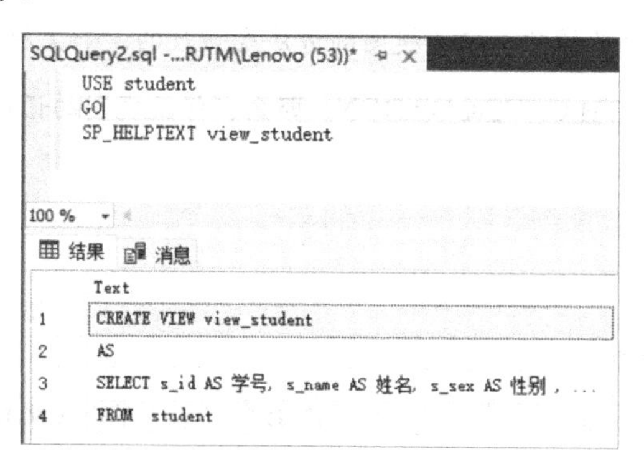

图 5-7　查看视图 view_student 的定义信息

【例 5-6】使用 SP_HELPTEXT 查看视图 view_teacher 的定义信息。

```
USE student
GO
SP_HELPTEXT view_teacher
```

执行结果如图 5-8 所示。本例说明已加密的视图无法查看视图的定义信息。

```
SQLQuery2.sql -...RJTM\Lenovo (53))*
USE student
GO
SP_HELPTEXT view_teacher

100 %
消息
对象 'view_teacher' 的文本已加密。
```

图 5-8　查看视图 view_teacher 的定义信息

3. 修改视图

语法格式如下：

```
ALTER VIEW 视图名
[WITH ENCRYPTION]
AS
SELECT 语句
[WITH CHECK OPTION]
```

【例 5-7】修改 student 数据库中的视图 view_student，使其只包含男学生的学号、姓名、性别和班级编号，并且在对视图进行操作时满足条件表达式。

```
USE student
GO
ALTER VIEW view_student
AS
SELECT s_id AS 学号, s_name AS 姓名, s_sex AS 性别 , class_id AS 班级编号
FROM student
WHERE s_sex='男'
WITH CHECK OPTION
```

提 示　视图的修改操作与定义视图的方法是一致的。如果原来的视图定义语句使用了 WITH ENCRYPTION 或 WITH CHECK OPTION，那么在修改视图的语句中也要包含这些语句修改才会有效。

4. 重命名视图

语法格式如下：

```
SP_RENAME 原视图名,新视图名
```

【例 5-8】在 student 数据库中，使用 SP_RENAME 命令将视图 view_teacher 重命名为 v_teacher。

```
USE student
GO
SP_RENAME view_teacher,v_teacher
```

5. 删除视图

语法格式如下：

```
DROP VIEW [视图名,...n]
```

【例 5-9】在 student 数据库中，使用 DROP VIEW 命令删除视图 v_teacher。

```
USE student
GO
DROP VIEW v_teacher
```

5.1.5　通过视图管理数据

视图中的数据来自基本表，通过视图可以观察到基本表中数据的变化。反过来，通过视图可以对基本表中的数据进行操作，操作方式有 SELECT、INSERT、UPDATE 和 DELETE。视图操作的语法格式与基本表操作的语法格式完全相同。

1. 查询数据

【例 5-10】在 student 数据库中，通过视图 view_student 查询 17041011 班男同学的学号、姓名和性别。

```
USE student
GO
SELECT 学号,姓名,性别
FROM  view_student
WHERE 班级='17041011'
```

执行结果如图 5-9 所示。

	学号	姓名	性别
1	1704101101	彭志坚	男
2	1704101102	吴汉禹	男
3	1704101104	孙楠	男
4	1704101105	李飞	男
5	1704101108	陈国轼	男
6	1704101109	陈森	男

图 5-9　使用 view_student 视图查询数据

思考：查询结果为什么只有男生信息？

2. 插入记录

【例 5-11】在 student 数据库中，通过视图 view_student 向学生表中插入一条记录。

```
USE student
GO
INSERT view_student(学号,姓名,性别,班级)
VALUES('1704101120','谢霆峰','男','17041011')
```

思考：如果插入以下语句，那么结果如何？

```
USE student
GO
INSERT view_student(学号,姓名,性别,班级)
VALUES('1704101121','谢霆凤','女','17041011')
```

3. 修改记录

【例 5-12】在 student 数据库中，通过视图 view_student 将学号为 1704101120 的学生姓名改为“谢霆锋”。

```
USE student
GO
UPDATE  view_student
```

```
SET  姓名='谢霆锋'
WHERE 学号='1704101120'
```

4. 删除记录

【例 5-13】在 student 数据库中，通过视图 view_student 删除学号为 1704101120 的学生记录。

```
USE student
GO
DELETE  view_student
WHERE  学号='1704101120'
```

提示：

- 由于视图只取基本表中的部分列，通过视图添加的记录也只能传递这些列的数据，因此要求其他在视图中不存在的列允许为空值（NULL），或者有默认值，或者有其他能自动计算或自动赋值（如 IDENTITY）的属性，否则不能向视图中插入数据。
- 视图中被修改的列必须直接引用基本表列中的原始数据，它们不能通过聚合函数、计算等方式派生。
- 如果在视图定义语句中使用了 WITH CHECK OPTION，则在视图中插入的数据必须符合定义视图的 SELECT 语句所设置的条件。
- 如果在定义视图的查询语句中使用了 DISTINCT 关键字、聚合函数、GROUP BY 子句、HAVING 子句，则不允许对视图进行插入、修改或删除操作。
- INSERT、UPADTE 和 DELETE 操作只能针对一个基本表的列。
- 通过视图删除基本表中的数据时，DELETE 语句中 WHERE 条件所引用的字段必须是视图中定义过的字段。

任务实施

1. 创建学生基本信息视图

学生的基本信息存储于 student 表中，基于 student 表创建班主任所需的学生基本信息视图 view_classstudent。

新建查询，在查询编辑器中输入如下 T-SQL 语句：

```
USE student
GO
CREATE VIEW  view_classstudent
AS
SELECT s_id AS 学号,s_name AS 姓名,s_sex AS 性别,
born_date AS 出生日期,nation AS 民族,place AS 籍贯,
politic AS 政治面貌,tel AS 联系电话,address AS 家庭住址,
class_id AS 班级
FROM  student
```

单击“执行”按钮，完成视图 view_classstudent 的创建。在“对象资源管理器”中展开“student”数据库中的“视图”节点，可以看到视图 view_classstudent 已经创建成功。

2. 创建学生成绩视图

学生的成绩信息涉及 student、course、score 三个表，通过三表连接创建班主任所需的学生成绩信息视图 view_coursescore。

新建查询，在查询编辑器中输入如下 T-SQL 语句：

```
USE student
GO
CREATE VIEW  view_coursescore
WITH  ENCRYPTION
AS
SELECT class_id AS 班级,student.s_id AS 学号,s_name AS 姓名,c_name AS 课程名称,grade AS 成绩
FROM  student,course,score
WHERE  student.s_id=score.s_id AND course.c_id=score.c_id
```

单击“执行”按钮，完成视图 view_coursescore 的创建。

3. 通过视图管理数据

利用所创建的视图，使用相关语句实现对指定班级学生信息的管理。

1）通过视图查看信息。

在视图创建完成后，不同班级的班主任只需通过 SECLET 语句，即可方便地查询到本班学生的信息。代码如下：

① 查询 17041011 班和 18041011 班学生的基本信息。

```
SELECT * FROM  view_classstudent WHERE  班级='17041011'
SELECT * FROM  view_classstudent WHERE  班级='18041011'
```

② 查询 17041011 班和 18041011 班学生的成绩信息。

```
SELECT * FROM view_coursescore WHERE  班级='17041011'
SELECT * FROM view_coursescore WHERE  班级='18041011'
```

③ 查询 17041011 班和 18041011 班平均分高于 80 分（包括 80 分）的学生成绩信息，并且按成绩的降序排列输出结果。

```
SELECT 学号,姓名,AVG(成绩) AS 平均分
FROM view_coursescore
WHERE 班级='17041011'
GROUP BY 学号,姓名
HAVING AVG(成绩)>=80
ORDER BY 平均分 DESC
SELECT 学号,姓名,AVG(成绩) AS 平均分
FROM view_coursescore
WHERE 班级='18041011'
GROUP BY 学号,姓名
HAVING AVG(成绩)>=80
ORDER BY 平均分 DESC
```

2）通过视图修改信息。

① 18041011 班新增了一个学生，班主任可以通过下述语句实现学生基本信息的添加。

```
USE student
GO
```

```
INSERT view_classstudent
VALUES('1804101120','夏伟','男','2000-11-1','汉','江苏苏州','党员',18952892345,'江苏省苏州市','18041011')
```

② 当学生基本信息发生变化时，可以通过 UPDATE 语句对视图进行修改，如将上述学生的性别修改为“女”，代码如下：

```
USE student
GO
UPDATE  view_classstudent
SET  性别='女'
WHERE  学号='1804101120'
```

任务总结

SQL Server 2017 数据库的三级结构是：视图（View）、基本表（Table）和数据库（Database）。视图的创建与操作是以基本表为基础的，它是原始数据库中数据的一种转换，是查看表中数据的另一种方式。在面向应用时，将查询定义为视图，然后将视图用于其他查询中，可以简化数据查询操作，并且提高数据的安全性。

5.2 【工作任务】T-SQL 编程与应用

知识目标

- 掌握变量和常量的使用方法。
- 掌握输出语句的用法。
- 掌握 IF...ELSE 语句的语法。
- 掌握 WHILE 语句的语法。

能力目标

会使用 T-SQL 语句编写程序。

任务情境

老 K：“在前面的学习中，你已经对 T-SQL 语言有所了解了吧？”

小 S：“是的，T-SQL 语言是一种结构化的查询语言，它主要包括数据查询语言（DQL）、数据定义语言（DDL）、数据操纵语言（DML）和数据控制语言（DCL）。数据查询语言用于查询数据库的基本功能，利用 SELECT 语句查询表中的数据。数据定义语言用于创建一个数据库对象，可以使用 CREATE、ALTER、DROP 语句创建及管理数据库、数据表、视图、索引等对象。数据操纵语言使用 INSERT、UPDATE、DELETE 语句实现对数据库中数据的操作。数据控制语言则是对数据访问权进行控制的指令。”

老 K：“你说得对，看来掌握得不错。那么 T-SQL 语言可以像 C 语言那样编程吗？”

小 S：“这个……我还没有考虑过。”

老 K：“创建数据库不仅是为了存储和管理数据，也是为开发各种应用系统做准备。在开发数据库应用系统的过程中，我们会使用函数、存储过程和触发器进行编程。因为 T-SQL 语言包含变量、常量、流程控制等元素，所以也可以编程。”

小 S：“那我一定要好好学习 T-SQL 编程。”

任务描述

任务 1：学生个人成绩查询。

学生学期考试结束后，希望尽快得知自己各门功课的考试成绩。以学号为 1704101103 的学生为例，若查询结果为空，则提醒学生“成绩暂未登录，请耐心等待或与任课教师联系”；若查询结果有不及格记录，则提醒学生“该学期有不及格科目，请利用假期认真复习，开学两周后参加补考”。

任务 2：学生成绩调整。

由于试卷难度过大，因此 2017-2018-1 学期的 170101 号课程成绩不太理想。教务处同意，对该门课程的成绩进行提分，提分规则如下：将低于 65 分的学生成绩提高到 65 分，保证所有学生成绩达到 65 分，一次只能调 2 分。

任务分析

任务 1：由于不同的查询结果输出不同的提示消息，因此使用选择语句对查询结果进行判断后输出相应的提示消息。

任务 2：统计 2017-2018-1 学期的 170101 号课程成绩低于 65 分的学生人数，如果有学生成绩低于 65 分，则提分；循环判断，直到所有学生的成绩都达到 65 分。

知识导读

5.2.1　T-SQL 编程基础

1. 批处理

批处理是包含一个或多个 T-SQL 语句的集合，由客户端发送到 SQL Server 实例，SQL Server 将批处理的语句编译为一个执行计划，将之作为一个整体来执行。如果批处理中的某一条语句发生编译错误，那么执行计划就无法编译，从而整个批处理就无法执行。

对批处理有以下限制：

- 不能在修改表中的某列后，立即在同一批处理中引用被修改的列。
- 不能在删除一个对象后，立即在同一批处理中引用该对象。
- 不能在定义了一个检查（CHECK）约束后，立即在同一个批处理中使用该约束。

- CREATE FUNCTION、CTEATE PROCEDURE、CREATE TRIGGER 和 CREATE VIEW 语句不能与其他语句位于同一个批处理中。
- 使用 SET 语句设置的某些项，不能应用于同一个批处理的查询语句中。
- 如果批处理的第一条语句是 EXECUTE 关键字，则可以省略该关键字；否则不能省略。

在一个批处理创建完成以后，使用 GO 命令作为批处理的结束标志。编译器在对批处理进行编译时，当读到 GO 语句时就会自动将 GO 前面的所有语句作为一个批处理，但 GO 本身并不是 T-SQL 语句，它的作用仅仅是通知 SQL Server 该批处理到什么地方结束。

2. 注释

注释是程序中不被执行的部分，对程序起解释说明和屏蔽暂时不需要使用的代码的作用。SQL Server 有以下两种注释。

- 单行注释：--（双连字符）。这些注释字符可以与代码处在同一行，也可另起一行。从双连字符开始到行尾的内容均为注释。如果注释内容占用多行，则必须每一行的最前面使用该注释符。
- 多行注释：/*...*/（斜杠星号字符对）。这些注释字符可以与代码处在同一行，也可另起一行，而且可以在代码内部。注释开始号（/*）与注释结束号（*/）之间的所有内容均是注释部分。即使注释内容占用多行，也只需要一个注释对，但多行注释不能跨越批处理，即整个注释只能在一个批处理中。

3. 常量与变量

常量也称文字值或标量值，是在程序运行过程中值保持不变的量。变量是指在程序运行过程中可以变化的量，可以用它来保存程序运行过程中的中间值或输入输出结果，因此变量是编程语言中必不可少的组成部分。

T-SQL 语言中有两种形式的变量，一种是用户自己定义的局部变量，另一种是系统提供的全局变量。局部变量的使用必须先声明，再赋值；而全局变量由系统定义和维护，用户可以直接使用。

1）局部变量。

局部变量是一个能够拥有特定数据类型的对象，它的作用范围仅限制在程序内部，一般用在批处理、存储过程、触发器和函数中。

声明局部变量的语法格式如下：

```
DECLARE @变量名 数据类型 [,@变量名 数据类型...]
```

说明 声明局部变量时需指定数据类型，如果有需要，还可以指定数据长度。

提示：

- 遵循“先声明，再赋值”的基本原则。
- 变量名也是一种标识符，所以变量的命名也应该遵守标识符的命名规则。
- 变量名尽量做到见名知意，且要避免变量名与系统保留关键字同名。
- 可以同时声明多个变量，各变量之间用逗号隔开。

【例 5-14】在 student 数据库中声明一个名为 classname 的字符型局部变量。

```
USE student
```

```
GO
DECLARE  @classname char(10)
```

2）SET 赋值语句。

SET 赋值语句的语法格式如下：

```
SET  @变量名=表达式
```

说 明　将表达式的值赋给左边的变量，SET 语句一次只能对一个变量赋值。变量没有赋值时其值为 NULL。

3）SELECT 赋值语句。

SELECT 赋值语句的语法格式如下：

```
SELECT @变量名=表达式[,...n]
[FROM 表名] [WHERE 条件表达式]
```

说明：

- 用 SELECT 语句赋值时，若省略 FROM 子句，则等同于前面用 SET 语句赋值的方法；若不省略，则将查询到的记录数据赋值给局部变量。如果返回的是记录集，那么就将记录集中最后一行记录的数据赋值给局部变量，因此尽量限制 WHERE 条件，使查询结果只返回一条记录。
- SELECT 语句可以同时给多个变量赋值，一般用于将表中查询到的赋值给变量。

【例 5-15】在 student 数据库中，查询成绩表中获得最高分和最低分的学生姓名、课程名称及成绩。

方法一：嵌套查询。

```
SELECT s_name,c_name,grade
FROM student,course,score
WHERE student.s_id=score.s_id AND course.c_id=score.c_id
AND (grade=(SELECT MIN(grade) FROM score) OR grade=(SELECT MAX(grade) FROM score))
```

方法二：赋值语句，中间变量。

```
DECLARE  @maxscore real,@minscore real
SELECT @maxscore=MAX(grade),@minscore=MIN(grade) FROM score
SELECT student.s_name,course.c_name,grade
FROM score,course,student
WHERE(grade=@maxscore OR grade=@minscore) AND student.s_id=score.s_id
AND course.c_id =score.c_id
```

【例 5-16】在 student 数据库中，根据教师编号查询马丽丽老师的信息及与她相邻教师的信息。分析：

（1）利用 SET 语句赋值，将马丽丽老师的教师姓名传送给 t_name 字段，查询出马丽丽老师的个人信息；

（2）查询马丽丽老师的教师编号，并且使用 SELECT 语句将之赋值给局部变量；

（3）将马丽丽老师的教师编号加 1 或减 1，查询与其相邻教师的信息。

```
USE student
GO
--查询马丽丽老师的信息
DECLARE @name char(10)
```

```
SET  @name='马丽丽'                                  --使用 SET 语句赋值
SELECT t_id,t_name,t_sex,title,dept_id              --查询马丽丽老师的信息
FROM teacher
WHERE t_name=@name
--查询马丽丽老师的教师编号
DECLARE @teacher_id char(4)
SELECT @teacher_id=t_id                             --使用 SELECT 语句赋值
FROM teacher
WHERE  t_name=@name
--查询与马丽丽老师相邻教师的信息
SELECT t_id,t_name,t_sex,title,dept_id
FROM teacher
WHERE (t_id=@teacher_id+1) OR (t_id=@teacher_id-1)
```

以上 T-SQL 语句的执行结果如图 5-10 所示。从本例可以看出，局部变量可用于在上下语句中传递数据，如@teacher_id 变量。

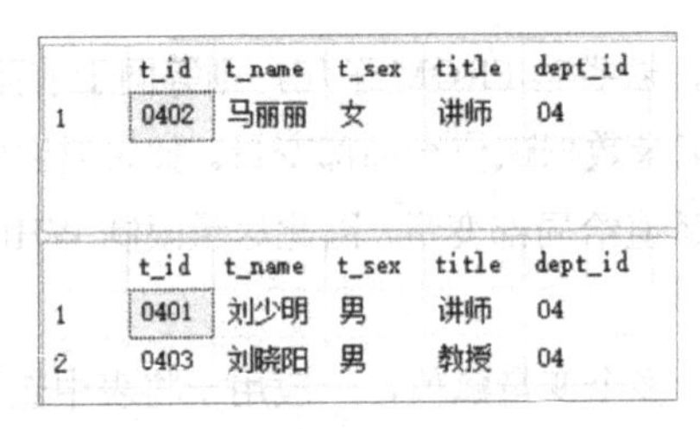

	t_id	t_name	t_sex	title	dept_id
1	0402	马丽丽	女	讲师	04

	t_id	t_name	t_sex	title	dept_id
1	0401	刘少明	男	讲师	04
2	0403	刘晓阳	男	教授	04

图 5-10　马丽丽老师及其相邻教师的信息

4）全局变量。

全局变量是 SQL Server 系统内部使用的变量，其作用范围不仅仅局限于某一程序，而是任何程序均可以随时调用。全局变量通常存储一些 SQL Server 的配置设定值和统计数据。用户可以在程序中用全局变量测试系统的设定值或 T-SQL 命令执行后的状态值。全局变量的名字均以@@开头。

用户不能创建全局变量，也不能用 SET 或 SELECT 语句对全局变量赋值。

常用的全局变量如表 5-2 所示。

表 5-2　常用的全局变量

变　　量	含　　义
@@ERROR	最后执行的 T-SQL 语句的错误号
@@IDENTITY	最后一次插入的标识值
@@LANGUAGE	当前使用的语言的名称
@@MAX_CONNECTIONS	SQL Server 实例允许的同时进行的最大用户连接数
@@ROWCOUNT	受上一个 T-SQL 语句影响的行数
@@SERVERNAME	本地服务器的名称
@@TRANSCOUNT	当前连接的活动事务数
@@VERSION	SQL Server 的版本信息

4. 输出语句

T-SQL 语言支持输出语句，用于显示处理的数据结果。常用的输出语句有两种，它们的语法格式如下：

```
PRINT 局部变量|字符串|表达式
SELECT 局部变量 AS 自定义列名
```

说明 SELECT 既可以作为赋值语句，从表中查询多个值，然后赋值给预先定义好的不同局部变量；也可以作为查询语句，将查询结果直接输出。

【例 5-17】利用 PRINT 语句在消息窗格中输出“大家好”。

```
USE student
GO
DECLARE  @classname char(10)
SET  @classname='大家好'
PRINT  @classname
```

【例 5-18】输出服务器名称。

```
PRINT '服务器名称：'+@@SERVERNAME
SELECT @@SERVERNAME  AS '服务器名称'
```

提示：

- PRINT 语句输出的结果在消息窗格中以文本形式显示。
- SELECT 语句输出的结果在结果窗格中以表格形式显示。
- PRINT 语句用局部变量、字符串或表达式作为输出参数，并且用“+”（字符串连接运算符）将两边的字符串连接起来。

【例 5-19】在 teacher 表中插入两条记录并验证是否插入成功。

```
USE student
GO
INSERT teacher(t_id ,t_name ,t_sex ,title ,dept_id )
VALUES ('0104','张有伟','男','讲师','01' )
PRINT  '当前错误号' + CONVERT(varchar(5), @@ERROR)
USE student
GO
INSERT teacher(t_id ,t_name ,t_sex ,title ,dept_id )
VALUES ('0104','刘欣','女','讲师','01' )
PRINT  '当前错误号' + CONVERT(varchar(5), @@ERROR)
```

运行结果如图 5-11 所示。由于本例中插入的第二条记录的教师编号与第一条记录相同，违反了主键约束，因此不能执行成功。这里我们用@@ERROR 全局变量进行测试。@@ERROR 用于检测最近执行的一条 T-SQL 语句是否有错误，如果有，则返回非零值，因此第二条测试的返回值非零。因为@@ERROR 返回的值属于整型数据，所以使用 CONVERT 函数将其转换为字符类型的数据才能顺利输出。

5. 运算符与表达式

运算符实现运算功能，能够用于执行算术运算、字符串连接、赋值，以及在字段、常量和变量之间进行比较并产生新的结果。在 SQL Server 中，运算符主要有以下六大类：算术运算符、赋值运算符、位运算符、关系运算符、逻辑运算符及字符串运算符。表达式由常量、变量、运算符和函数等组成，它可以在查询语句中的任何位置使用。这里介绍算术运算符、赋值运算符、位运算符和字符串运算符。

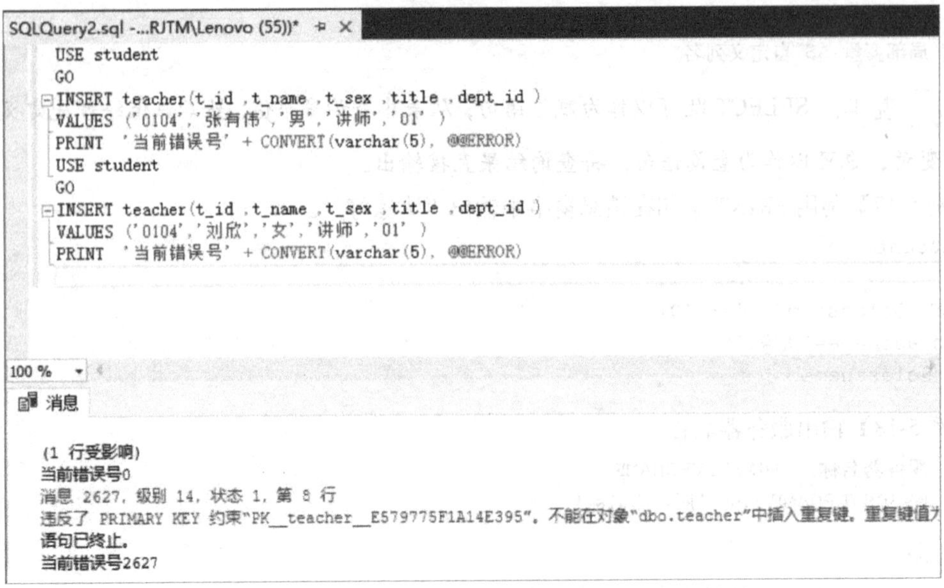

SQLQuery2.sql -...RJTM\Lenovo (55))*

```
USE student
GO
INSERT teacher(t_id ,t_name ,t_sex ,title ,dept_id )
VALUES ('0104','张有伟','男','讲师','01' )
PRINT '当前错误号' + CONVERT(varchar(5), @@ERROR)
USE student
GO
INSERT teacher(t_id ,t_name ,t_sex ,title ,dept_id )
VALUES ('0104','刘欣','女','讲师','01' )
PRINT '当前错误号' + CONVERT(varchar(5), @@ERROR)
```

100 %

消息

```
(1 行受影响)
当前错误号0
消息 2627, 级别 14, 状态 1, 第 8 行
违反了 PRIMARY KEY 约束"PK__teacher__E579775F1A14E395"。不能在对象"dbo.teacher"中插入重复键。重复键值为
语句已终止。
当前错误号2627
```

图 5-11 @@ERROR 全局变量测试

1）算术运算符。

算术运算符用于对两个表达式执行算术运算，这两个表达式一般是数值型数据。算术运算符包括加（+）、减（-）、乘（*）、除（/）和取模（%，返回两个数相除后的余数）。

2）赋值运算符。

T-SQL 语句只有一个赋值运算符，即等号（=）。赋值运算符能够将数据值指派给特定的对象。

3）位运算符。

位运算符能够在两个表达式之间执行位操作，参与运算的表达式可以是整型数据类型中的任何数据表达式。位运算表达式中的位运算符如表 5-3 所示。

表 5-3 位运算符

运 算 符	含 义
&（与运算符）	当两个位均为 1 时，结果为 1，否则为 0
|（或运算符）	两个位只要有一个为 1，结果为 1，否则为 0
^（异或运算符）	当两个位不同时，结果为 1，否则为 0
~（非运算符）	对 1 运算结果为 0，对 0 运算结果为 1

4）字符串连接运算符。

字符串连接运算符只有一个，即加号（+）。利用字符串连接运算符可以将多个字符串连接起来，构成一个新的字符串。例如，执行语句“SELECT 'abc' + 'def '”，其结果为“abcdef”。

在所有运算符中，不同的运算符优先级别不同，在同一个表达式中出现不同的运算符时，系统会按照各运算符的优先级别顺序来决定先执行哪种运算。首先执行优先级别最高的运算符，然后执行优先级别次高的运算符，依次类推，最后执行优先级别最低的运算符。如果运算符的优先级别相同，那么系统会自左向右依次执行。如果用户想控制执行顺序，可以用圆括号将需要优先执行的运算表达式括起来，因为圆括号的优先级别最高。运算符的优先级别从高到低如表 5-4 所示。

表 5-4　运算符的优先级别表

优先级顺序	运　算　符
1	非运算符（~）
2	乘、除、取模运算符（*、/、%）
3	加、减运算符（+、-）、字符串连接运算符（+）、与运算符（&）
4	比较运算符（=、>、<、>=、<=、<>、!=、!>、!<）
5	或运算符、异或运算符（|、^）
6	NOT
7	AND
8	OR、ALL、ANY 、SOME
9	赋值运算符（=）

6. 函数

SQL Server 提供了一些内部函数，不同的函数可以实现不同的功能，各种类别的函数都可以和 SELECT 语句联合使用。

常用的四类函数分别是字符串函数、日期函数、数学函数和系统函数。

1）字符串函数。

字符串函数用于对字符串数据进行处理，并返回一个字符串或数字。常用的字符串函数如表 5-5 所示。

表 5-5　常用的字符串函数

函　数　名	描　　述	举　　例
CHARINDEX	用于寻找一个指定的字符串在另一个字符串中的起始位置	SELECT CHARINDEX('name','My name is sun',1) 返回：4
LEN	返回传递给它的字符串长度	SELECT LEN('SQL Server 课程') 返回：12
LOWER	将传递给它的字符串中的字母转换为小写	SELECT LOWER('SQL Server 课程') 返回：sql server 课程
UPPER	将传递给它的字符串中的字母转换为大写	SELECT UPPER('sql server 课程') 返回：SQL SERVER 课程
LTRIM	清除字符串左边的空格	SELECT LTRIM ('　周德　') 返回：周德　（后面的空格保留）
RTRIM	清除字符串右边的空格	SELECT RTRIM ('　周德　') 返回：　周德（前面的空格保留）
LEFT	返回字符串左边指定数目的字符	SELECT LEFT('数据库的应用',3) 返回：数据库
RIGHT	返回字符串右边指定数目的字符	SELECT RIGHT('数据库的应用',3) 返回：的应用
REPLACE	替换字符串中指定的字符或子字符串	SELECT REPLACE('杨一清', '清' , '兰') 返回：杨一兰

续表

函 数 名	描 述	举 例
STUFF	在一个字符串中，删除从指定位置开始的指定长度的字符串，并且在该位置插入一个新的字符串	SELECT STUFF('ABCDEFG', 2, 3,'我的音乐我的世界') 返回：A 我的音乐我的世界 EFG
ASCII	返回字符串中最左边的字符对应的 ASCII 码值	SELECT ASCII('abc') 返回：97
CHAR	返回整数所代表的 ASCII 码值对应的字符	SELECT CHAR(97) 返回：a
STR	将一个浮点数转换为字符串	SELECT STR(4455.44) 返回：4455
SPACE	返回一个由指定长度的空格组成的字符串	SELECT SPACE(6) 返回：　　　（6 个空格）
SUBSTRING	返回字符串中从指定位置开始的指定长度的字符	SELECT SUBSTRING('abc',2,2) 返回：bc

2）日期函数。

日期函数用于对日期数据进行处理，我们不能直接对日期数据进行数学运算。例如，执行一条“当前日期+1”的语句，SQL Server 无法理解要增加的是一日、一月还是一年。

日期函数可以提取日期数据中的日、月和年，以便分别操作它们。常用的日期函数如表 5-6 所示。

表 5-6 常用的日期函数

函 数 名	描 述	举 例
GETDATE	取得当前的系统日期与时间	SELECT GETDATE() 返回：当前的系统日期与时间 例如：2018-10-12 12:00:00.000
DATEADD	将指定的数值添加到指定的日期部分后的日期	SELECT DATEADD(mm,4,'2018-01-01') 返回：以当前的日期格式返回 2018-05-01
DATEDIFF	两个日期之间的指定日期部分的间隔	SELECT DATEDIFF(mm,'2018-01-01','2018-05-01') 返回：4
DATENAME	日期中指定日期部分的字符串形式	SELECT DATENAME(dw,'2018-06-09') 返回：Saturday 或星期六
DATEPART	日期中指定日期部分的整数形式	SELECT DATEPART(day, '2018-10-13') 返回：13
DAY	返回指定日期的日数	SELECT DAY('2018-10-13') 返回：13
MONTH	返回指定日期的月份	SELECT MONTH('2018-10-13') 返回：10
YEAR	返回指定日期的年份	SELECT YEAR('2018-10-13') 返回：2018

【例 5-20】计算在 2018 年 10 月 1 日的基础上增加 50 天的日期；计算 2020 年国庆节距离现在还有多少天。

```
SELECT DATEADD(DAY,50,'2018-10-01')
SELECT DATEDIFF(DAY,GETDATE(),'2020-10-01')
```

【例 5-21】查询成绩表中 17040911 班学生的学号和年龄，并且按年龄降序排列，当年龄相同时按学号降序排列。

```
SELECT  s_id 学号,YEAR(GETDATE())-YEAR(born_date) 年龄
FROM student
WHERE class_id='17040911'
ORDER BY 年龄 DESC,学号 DESC
```

“YEAR (GETDATE())-YEAR(born_date)”是表达式，其含义是取得系统当前日期的年份减去“出生日期”字段中的年份，就是学生的年龄。

3）数学函数。

数学函数用于对数字类型数据进行处理，并且返回处理结果。常用的数学函数如表 5-7 所示。

表 5-7　常用的数学函数

函 数 名	描　述	举　例
RAND	返回从 0 到 1 之间的随机 float 值	SELECT RAND() 返回：0.79288062146374
ABS	返回数值表达式的绝对值	SELECT ABS(−43) 返回：43
CEILING	返回大于或等于指定数值表达式的最小整数	SELECT CEILING(43.5) 返回：44
FLOOR	返回小于或等于指定数值表达式的最大整数	SELECT FLOOR(43.5) 返回：43
POWER	返回数值表达式的幂值	SELECT POWER(5,2) 返回：25
ROUND	将数值表达式四舍五入为指定精度	SELECT ROUND(43.543,1) 返回：43.5
SIGN	对于正数，返回 1；对于负数，返回-1；对于 0，返回 0	SELECT SIGN(−43) 返回：−1
PI()	返回常数 3.14159265358979	
SQRT	返回浮点数值表达式的平方根	SELECT SQRT(9) 返回：3

4）系统函数。

系统函数用于获取有关 SQL Server 中对象和设置的系统信息。常用的系统函数如表 5-8 所示。

表 5-8 常用的系统函数

函数名	描述	举例
CAST	将表达式转换为指定的数据类型	SELECT CAST(grade AS decimal(4,1)) FROM score 返回：grade 数据类型转换为 decimal
CONVERT	用于转换数据类型	SELECT CONVERT (VARCHAR (5),12345) 返回：字符串 12345
CURRENT_USER	返回当前用户的名称	SELECT CURRENT_USER 返回：当前登录的用户名称
DATALENGTH	返回指定表达式的字节数	SELECT DATALENGTH('中国 A 盟') 返回：7
HOST_NAME	返回当前用户所登录的计算机名字	SELECT HOST_NAME() 返回：当前登录的计算机名字
SYSTEM_USER	返回当前系统的用户名称	SELECT SYSTEM_USER 返回：当前系统的用户名称
USER_NAME	从给定的用户 ID 返回用户名称	SELECT USER_NAME(1) 返回：从任意数据库中返回“dbo”

注 意 LEN()用于获取字符串的长度。DATALENGTH()用于获取表达式所占内存的字节数。当参数为字符类型数据时，二者可以通用，例如：SELECT LEN('6')、SELECT DATALENGTH('6')都返回 1；而 SELECT DATALENGTH(6)返回 4，表示整型数据“6”占 4 字节。

上述所有函数，都可以在 T-SQL 语句中混合使用。除了以上介绍的四类函数，SQL Server 还提供了很多其他函数，如配置函数、文本图像函数等。

5.2.2 流程控制语句

目前大多数数据库管理系统在支持国际标准的 SQL 语言实现对数据库数据操作的基础上，还纷纷对标准 SQL 语言进行了扩展，提供了程序逻辑控制语句，增强了 SQL 语言的灵活性。这些逻辑控制语句可用于在数据库管理系统所支持的 SQL 语句、存储过程和触发器中，并且能根据用户业务流程的需要实现真实的业务处理。在 T-SQL 语言中，常用的逻辑控制语句有以下几种。

- 顺序结构控制语句：BEGIN...END 语句。
- 分支结构控制语句：IF...ELSE 语句和 CASE...END 语句。
- 循环结构控制语句：WHILE 语句。

1. BEGIN...END 语句

在程序中，使用最普遍的结构是顺序结构。顺序结构控制语句的执行过程是从前往后逐条语句依次执行。BEGIN...END 语句能够将多条 T-SQL 语句组合成一个 T-SQL 语句块，并且将它们视为一个单元处理。其语法格式如下：

```
BEGIN
    T-SQL 语句 1
    T-SQL 语句 2
```

```
    ...
END
```

在流程控制语句中，当符合特定条件需要执行两条或多条 T-SQL 语句时，就需要使用 BEGIN...END 语句。BEGIN 和 END 分别表示 T-SQL 语句块的开始和结束，必须成对使用。

2. IF...ELSE 语句

IF...ELSE 语句属于分支结构控制语句，用于判断某一条件是否成立，并且根据判断结果执行相应的 T-SQL 语句块。该语句存在以下两种结构。

1）不含 ELSE 子句。

```
IF 布尔表达式
    T-SQL 语句块
```

若 IF 后面的布尔表达式为逻辑真，则执行 T-SQL 语句块，然后执行 IF 结构后面的语句；否则跳过 T-SQL 语句块直接执行 IF 结构后面的语句。

2）包含 ELSE 子句。

```
IF 布尔表达式
    T-SQL 语句块 1
ELSE
    T-SQL 语句块 2
```

若 IF 后面的布尔表达式为逻辑真，则执行 T-SQL 语句块 1，否则执行 T-SQL 语句块 2，然后执行 IF...ELSE 结构后面的语句。

说明：

- 如果格式中的 T-SQL 语句块由多条 T-SQL 语句组成，则必须使用 BEGIN...END 语句将多条 T-SQL 语句组合成一个 T-SQL 语句块；如果是单条 T-SQL 语句，则可以不用 BEGIN...END 语句。
- SQL Server 允许嵌套使用 IF...ELSE 语句，而且嵌套层数没有限制。

【例 5-22】在 student 数据库中，查询成绩表，如果存在学号为 1704101101 的学生，那么输出该学生的全部成绩信息，否则显示“没有该生的成绩”。

```
USE student
GO
IF EXISTS(SELECT s_id FROM score WHERE s_id='1704101101')
    SELECT * FROM score WHERE s_id='1704101101'
ELSE
    PRINT'没有该生的成绩'
```

【例 5-23】统计大学英语课程的平均分。如果平均分高于 70 分（包括 70 分），则显示“考试成绩优秀”，并且显示前三名学生的考试信息；如果平均分低于 70 分，则显示“考试成绩较差”，并且显示后三名学生的考试信息。

```
USE student
GO
--查询大学英语课程的平均分
DECLARE @objectavg decimal(5,2)
SELECT @objectavg = AVG(grade)
FROM  score,course
```

```
WHERE c_name='大学英语' AND course.c_id=score.c_id
SELECT  @objectavg AS 平均分
--根据平均分给出评语
IF (@objectavg>=70)
    BEGIN
        PRINT'考试成绩优秀，前三名的成绩为：'
        SELECT TOP 3 score.s_id,s_name,c_name,grade
        FROM student,score,course
        WHERE c_name='大学英语' AND course.c_id=score.c_id
        AND student.s_id=score.s_id
        ORDER BY grade DESC
    END
ELSE
    BEGIN
        PRINT '考试成绩较差，后三名的成绩为：'
        SELECT TOP 3 score.s_id,s_name,c_name,grade
        FROM student,score,course
        WHERE c_name='大学英语' AND course.c_id =score.c_id
        AND student.s_id=score.s_id
        ORDER BY grade
    END
```

3. CASE 语句

CASE 语句可以计算多个条件表达式，并且将其中一个符合条件的结果表达式返回，属于多分支结构控制语句。CASE 语句根据不同的使用形式，可以分为简单 CASE 语句和搜索 CASE 语句。

1）简单 CASE 语句。

语法格式如下：

```
CASE  条件表达式
    WHEN 常量表达式 THEN T-SQL 语句
    [...n]
    [ELSE T-SQL 语句]
END
```

说明 简单 CASE 语句将条件表达式与常量表达式进行比较，当两个表达式的值相等时，执行相应的 THEN 后面的 T-SQL 语句；当条件表达式与所有常量表达式都不相等时，执行 ELSE 后面的 T-SQL 语句。

2）搜索 CASE 语句。

语法格式如下：

```
CASE
    WHEN 条件表达式 THEN T-SQL 语句
    [...n ]
    [ELSE T-SQL 语句]
END
```

说明 在搜索 CASE 语句中，如果条件表达式的值为逻辑真，则执行相应的 THEN 后面的 T-SQL 语句；如果没有一个条件表达式的值为逻辑真，则执行 ELSE 后面的 T-SQL 语句。

CASE 语句用于执行多分支判断，它的选择过程像一个多路开关，即由 CASE 语句的条件表达式的值决定切换至哪条语句去执行。在实现多分支结构控制语句时，用 CASE 语句编写程序比用 IF

语句更简洁、清晰。

【例 5-24】使用 CASE 语句对学生性别显示不同字样，将“男”改为“男同学”，将“女”改为“女同学”。

```
USE student
GO
SELECT s_id 学号,s_name 姓名,性别=
CASE  s_sex
    WHEN  '男' THEN '男同学'
    WHEN  '女' THEN '女同学'
END
FROM student
```

【例 5-25】将成绩表中的成绩用四个等级显示出来。

```
USE student
GO
SELECT s_id 学号, c_id  课程编号,
等级=CASE
    WHEN  grade<60 THEN '不及格'
    WHEN  grade>=60 AND grade<75 THEN '及格'
    WHEN  grade>=75 AND grade<90 THEN '良好'
    WHEN  grade>=90 THEN '优秀'
END
FROM score
```

4. WHILE 语句

WHILE 语句根据所指定的条件重复执行一个 T-SQL 语句块，只要条件成立，循环语句就会重复执行下去。

WHILE 语句的语法格式如下：

```
WHILE <表达式>
    BEGIN
        T-SQL 语句块
        [BREAK|CONTINUE]
    END
```

说明　在循环体内加入 BREAK 或 CONTINUE 关键字，以便控制循环语句的执行流程。

1）BREAK 关键字。

BREAK 关键字用于退出 WHILE 或 IF...ELSE 语句的执行流程，继续执行 WHILE 或 IF...ELSE 语句后面的 T-SQL 语句。如果嵌套了两个或多个 WHILE 循环，内层的 BREAK 关键字将执行流程退出到相邻的外层循环。

2）CONTINUE 关键字。

CONTINUE 关键字用于重新开始一个新的 WHILE 循环，循环体内在 CONTINUE 关键字之后的任何语句都将被忽略，开始下一次循环条件判断。CONTINUE 关键字通常用一个 IF 条件语句来判断是否执行它。

WHILE 语句用于设置重复执行的 T-SQL 语句或语句块，并且使用 BREAK 或 CONTINUE 关键字在循环内部控制循环语句的执行流程，防止死循环的发生。

【例 5-26】某企业员工工资有一套严格的计算方法，现行的工资标准是根据各员工的工作能力、级别、岗位制定的，如表 5-9 所示。国家规定该企业所在城市的最低工资为 1050 元，该公司按照法规必须上调工资，并且所有员工的工资都必须按照一定的比例进行调整。按 5%的比例循环往上调整，调整后的工资如表 5-10。

表 5-9　调整前的工资

工　号	姓　名	职　务	工　资
01	张童	经理	3000
02	李冰	车间主任	2500
03	王丹	车间职工	1150
04	赵龙	门卫	1000
05	孙兵	勤杂	900

表 5-10　调整后的工资

工　号	姓　名	职　务	工　资
01	张童	经理	3645
02	李冰	车间主任	3037
03	王丹	车间职工	1396
04	赵龙	门卫	1214
05	孙兵	勤杂	1093

（1）创建工资表。

```
USE student
GO
CREATE TABLE salary
(
    e_id char(2) NOT NULL,
    e_name char(10) NOT NULL,
    e_post char(10) NULL,
    e_salary int NOT NULL,
    PRIMARY KEY(e_id)
)
```

（2）插入员工工资。

```
USE student
GO
INSERT INTO salary VALUES ('01','张童','经理',3000)
INSERT INTO salary VALUES ('02','李冰','车间主任',2500)
INSERT INTO salary VALUES ('03','王丹','车间职工',1150)
INSERT INTO salary VALUES ('04','赵龙','门卫',1000)
INSERT INTO salary VALUES ('05','孙兵','勤杂',900)
```

（3）调整工资。

```
WHILE EXISTS(SELECT * FROM  salary WHERE e_salary<1050)
    BEGIN
        UPDATE salary SET e_salary=e_salary*1.05
        SELECT * FROM  salary
    END
```

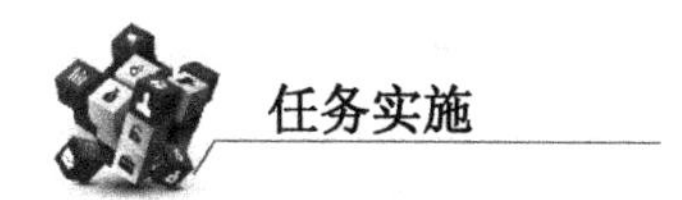

任务实施

任务 1：学生个人成绩查询。

新建查询，在查询编辑器中输入如下 T-SQL 语句：

```
USE student
GO
DECLARE  @studentid char(10)
SET  @studentid ='1704101103'
IF NOT EXISTS(SELECT s_id FROM score WHERE s_id=@studentid )
    PRINT'成绩暂未登录，请耐心等待或与任课教师联系'
ELSE
    BEGIN
        SELECT * FROM score WHERE s_id=@studentid
        IF EXISTS(SELECT * FROM score WHERE s_id=@studentid AND grade<60)
            PRINT'该学期有不及格科目，请利用假期认真复习，开学两周后参加补考'
    END
```

运行结果如图 5-12 和图 5-13 所示。

结果　消息

	s_id	c_id	grade	resume
2	1704101103	170201	68	NULL
3	1704101103	170401	64	NULL
4	1704101103	170402	75	NULL
5	1704101103	170403	72	NULL
6	1704101103	170404	70	NULL
7	1704101103	170405	92	NULL
8	1704101103	170406	56	NULL
9	1704101103	170407	56	NULL

图 5-12　结果窗格运行结果

结果　消息

(9 行受影响)
该学期有不及格科目，请利用假期认真复习，开学两周后参加补考

图 5-13　消息窗格运行结果

任务 2：学生成绩调整。

新建查询，在查询编辑器中输入如下 T-SQL 语句：

```
USE student
GO
DECLARE @N int , @cid char(6), @sm char(11)
SET  @cid ='170101'
SET  @sm ='2017-2018-1'
WHILE(1=1)
    BEGIN
        SELECT @N=COUNT(*) FROM score ,course
        WHERE grade<60 AND semester=@sm AND
```

```
        score.c_id=@cid AND score.c_id=course.c_id
        IF (@N>0)
            UPDATE score
            SET grade=grade+2
            WHERE grade<65
        ELSE
            BREAK
    END
PRINT'加分后成绩如下：'
SELECT * FROM score WHERE  score.c_id=@cid AND course.semester=@sm
```

任务总结

T-SQL 语言是 SQL Server 创建应用程序所使用的语言，它是用户应用程序和 SQL Server 数据库之间沟通的主要语言。在 SQL Server 中，流程控制语句主要用于控制 T-SQL 语句、T-SQL 语句块或存储过程的执行流程。在程序中如果不使用流程控制语句，那么 T-SQL 语句只能按照先后顺序依次执行；如果使用流程控制语句，那么不仅可以控制程序的执行顺序，而且可以使语句之间相互关联和相互依存。

5.3 【工作任务】存储过程的创建与应用

知识目标

- 理解存储过程的概念与作用。
- 掌握存储过程的创建和调用的命令格式。
- 掌握存储过程参数的传递方式。

能力目标

- 会创建各种类型的存储过程。
- 会执行各种类型的存储过程。
- 会管理存储过程。

任务情境

小 S 参与的项目，采用了 JSP 技术，因此他除了学习数据库相关知识，还学习了 JSP 课程。在系统开发过程中，他遇到了一些问题，于是去请教老 K。

小 S：“我在开发应用系统时，一般会在程序中直接嵌入一段 T-SQL 代码，但是我发现有些代码实现的功能是相同的。在开发初期，我觉得相同功能的代码复制粘贴也比较方便，但是随着开发的深入，我发现一旦业务需求发生变更，哪怕只是改动一个字段，都要重新将涉及的程序源代码逐一修改一遍，程序维护的工作量太大了。在 SQL Server 中有没有像 C 语言自定义函数一样的对象，将 T-SQL 代码封装，通过参数传递提高代码的复用性和灵活性？”

老 K：“你提出的想法非常好，SQL Server 的存储过程可以帮你解决这个问题。”

小 S：“那真是太好了，我一定要认真学习。”

老 K：“我们直接在程序中嵌入 T-SQL 代码，除了给程序的维护带来不便外，还因为这种方式增加了网络的访问量。当用户使用一段 T-SQL 代码访问数据库服务器上的数据时，首先将 T-SQL 代码发送到数据库服务器上，由服务器编译 T-SQL 代码，并进行优化产生查询的执行计划，之后数据库引擎执行查询计划，最终将执行结果发回客户端。每执行一段 T-SQL 代码都要重复以上的操作，占用了大量的网络传输时间和带宽，同时大量的数据库信息直接在客户端出现，也可能对系统的安全产生影响，因此在程序中引入存储过程对象来优化复杂重复的数据操作，实现某些特定功能的封装。”

任务描述

任务 1：教师任课课程成绩查询。

学期期末考试结束后，马丽丽老师在网上录入学生的总评成绩后，还希望经常查看自己任课课程的学生成绩。

任务 2：学生成绩等级自动折算。

教务处要求考试科目成绩以百分制登记，考查科目的成绩则以等级登记。请设计一个成绩等级自动划分程序，实现将分数转换为等级，转换规则如下：高于 90 分（包括 90 分）为“优秀”，80～89 分为“良好”，70～79 分为“中等”，60～69 分为“及格”，低于 60 分为“不及格”。

任务 3：教师任课课程成绩统计。

每学期期末考试结束后，任课老师除了需将学生的总评成绩录入数据库，还需对所任班级的课程成绩进行统计，统计最高分、最低分、平均分和考试通过率并打印统计结果。

任务分析

任务 1：这项工作通过多表查询即可完成，但此项操作需经常执行，可将该任务编写成存储过程，以方便用户随时调用，从而提高系统效率。

任务 2：该任务也可以利用存储过程实现。设计一个输入参数用于传递考试的课程，由于 5 个分数段的等级各不相同，因此可以采用 CASE 语句分情况转换。

任务 3：该任务同样是一项经常性的操作，因此也可利用存储过程实现。为了在运行该存储过程时能将计算结果输出，需要通过 OUTPUT 关键字定义输出参数，同时定义一个输入参数，接收要统计成绩的班级编号。

知识导读

5.3.1 存储过程的概念

存储过程（Stored Procedure）是在数据库管理系统中预先编译并保存的能实现某种功能的 SQL 程序。存储过程作为数据库对象预先保存在数据库中，经过一次创建后，可以被多次调用。它可以包含程序流、逻辑及对数据库的相关操作，也可以接收参数、输出参数、返回记录集及返回需要的值。

5.3.2 存储过程的分类

在 SQL Server 中常用的存储过程有两类：系统存储过程和用户自定义存储过程。

1. 系统存储过程

系统存储过程是由 SQL Server 系统提供的存储过程，可以作为命令执行各种操作，系统管理员通过它可以方便地查看数据库和数据库对象的相关信息，以帮助管理 SQL Server 数据库管理系统。

2. 用户自定义存储过程

用户自定义存储过程是由用户创建的能完成某一特定功能的存储过程，包括 T-SQL 和 CLR 两种类型。T-SQL 存储过程是指保存的 T-SQL 语句集合，可接收用户提供的参数和返回用户需要的参数，也可以从数据库向客户端返回数据。CLR 在本书不做详细介绍。

5.3.3 存储过程的优点

存储过程一般用于处理需要与数据库进行频繁交互的业务，使用存储过程具有以下几个优点。

1. 执行速度快，效率高

如果某段程序包含大量的 T-SQL 代码或经常重复执行，那么使用存储过程比使用批处理的执行速度要快。这是因为存储过程只在创建时在服务器端进行编译，以后每次执行都不需要重新编译，并且在执行一次后就驻留在高速缓冲存储器中，如需再次调用，只需从高速缓冲存储器中调用即可，从而提高了系统性能。而批处理在每次运行时，都要从客户端重复发送 T-SQL 代码，并且 SQL Server 每次执行这些 T-SQL 代码都要对其进行编译，显然效率没有存储过程高。

2. 模块化程序设计

存储过程封装业务逻辑，使数据库管理员与应用系统开发人员的分工更明确，支持模块化设计。

3. 具有良好的安全性

存储过程可以作为安全机制来运用。存储过程保存在数据库中，用户只需提交存储过程名就可以直接执行，避免了攻击者非法截取 T-SQL 代码以获取用户数据的风险。另外还可以通过授予用户对存储过程的操作权限来实现安全机制。

5.3.4　常用的系统存储过程

系统存储过程主要存储于 master 数据库中并以“SP_”为前缀。尽管系统存储过程被存储于 master 数据库中，但是仍然可以在其他数据库中对其进行调用，在调用时也不必在存储过程前加上数据库名。常用的系统存储过程如表 5-11 所示。

表 5-11　常用的系统存储过程

系统存储过程	说　明
SP_DATABASES	列出服务器上的所有数据库
SP_HELPDB	报告有关指定数据库或所有数据库的信息
SP_RENAMEDB	更改数据库的名称
SP_TABLES	返回当前环境下可查询的对象列表
SP_COLUMNS	返回某个表或视图的列信息
SP_HELP	查看某个表或视图的所有信息
SP_HELPCONSTRAINT	查看某个表或视图的约束信息
SP_HELPINDEX	查看某个表或视图的索引信息
SP_STORED_PROCEDURES	列出当前环境中的所有存储过程
SP_PASSWORD	添加或修改登录账号的密码
SP_HELPTEXT	显示默认值、未加密的存储过程、用户定义的存储过程、触发器或视图的实际文本

使用 T-SQL 语句执行系统存储过程的语法格式如下：

```
EXEC[UTE] 系统存储过程名
```

【例 5-27】查看 student 表的所有信息。

```
EXEC SP_HELP  student
```

【例 5-28】查看 student 表的索引信息。

```
EXEC SP_HELPINDEX student
```

5.3.5　使用“对象资源管理器”创建和管理用户自定义存储过程

1. 创建和删除存储过程

【例 5-29】在 student 数据库中，创建一个简单的存储过程 pro_student_info，用于查询学号为 1704101104 的学生的基本信息，然后将其删除。

（1）在“对象资源管理器”中依次展开“数据库”→“student”数据库→“可编程性”节点，右击“存储过程”节点，在弹出的快捷菜单中选择“新建”→“存储过程”选项，如图 5-14 所示。

（2）在右侧打开的程序编辑窗格中输入创建存储过程的 T-SQL 语句，单击工具栏上的“执行”按钮，在“消息”窗格中显示“命令已成功完成”的提示消息，如图 5-15 所示。

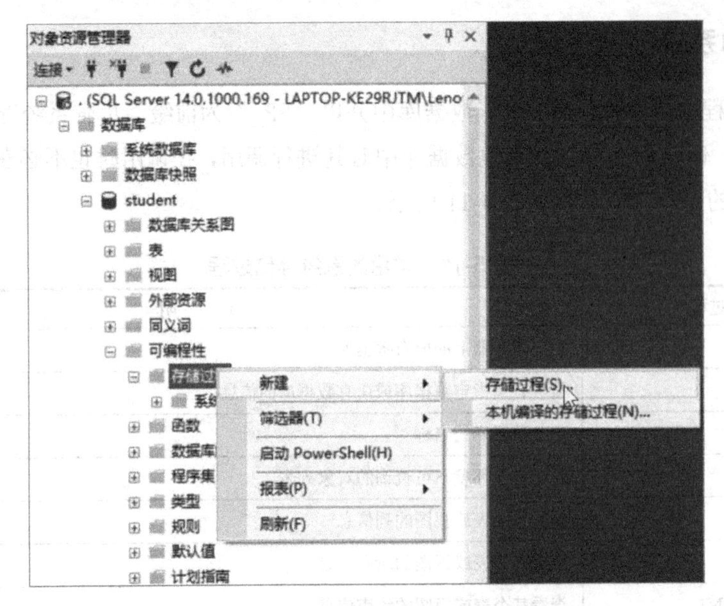

图 5-14　新建存储过程

```
SQLQuery4.sql -...RJTM\Lenovo (60))*
-- =============================================
CREATE PROCEDURE pro_student_info
AS
BEGIN
    SELECT * FROM student WHERE s_id='1704101104'
END
GO
100 %
消息
命令已成功完成。
```

图 5-15　输入存储过程命令并成功执行

（3）展开“存储过程”节点，右击“pro_student_info”，在弹出的快捷菜单中选择“删除”选项，弹出“删除对象”对话框，单击“确定”按钮即可删除选中的存储过程。

2. 查看用户自定义存储过程

在“对象资源管理器”中依次展开“数据库”→“student”数据库→“可编程性”→“存储过程”节点，右击相应的存储过程名，在弹出的快捷菜单中选择“属性”选项，就可以查看存储过程的创建时间、名称等信息。

5.3.6　使用 T-SQL 语句创建用户自定义存储过程

1. 创建无参数的用户自定义存储过程

语法格式如下：

```
CREATE PROC[EDURE] 存储过程名
[WITH ENCRYPTION]
AS
T-SQL 语句
```

【例 5-30】在 student 数据库中，创建一个不带参数的存储过程 pro_stu_info，用于查询学生的姓名、班级和联系方式。

```
USE student
GO
--判断 pro_stu_info 存储过程是否存在，若存在，则删除
IF EXISTS (SELECT name  FROM sysobjects
WHERE name='pro_stu_info' AND type='P')
    DROP PROCEDURE pro_stu_info
Go
--创建存储过程
CREATE PROC pro_stu_info
AS
SELECT s_name,class_id,tel
FROM student
```

【例 5-31】在 student 数据库中，创建存储过程 pro_class_info，用于查询 17041011 班学生的基本信息。

```
USE student
GO
--判断 pro_class_info 存储过程是否存在，若存在，则删除
IF EXISTS (SELECT  name  FROM sysobjects
WHERE name='pro_class_info' AND type='P')
    DROP PROCEDURE pro_class_info
Go
--创建存储过程
CREATE PROC pro_class_info
AS
SELECT * FROM  student
WHERE class_id='17041011'
```

2. 创建带输入参数的用户自定义存储过程

在例 5-31 中，存储过程 pro_class_info 查询了班级编号为 17041011 的学生的基本信息，它只能固定地查询指定班级的学生基本信息，不能动态地查询不同班级的学生基本信息。要使用户能够灵活地按照自己的需要通过班级编号查询指定班级的学生基本信息，只需在上述的存储过程中引入一个输入参数即可。

语法格式如下：

```
CREATE PROC[EDURE] 存储过程名
@参数名 数据类型[=DEFAULT]
[WITH ENCRYPTION]
AS
T-SQL 语句
```

说 明 DEFAULT 是参数的默认值，若执行存储过程时未提供该参数的变量值，则使用 DEFAULT 值。

【例 5-32】在 student 数据库中，创建一个带输入参数的存储过程 pro_class_info1，该存储过程可以根据给定班级的编号，返回该班级学生的所有信息。

```
USE student
GO
```

```
--判断 pro_class_info1 存储过程是否存在，若存在，则删除
IF EXISTS (SELECT  name  FROM sysobjects
WHERE name ='pro_class_info1' AND type='P')
    DROP  PROCEDURE pro_class_info1
Go
--创建存储过程
CREATE PROC pro_class_info1
@class_id char(8)
AS
SELECT * FROM  student
WHERE class_id=@class_id
```

【例 5-33】在 student 数据库中，创建一个名为 pro_student_grade 的存储过程，该存储过程可以查询某个学生某门课程的成绩，默认课程为“大学英语”。

```
USE student
GO
--判断 pro_student_grade 存储过程是否存在，若存在，则删除
IF  EXISTS(SELECT  name  FROM  sysobjects
WHERE   name='pro_student_grade' AND type='P')
    DROP  PROCEDURE  pro_student_grade
GO
--创建存储过程
创建存储过程
CREATE  PROCEDURE  pro_student_grade
@sname char(10),@cname char(20)='大学英语'
AS
SELECT student.s_id AS 学号,s_name AS 姓名,
c_name AS 课程名称,grade AS 成绩
FROM  student,course,score
WHERE  student.s_id=score.s_id AND course.c_id=score.c_id
AND student.s_name=@sname AND course.c_name=@cname
```

3. 创建带输出参数的存储过程

当需要从存储过程中返回一个或多个值时，可以在创建存储过程的语句中定义输出参数，这时就需要在 CREATE PROCEDURE 语句中使用 OUTPUT 关键字说明输出参数。

语法格式如下：

```
CREATE PROC[EDURE] 存储过程名
@参数名 数据类型[=DEFAULT] OUTPUT
[WITH ENCRYPTION]
AS
T-SQL 语句
```

说 明 OUTPUT 是说明该参数为输出参数的关键字。

存储过程中的参数包括输入参数和输出参数两大类。输入参数在调用时向存储过程传递参数，此类参数可用于在存储过程中传入值。输出参数是从存储过程返回一个或多个值，后面有“OUTPUT”标记，在存储过程执行后，会将返回值存储于输出参数中，供其他 T-SQL 语句读取访问。

5.3.7 使用 T-SQL 语句执行用户自定义存储过程

存储过程创建成功后，用户可以执行存储过程来检查存储过程的返回结果。

1. 执行无参数存储过程

语法格式如下：

```
EXEC[UTE] 存储过程名
```

【例 5-34】使用 T-SQL 语句执行存储过程 pro_stu_info 和 pro_class_info。

```
USE student
GO
EXEC pro_stu_info
EXEC pro_class_info
```

在执行完毕后，在结果窗格中返回的部分结果如图 5-16 所示，表示存储过程创建成功并返回相应运行结果。

结果 消息

	s_name	class_id	tel
1	李煜	17020111	13004331515
2	王国卉	17020111	13805241222
3	李东	17040911	12552512522
4	汪晓	17040911	13252512533
5	李娇娇	17040911	15552512525
6	沈森森	17040912	13852512522
7	汪晓庆	17040912	13352512533
8	黄娟	17040912	15552512534

	s_id	s_name	s_sex	born_date	nation	place	politic	tel	address	cla
1	1704101101	彭志坚	男	1998-11-09 00:00:00	汉	江苏阜宁	团员	15861371258	江苏省阜宁县	170
2	1704101102	吴汉禹	男	1997-03-12 00:00:00	汉	江苏泰兴	团员	0523-718...	江苏省泰...	170
3	1704101103	王芳	女	1998-10-07 00:00:00	汉	江苏丹阳	团员	0511-634...	江苏省丹...	170
4	1704101104	孙楠	男	1998-12-03 00:00:00	汉	江苏高邮	党员	0514-422...	江苏省高...	170
5	1704101105	李飞	男	1999-06-29 00:00:00	汉	江苏苏州	党员	18752743348	江苏省苏...	170
6	1704101106	陈丽丽	女	1998-02-06 00:00:00	汉	江苏苏州	团员	13082578111	江苏省苏...	170
7	1704101107	刘盼盼	女	1999-11-10 00:00:00	回	江苏无锡	团员	13805270122	江苏无锡	170
8	1704101108	陈国斌	男	1999-01-20 00:00:00	汉	江苏无锡	团员	18752741200	江苏省无锡市	170

图 5-16 无参数存储过程的执行结果

2. 执行带输入参数的存储过程

在创建完带参数的存储过程后，如果要执行，可以通过两种方式传递参数。

1）使用参数名传递参数值。

语法格式如下：

```
EXEC[UTE] 存储过程名 [@参数名=参数值][,...n]
```

在执行存储过程时，通过语句“@参数名=参数值”，给出参数的传递值。当存储过程含有多个输入参数时，参数值可以按任意顺序指定，对于允许为空值和具有默认值的输入参数可以不给出参数的传递值。

【例 5-35】使用参数名传递参数的方法执行存储过程 pro_class_info1，分别查询班级编号为 17040911 和 17040912 的学生基本信息。

```
EXEC  pro_class_info1 @class_id='17040911'
GO
EXEC  pro_class_info1 @class_id='17040912'
GO
```

设置不同参数执行该存储过程的返回结果如图 5-17 所示。可以看出，使用参数后，用户可以方便、灵活地根据需要查询信息。

结果　消息

	s_id	s_name	s_sex	born_date	nation	place	politic	tel	address	class_id	resume
1	1704091101	李东	男	1999-03-01 00:00:00	汉	上海	党员	12552512522	上海浦东区	17040911	NULL
2	1704091102	汪晓	女	1997-03-11 00:00:00	汉	江苏宿迁	团员	13252512533	江苏省宿迁市	17040911	NULL
3	1704091103	李娇娇	女	1997-08-15 00:00:00	汉	江苏无锡	党员	15552512525	江苏省无锡市	17040911	NULL

	s_id	s_name	s_sex	born_date	nation	place	politic	tel	address	class_id	resume
1	1704091201	沈森森	男	1999-05-01 00:00:00	汉	安徽天长	团员	13852512522	江苏省徐州沛县	17040912	NULL
2	1704091202	汪晓庆	女	2000-03-11 00:00:00	汉	江苏镇江	团员	13352512533	江苏省镇江市	17040912	NULL
3	1704091203	黄娟	女	1999-08-13 00:00:00	汉	江苏无锡	党员	15552512534	江苏省无锡市	17040912	NULL
4	1704091204	章子怡	女	2000-02-04 00:00:00	汉	甘肃	团员	18752234525	甘肃省嘉峪关市	17040912	NULL

图 5-17　带参数存储过程的执行结果

【例 5-36】使用参数名传递参数的方法执行存储过程 pro_student_grade，查询孙楠同学网页制作技术课程的成绩。

```
EXEC  pro_student_grade  @cname='网页制作技术',@sname='孙楠'
```

2）按位置传递参数值。

语法格式如下：

```
EXEC[UTE] 存储过程名 值[,...n]
```

在执行存储过程的语句时，可以按照输入参数的位置直接给出参数值。当存储过程中含有多个输入参数时，参数值的顺序必须与存储过程中定义输入参数的顺序一致。按位置传递参数时，也可以忽略允许为空值和具有默认值的输入参数，但不能因此破坏输入参数的顺序。

【例 5-37】按位置传递参数值执行存储过程 pro_class_info1，分别查询班级编号为 17040911 和 17040912 的学生基本信息。

```
EXEC  pro_class_info1 '17040911'
Go
EXEC  pro_class_info1 '17040912'
Go
```

【例 5-38】按位置传递参数值执行存储过程 pro_student_grade，查询王芳同学 C 语言程序设计课程和大学英语课程的成绩。

```
EXEC  pro_student_grade  '王芳','C语言程序设计'      --查询王芳C语言程序设计课程的成绩
GO
EXEC  pro_student_grade  '王芳',DEFAULT             --查询王芳大学英语课程的成绩
GO
EXEC  pro_student_grade  '王芳'                     --查询王芳大学英语课程的成绩
GO
```

3. 执行带输出参数的存储过程

语法格式如下：

```
DECLARE @参数名 数据类型
EXEC[UTE] 存储过程名 [@参数名 OUTPUT,...n]
```

说 明 创建存储过程后，如果要执行，那么先定义输出参数，然后在执行存储过程的T-SQL 语句的输出参数后使用关键字 OUTPUT。

【例 5-39】创建存储过程 pro_classnum，能根据用户给定的班级编号统计该班学生人数，并将学生人数返回给用户。

```
USE student
GO
--判断pro_classnum存储过程是否存在，若存在，则删除
IF EXISTS(SELECT name FROM sysobjects
WHERE name='pro_classnum' AND type='P')
    DROP PROCEDURE pro_classnum
Go
--创建存储过程
CREATE PROC pro_classnum
@class_id char(8),
@num int OUTPUT
AS
SELECT @num =COUNT(*)
FROM student
WHERE class_id=@class_id
--执行存储过程
DECLARE @num int
EXEC pro_classnum '17041011',@num OUTPUT
PRINT @num
```

5.3.8 使用 T-SQL 语句管理用户自定义存储过程

1. 查看用户自定义存储过程

使用系统存储过程查看用户自定义存储过程的信息，不仅可以查看用户自定义存储过程的创建时间、名称等信息，还可以查看用户自定义存储过程的详细信息。使用系统存储过程查看用户自定义存储过程的信息如表 5-12 所示。

表 5-12 使用系统存储过程查看用户自定义存储过程的信息

名 称	功 能
SP_HELP 存储过程名	查看存储过程的特征信息
SP_HELPTEXT 存储过程名	查看存储过程的定义信息
SP_DEPENDS 存储过程名	查看存储过程依赖的对象

【例 5-40】使用 SP_HELP 查看存储过程 pro_class_info 的特征信息。

```
USE student
GO
EXEC SP_HELP pro_class_info
```

【例 5-41】使用 SP_HELPTEXT 查看存储过程 pro_class_info 的定义信息。

```
USE student
GO
EXEC SP_HELPTEXT pro_class_info
```

说 明　对于已经加密的存储过程查看不到其定义信息。

2. 修改用户自定义存储过程

语法格式如下：

```
ALTER PROC[EDURE] 存储过程名
[WITH ENCRYPTION]
AS
T-SQL 语句
```

【例 5-42】在 student 数据库中，修改存储过程 pro_class_info，使其根据用户提供的班级名称查询计算机应用技术专业班级学生的基本信息，要求加密存储过程。

```
USE student
GO
--修改存储过程
ALTER  PROC  pro_class_info
WITH  ENCRYPTION
AS
SELECT *  FROM  student,class
WHERE student.class_id=class.class_id
AND  class_name LIKE '%计算机应用技术%'
EXEC pro_class_info
EXEC SP_HELP pro_class_info
EXEC SP_HELPTEXT pro_class_info
```

3. 删除用户自定义存储过程

语法格式如下：

```
DROP PROC[EDURE] 存储过程名
```

用户自定义存储过程只能定义在当前数据库中，当成功创建存储过程对象后，将在系统数据库 sysobjects 表中增加一条该存储过程的记录，因此，一个完整的删除存储过程的过程应该先判断该存储过程是否存在，然后再执行删除操作。其 T-SQL 语句如下：

```
IF EXISTS (SELECT  name  FROM sysobjects
WHERE name='存储过程名' AND  type='P')
   DROP  PROC[EDURE] 存储过程名
```

任务实施

任务 1：教师任课课程成绩查询。

1. 创建教师任课课程成绩查询的存储过程

新建查询，在查询编辑器中输入如下 T-SQL 语句：

```
USE student
```

```
GO
--判断pro_teach_info存储过程是否存在，若存在，则删除
IF  EXISTS(SELECT name FROM sysobjects
WHERE name='pro_teach_info' AND type='P')
    DROP  PROCEDURE pro_teach_info
Go
--创建存储过程
CREATE PROC pro_teach_info
AS
SELECT s_id,score.c_id,grade
FROM teacher,teach,score
WHERE teacher.t_name='马丽丽' AND teacher.t_id=teach.t_id AND teach.c_id=score.c_id
```

单击“执行”按钮，在成功执行后，即可在 student 数据库中创建相应的存储过程。

2. 执行存储过程

继续在查询编辑器中输入如下 T-SQL 语句：

```
EXEC  pro_teach_info
```

单击“执行”按钮，在成功执行后，存储过程 pro_teach_info 执行结果部分截图如图 5-18 所示。

结果 消息

	s_id	c_id	grade
1	1704091101	170402	56
2	1704091102	170402	79
3	1704091103	170402	98
4	1704091201	170402	77
5	1704091202	170402	90
6	1704091203	170402	61
7	1704091204	170402	52
8	1704101101	170402	88
9	1704101102	170402	90
10	1704101103	170402	75
11	1704101104	170402	98
12	1704101105	170402	52
13	1704101106	170402	63
14	1704101107	170402	45
15	1704101108	170402	78
16	1704101109	170402	96
17	1804091101	180402	96
18	1804091102	180402	81
19	1804091103	180402	75

图 5-18 存储过程 pro_teach_info 执行结果部分截图

任务 2：学生成绩等级自动折算。

1. 创建学生成绩等级自动折算的存储过程

新建查询，在查询编辑器中输入如下 T-SQL 语句：

```
USE student
GO
--判断pro_gradelevel存储过程是否存在，若存在，则删除
IF  EXISTS(SELECT  name  FROM  sysobjects
WHERE name='pro_gradelevel' AND type='P')
    DROP  PROCEDURE pro_gradelevel
Go
```

```
--创建存储过程
CREATE  PROC pro_gradelevel
@c_name char(20)
As
SELECT  score.s_id 学号,s_name 姓名,
CASE grade
    WHEN  grade>89  AND  grade<=100 THEN '优秀'
    WHEN  grade>79  AND  grade<=89  THEN '良好'
    WHEN  grade>69  AND  grade<=79  THEN '中等'
    WHEN  grade>59  AND  grade<=69  THEN '及格'
    ELSE  '不及格'
END  AS 等级
FROM  score,course,student
WHERE c_name=@c_name AND  course.c_id=score.c_id
AND student.s_id=score.s_id
```

单击“执行”按钮，在成功执行后，即可在 student 数据库中创建相应的存储过程。

2. 执行存储过程

继续在查询编辑器中输入如下 T-SQL 语句：

```
EXEC  pro_gradelevel  '大学英语'
```

单击“执行”按钮，在成功执行后，存储过程 pro_gradelevel 执行结果部分截图如图 5-19 所示。

	学号	姓名	等级
1	1704091101	李东	及格
2	1704091102	汪晓	不及格
3	1704091103	李娇娇	中等
4	1704091201	沈森森	及格
5	1704091202	汪晓庆	良好
6	1704091203	黄娟	中等
7	1704091204	章子怡	优秀
8	1704101101	彭志坚	优秀
9	1704101102	吴汉禹	良好
10	1704101103	王芳	优秀
11	1704101104	孙楠	中等
12	1704101105	李飞	不及格
13	1704101106	陈丽丽	及格
14	1704101107	刘盼盼	不及格
15	1704101108	陈国轼	中等
16	1704101109	陈森	良好
17	1804091101	刘小舒	不及格
18	1804091102	毕雅如	及格

图 5-19　存储过程 pro_gradelevel 执行结果部分截图

任务 3：教师任课课程成绩统计。

1. 创建并执行教师任课课程成绩统计的存储过程

新建查询，在查询编辑器中输入如下 T-SQL 语句：

```
USE student
GO
--判断 pro_student_grade 存储过程是否存在，若存在，则删除
IF  EXISTS(SELECT  name  FROM  sysobjects
```

```
WHERE name='pro_student_grade' AND type='P')
    DROP  PROCEDURE pro_student_grade
Go
--创建存储过程
CREATE  PROC pro_student_grade
@c_id char(6),@class_id char(8),
@max int OUTPUT,@min int OUTPUT,@avg int OUTPUT
AS
SELECT  @max=MAX(grade),@min=MIN(grade),@avg=AVG(grade)
FROM  score
WHERE c_id=@c_id AND s_id LIKE (@class_id+'%')
```

单击“执行”按钮，在成功执行后，即可在 student 数据库中创建相应的存储过程。在查询编辑器中继续输入如下 T-SQL 语句：

```
DECLARE @max int ,@min int ,@avg int
EXEC  pro_student_grade  '170402','17041011',@max OUTPUT,@min OUTPUT,@avg OUTPUT
PRINT  '17041011 班级 170402 号课程的最高分是：'+CONVERT(char(4),@max)
PRINT  '17041011 班级 170402 号课程的最低分是：'+CONVERT(char(4),@min)
PRINT  '17041011 班级 170402 号课程的平均分是：'+CONVERT(char(4),@avg)
```

单击“执行”按钮，在成功执行后，存储过程 pro_student_grade 执行结果如图 5-20 所示。

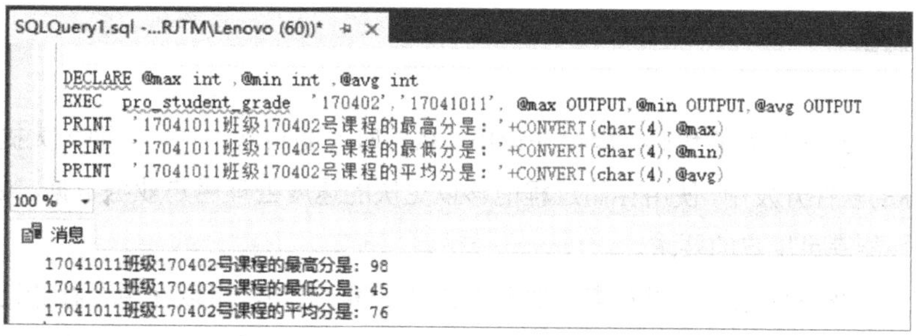

```
SQLQuery1.sql -...RJTM\Lenovo (60))*
DECLARE @max int ,@min int ,@avg int
EXEC  pro_student_grade  '170402','17041011', @max OUTPUT,@min OUTPUT,@avg OUTPUT
PRINT  '17041011班级170402号课程的最高分是：'+CONVERT(char(4),@max)
PRINT  '17041011班级170402号课程的最低分是：'+CONVERT(char(4),@min)
PRINT  '17041011班级170402号课程的平均分是：'+CONVERT(char(4),@avg)
100 %
消息
17041011班级170402号课程的最高分是：98
17041011班级170402号课程的最低分是：45
17041011班级170402号课程的平均分是：76
```

图 5-20　存储过程 pro_student_grade 执行结果

2. 创建并执行考试通过率统计存储过程

新建查询，在查询编辑器中输入如下 T-SQL 语句：

```
USE student
GO
--判断 pro_student_pass 存储过程是否存在，若存在，则删除
IF  EXISTS(SELECT  name  FROM  sysobjects
WHERE name='pro_student_pass' AND type='P')
    DROP  PROCEDURE pro_student_pass
Go
--创建存储过程
CREATE  PROC pro_student_pass
@c_id char(6),@class_id char(8),
@a int OUTPUT,@b int OUTPUT,
@pass decimal(6,2) OUTPUT
AS
SELECT  @a=COUNT(*)
FROM  score
WHERE c_id=@c_id AND s_id LIKE (@class_id+'%')
SELECT  @b=COUNT(*)
```

```
FROM  score
WHERE c_id=@c_id AND s_id LIKE (@class_id+'%') AND grade>=60
SET @pass=CONVERT(decimal,@b)/@a*100
```

单击“执行”按钮，在成功执行后，即可在 student 数据库中创建相应的存储过程。在查询编辑器中继续输入如下 T-SQL 语句：

```
DECLARE @a int,@b int,@pass decimal(6,2)
EXEC pro_student_pass  '170402','17041011',@a OUTPUT,@b OUTPUT,@pass OUTPUT
PRINT '17041011 班级参加 170402 号课程考试的总人数：'+CONVERT(char(4),@a)
PRINT '17041011 班级参加 170402 号课程考试的考试及格人数：'+CONVERT(char(4),@b)
PRINT '17041011 班级参加 170402 号课程考试的通过率：'+CONVERT(varchar(6),@pass)+'%'
```

单击“执行”按钮，在成功执行后，存储过程 pro_student_pass 执行结果如图 5-21 所示。

```
17041011班级参加170402号课程考试的总人数: 9
17041011班级参加170402号课程考试的考试及格人数: 7
17041011班级参加170402号课程考试的通过率: 77.78%
```

图 5-21　存储过程 pro_student_pass 执行结果

任务总结

存储过程是已经编译好的代码，因此在调用、执行时不必再次编译，从而大大提高了程序的运行效率。在实际的软件开发中，使用存储过程能够以更快的速度处理用户业务数据，减少网络流量，保证应用程序性能满足用户的要求。

存储过程可包含程序流、逻辑及查询数据库的 T-SQL 语句，可以在单个存储过程中执行一系列 T-SQL 语句。视图不能接收参数，只能包含返回的结果集，对于数据行的查询只能绑定在视图定义中。而存储过程可以接收参数，包含输入参数和输出参数，并且能返回单个或多个结果集及返回值，大大提高了应用的灵活性，方便了用户。

5.4　【工作任务】事务管理

知识目标

- 理解事务的概念。
- 掌握事务的基本操作。

能力目标

会使用事务编程。

任务情境

老K：“你学习数据库也有一段时间了，感觉如何？”

小S：“我觉得自己已经到高手级别了。”

老K：“这么自信，那我来考考你吧！”

小S：“好的，放马过来。”

老K：“假如你到银行转账1000元到我的账户，这项转账业务是如何实现的呀？”

小S：“这个很简单呀！此转账业务可以分解成两步，首先在我的账户中使用UPDATE语句减去1000元，再在您的账户中使用UPDATE语句增加1000元，就可以了。”

老K：“就这么简单吗？好，那我再问你，如果银行规定个人账户中必须保证余额不少于1元，在转账之前你的账户中刚好有1000元，我的账户中也只有1元，那么转账后的结果会是怎样呢？”

小S：“容我想想。”

老K：“不急，你可以自己将相关语句写出来，测试一下结果。”

小S：“怎么回事？我测试的结果是转账后我的账户中仍然有1000元，而您的账户中已经多了1000元，我没少一分，您已经多了1000元。”

老K：“是的，转账后两个账户中的金额合计2001元。两个账户中的总金额应该始终是1001元，而转账后多了1000元，银行损失了1000元，这样的业务肯定是不允许发生的。”

小S：“那这是什么原因造成的呢？”

老K：“你仔细思考一下，分析错误的原因。”

小S：“我明白了。转账过程其实是由两步构成的。第一步是我账户中减少了1000元，但在执行UPDATE语句时由于违反了余额不少于1元的约束，所以执行失败，因此我的账户中仍然有1000元。但第二步的语句仍然执行，所以您的账户中就多出了1000元。”

老K：“你分析得很好。”

小S：“转账业务是一个整体，两步操作要么同时成功（转账成功），要么同时失败（转账失败）。其中任何一项操作失败，都应该将整个转账业务取消，使两个账户中的余额恢复到原来的数值，从而确保转账前和转账后两个账户中的余额总和不变。这种共同进退的问题我该怎么解决呢？”

老K：“你可以用事务来实现呀！”

小S：“好的，今天又学了一招。”

任务描述 退学学生信息处理

为了便于学籍管理，教务处希望对退学超过一定年限的学生个人档案进行删除，在保证数据完整性的前提下，帮其完成该项工作。

任务分析

在数据库中，一个学生的信息涉及 student 和 score 两个表。如果需要删除一个学生的记录，那么要使用两条删除语句，而且这两条语句必须完整执行后才能有效保证数据的完整性，这里可以采用事务来实现数据的级联删除。完成任务的具体步骤如下：

（1）定义变量，保存语句执行情况；

（2）在 score 表中删除某学生的成绩信息，保存执行结果；

（3）在 student 表中删除某学生的基本信息，保存执行结果；

（4）根据变量值，判断事务的执行状态。

知识导读

5.4.1 事务的概念

事务是一种操作序列，它包含了一组数据库操作命令。这组命令要么全部执行，要么全部不执行，因此事务是一个不可分割的工作逻辑单元。当在数据库系统中执行并发操作时，事务是作为最小的控制单元来使用的，它特别适合用于多用户同时操作的数据通信系统，如订票系统、银行系统、保险公司系统及证券交易系统等。

为了保证数据的完整性，事务必须具备 4 种属性：原子性、一致性、隔离性、持久性，这 4 种属性又称为 ACID 属性。

1. 原子性（Atomicity）

一个事务要么所有的操作都执行，要么一个操作都不执行。只有在所有的语句和行为都成功完成的情况下，事务才能完成并将结果应用于数据库中。

2. 一致性（Consistency）

当一个事务完成时，数据必须处于一致状态。在事务开始之前，数据库中存储的数据处于一致状态；在正在进行的事务中，数据可能处于不一致的状态；但在事务完成之后，数据必须再次回到已知的一致状态。也就是说，通过事务对数据所做的更改要保护定义在数据上的完整性约束，不能损坏数据从而使数据处于不稳定的状态。这个属性可以由编写事务程序的应用程序员完成，也可以由系统测试完整性约束自动完成。

3. 隔离性（Isolation）

在多个事务并发执行时，系统应保证与这些事务先后单独执行具有相同的结果，事务间彼此是隔离的，即并发执行的事务不必关心其他事务。

4. 持久性（Durability）

一个事务一旦完成全部操作，它对数据库的所有更新将永久反映在数据库中，即使系统发生故障，其执行结果也会保留。在事务执行完成后，它对系统的影响是永久性的。

5.4.2 事务的分类

在 SQL Server 中，事务有以下 3 种类型。

- 显式事务：用 BEGIN TRANSACTION 明确指定的事务。
- 隐式事务：使用 SET IMPLICIT_TRANSATIONS ON 语句启动隐式事务模式，SQL Server 将在提交或回滚事务后自动启动新事务。隐式事务无法描述事务的开始，只需执行提交或回滚事务操作。
- 自动提交事务：SQL Server 的默认模式，它将每条单独的 T-SQL 语句视为一个事务，若成功执行，则自动提交，否则回滚。

5.4.3 事务的操作

一个事务可以由 3 条语句来描述：开始事务、提交事务和回滚事务。执行开始事务语句表示一个事务的开始；执行提交事务语句将所更改的数据永久保存到数据库中；如果在事务执行的过程中发生意外，则通过执行回滚事务语句撤销事务执行过程中的所有操作。

1. 开始事务

语法格式如下：

```
BEGIN TRAN[SACTION] [事务名]
```

说 明 表示一个显式本地事务的开始。

2. 提交事务

语法格式如下：

```
COMMIT TRAN[SACTION] [事务名]
```

说 明 表示一个事务的结束，提交事务。

【例 5-43】开始一个事务对 score 表中 170101 号课程的成绩加 5 分并查询修改后的成绩信息，然后使用提交事务语句进行提交。

```
USE student
GO
--事务执行前
SELECT 'before' AS 事务执行前 ,s_id ,c_id ,grade
FROM score
WHERE c_id ='170101'
--开始事务
BEGIN  TRAN gradeupd
UPDATE score
SET grade =grade+5
WHERE c_id ='170101'
--事务执行中
SELECT 'doing' AS 事务执行中 ,s_id ,c_id ,grade
FROM score
WHERE c_id ='170101'
--提交事务
COMMIT TRAN
```

```
--事务执行后
SELECT 'after' AS 事务执行后 ,s_id ,c_id ,grade
FROM score
WHERE c_id ='170101'
```

执行结果如图 5-22 所示。根据图 5-22 可知，事务执行中和事务执行后查询结果完全相同，并且与事务执行前结果不同，说明最终实现了对表中数据的更新。

	事务执行前	s_id	c_id	grade
1	before	1702011101	170101	40
2	before	1702011102	170101	90
3	before	1704101102	170101	55
4	before	1704101103	170101	68
5	before	1705011101	170101	95

	事务执行中	s_id	c_id	grade
1	doing	1702011101	170101	45
2	doing	1702011102	170101	95
3	doing	1704101102	170101	60
4	doing	1704101103	170101	73
5	doing	1705011101	170101	100

	事务执行后	s_id	c_id	grade
1	after	1702011101	170101	45
2	after	1702011102	170101	95
3	after	1704101102	170101	60
4	after	1704101103	170101	73
5	after	1705011101	170101	100

图 5-22　开始事务和提交事务

3. 回滚事务

语法格式如下：

```
ROLLBACK  TRAN[SACTION] [事务名]
```

说 明　将显式事务或隐式事务回滚到事务的起点或事务内的某个保存点。

【例 5-44】开始一个事务对 score 表中 170101 号课程的成绩加 5 分并查询修改后的成绩信息，再使用回滚事务语句将数据恢复到初始状态。

```
USE student
GO
--恢复例 5-43 修改前的数据
UPDATE  score
SET  grade =grade-5
WHERE  c_id ='170101'
--事务执行前
SELECT 'before' AS 事务执行前 ,s_id ,c_id ,grade
FROM score
WHERE  c_id ='170101'
--开始事务
BEGIN TRAN gradeupd
UPDATE  score
SET  grade =grade+5
WHERE  c_id ='170101'
--事务执行中
SELECT 'doing' AS 事务执行中 ,s_id ,c_id ,grade
```

```
FROM score
WHERE  c_id ='170101'
--回滚事务
ROLLBACK TRAN
--事务执行后
SELECT 'after' AS 事务执行后 ,s_id ,c_id ,grade
FROM  score
WHERE  c_id ='170101'
```

执行结果如图 5-23 所示。根据图 5-23 可知，事务执行前和事务执行后的查询结果完全相同，说明没有实现对表中数据的更新。

	事务执行前	s_id	c_id	grade
1	before	1702011101	170101	40
2	before	1702011102	170101	90
3	before	1704101102	170101	55
4	before	1704101103	170101	68
5	before	1705011101	170101	95

	事务执行中	s_id	c_id	grade
1	doing	1702011101	170101	45
2	doing	1702011102	170101	95
3	doing	1704101102	170101	60
4	doing	1704101103	170101	73
5	doing	1705011101	170101	100

	事务执行后	s_id	c_id	grade
1	after	1702011101	170101	40
2	after	1702011102	170101	90
3	after	1704101102	170101	55
4	after	1704101103	170101	68
5	after	1705011101	170101	95

图 5-23　回滚事务

任务实施

以学号为 1702011101 的学生为例创建事务。

新建查询，在查询编辑器中输入如下 T-SQL 语句：

```
BEGIN TRANSACTION
DECLARE @errorSum int
SET @errorSum=0
--删除 score 表中学号为 1702011101 的学生的成绩信息
DELETE  FROM  score WHERE  s_id ='1702011101'
SET @errorSum=@errorSum+@@error
--删除 Student 表中学号为 1702011101 的学生的基本信息
DELETE  FROM student WHERE s_id ='1702011101'
SET @errorSum=@errorSum+@@error
--根据是否有错误，确定事务是提交还是撤销
IF (@errorSum<>0) --如果有错误
    BEGIN
        PRINT '删除失败，回滚事务'
        ROLLBACK TRANSACTION
    END
```

```
ELSE
    BEGIN
        PRINT '删除成功，提交事务'
        COMMIT TRANSACTION
    END
GO
```

任务总结

事务能够将 T-SQL 语句分组并按顺序执行。事务与存储过程、触发器和函数最大的区别在于在执行过程中发生错误可以回滚事务，使数据库恢复到事务开始之前的状态，从而有效地保证了数据的完整性，为数据库的修改提供了更大的灵活性。

5.5 【工作任务】触发器的创建和应用

知识目标

- 理解触发器的概念与作用。
- 理解各种类型触发器的区别。
- 掌握触发器的基本操作。

能力目标

能正确使用不同类型触发器编程。

任务情境

小 S 在项目开发的过程中发现数据库中多个表之间往往存在一定的关联性，当对一个数据表中的记录进行插入、修改和删除操作时，另外一个表中的记录也需要随之发生相应的改变。他想应该会有简便的操作方法保证数据的一致性，于是去请教老 K。

小 S：“数据库中很多操作具有密切的相关性。例如，在图书借阅过程中，借出一本书，需要在读者借阅表中增加一条该书的借阅记录，还需要在图书表中减少该书的库存量，如果其中一个操作发生错误或遗漏，那么就会造成数据的不一致。”

老 K：“你说得对。这种情况你可以通过事务来完成，以保证操作的同时性；你也可以通过触发器来完成，当一个操作成功时，会自动调用另一个操作执行。”

小 S：“好的，今天又学了一招。”

任务描述　教师录入成绩操作

教师在网上录入学生成绩，系统会有如下要求：

- 为了防止教师录入的成绩无效，必须检查分数是否在 0～100 有效范围内，若有误，则需及时提醒。
- 在教师录入学生成绩并成功提交后，将失去对成绩的修改权限。

任务分析

系统在教师录入成绩时强制业务规则，我们可以通过触发器实现系统对数据操作的要求。完成任务的具体步骤如下：

（1）在 score 表上创建一个 INSERT 触发器；

（2）在 score 表上再创建一个 UPDATE 触发器。

知识导读

5.5.1　触发器的概念

SQL Server 提供了两种主要机制来强制业务规则和数据完整性：约束和触发器。触发器（Trigger）是一种功能强大的数据库对象，它是一种特殊类型的存储过程，并且在指定表中的数据发生变化时自动生效。与前面介绍过的存储过程不同，用户不能用 EXEC 直接显式地调用，它是通过事件触发而被动执行的。具体表现在当触发器所保护的数据发生变化（INSERT、UPDATE、DELETE），或者在服务器、数据库中发生数据定义（CREATE、ALTER、DROP）时，系统会自动运行触发器中的程序以保证数据库的完整性、正确性和安全性。

触发器可以查询其他表，可以包含复杂的 T-SQL 语句。触发器和触发它的语句可设置为回滚事务，若检测到严重错误（如磁盘空间不足），则整个事务自动回滚。

5.5.2　触发器的作用

触发器的主要作用是实现主键和外键不能保证的复杂参照完整性和数据一致性。具体表现如下：

- 触发器可以通过数据库中的相关表进行级联操作。
- 触发器可以强制用比 CHECK 约束更为复杂的约束。
- 触发器可以判断数据修改前后表的状态差异，并且根据该差异采取措施。
- 触发器可以防止恶意或错误的 INSERT、UPDATE、DELETE、CREATE、ALTER 和 DROP 操作。
- 一个表可以有多个同类触发器，允许采取多个不同的操作来响应同一个修改语句。

5.5.3　触发器的分类

SQL Server 提供了两大类触发器：DDL 触发器和 DML 触发器。

1. DDL 触发器

DDL 触发器是一种特殊的触发器，当服务器或数据库中发生数据定义（CREATE、ALTER、DROP 等操作）时激活这些触发器，它们可以用于在数据库中执行管理任务。DDL 触发器无法作为 INSTEAD OF 触发器使用。

一般在下列情况下使用 DDL 触发器：

- 防止他人对数据库架构进行修改。
- 希望数据库发生某种情况以响应数据库架构中的修改。
- 记录数据库架构中的修改或事件。

2. DML 触发器

DML 触发器是当数据库服务器中发生数据操纵语言（DML）事件时所执行的操作。其中数据操纵语言（DML）事件是指对表或视图进行的 INSERT、UPDATE、DELETE 操作。此类触发器用于在数据被修改时强制执行业务规则及实现对数据完整性的控制。

1）根据激活触发器的不同时机分为 AFTER 触发器和 INSTEAD OF 触发器。

① AFTER 触发器。

只有在进行指定的操作（INSERT、UPDATE、DELETE）之后触发器才被激活，执行触发器中的 T-SQL 语句。所有的级联操作和约束检查也必须在激活此触发器之前完成。AFTER 触发器只能在表上创建。

② INSTEAD OF 触发器。

指定该触发器中的操作代替触发语句的操作，也就是该触发器并不执行所定义的操作（INSERT、UPDATE、DELETE），而是执行触发器本身的 T-SQL 语句。可以基于一个或多个表或视图定义 INSTEAD OF 触发器，但每个 INSERT、UPDATE 和 DELETE 语句最多可以定义一个 INSTEAD OF 触发器。

2）根据激活触发器的操作语句不同分为 INSERT 触发器、UPDATE 触发器、DELETE 触发器。

① INSERT 触发器：在表中进行插入操作时执行 INSERT 触发器。INSERT 触发器通常用于修改时间标记字段，或者验证被触发器监控的字段中的数据是否满足要求，以确保数据的完整性。

② UPDATE 触发器：在表中进行修改操作时执行 UPDATE 触发器。UPDATE 触发器主要用于检查修改后的数据是否满足要求。

③ DELETE 触发器：在表中进行删除操作时执行 DELETE 触发器。DELETE 触发器用于防止会引起数据不一致问题的删除操作，也用于实现级联删除操作。

5.5.4 触发器的临时表

在执行触发器时，SQL Server 会为触发器创建两个临时表：INSERTED 表和 DELETED 表，它们的结构和触发器所在表的结构相同。这两个表是由系统管理的逻辑表，存储于数据库服务器的内存中，并不是存储于数据库中的物理表中。用户可以通过“SELECT * FROM INSERTED”和“SELECT * FROM DELETED”语句查看这两个表中的记录，但没有修改的权限。在触发器执行完成后，与该触发器相关的临时表也会被删除。

INSERTED 表用于存储 INSERT 和 UPDATE 语句所影响的行的副本。在插入或修改操作中，新建行被同时添加到 INSERTED 表和触发器表中，INSERTED 表中的行是触发器表中新行的副本。

DELETED 表用于存储 DELETE 和 UPDATE 语句所影响的行的副本。在执行 DELETE 或 UPDATE 语句时，记录从触发器表中删除同时传输到 DELETED 表中。DELETED 表中和触发器表中通常没有相同的行。

在修改记录时，相当于插入一条新纪录，同时删除旧记录，因此，当 UPDATE 触发器触发时，表中的旧记录被剪切到 DELETED 表中，修改过的新记录被复制到 INSERTED 表中。

综上所述，DELETED 表和 INSERTED 表用于临时存储对表中记录的修改信息，它们在进行不同操作时的应用情况如表 5-13 所示。

表 5-13　DELETED 表和 INSERTED 表

操 作 类 型	INSERTED 表	DELETED 表
插入记录（INSERT）	存储新增加的记录	—
删除记录（DELETE）	—	存储被删除的记录
修改记录（UPDATE）	存储更新后的新纪录	存储更新前的旧记录

5.5.5　触发器的执行过程

如果一条 INSERT、UPDATE 或 DELETE 语句违反了约束，那么 AFTER 触发器不会执行，因为对约束的检查是在 AFTER 触发器被触发之前发生的，所以 AFTER 触发器不能超越约束。

INSTEAD OF 触发器可以取代触发它的操作来执行，它在 INSERTED 表和 DELETED 表刚刚创建、其他任何操作还没有发生时被执行，因为 INSTEAD OF 触发器在约束检查之前执行，所以它可以对约束进行一些预处理。

5.5.6　使用“对象资源管理器”创建和管理触发器

1. 创建 DML 触发器

在“对象资源管理器”中展开相应的数据库节点，展开要创建触发器的表节点，右击触发器节点，在弹出的快捷菜单中单击“新建触发器”选项，在新建窗口中输入创建触发器的 T-SQL 语句，然后执行语句，即可成功创建触发器。

2. 查看触发器

在“对象资源管理器”中依次展开相应的数据库节点、触发器所在的表节点、触发器节点，找到需要查看的触发器，右击该触发器，在弹出的快捷菜单中选择“编写触发器脚本为”→“CREATE 到”→“新查询编辑器窗口”选项，即可在弹出的 T-SQL 命令窗口中显示该触发器的定义语句。

3. 删除触发器

在“对象资源管理器”中依次展开相应的数据库节点、触发器所在的表节点、触发器节点，找到需要删除的触发器，右击该触发器，在弹出的快捷菜单中选择“删除”选项，弹出“删除对象”对话框，单击“确定”按钮，即可删除所选触发器。

5.5.7 使用 T-SQL 语句创建和管理触发器

1. 创建触发器

1）创建 DML 触发器。

语法格式如下：

```
CREATE TRIGGER 触发器名 ON{表名|视图名}
[WITH ENCRYPTION]
FOR|AFTER|INSTEAD OF
[INSERT][,][UPDATE ][,][DELETE]
AS
T-SQL 语句
```

说明：

- AFTER 或 INSTEAD OF。指定触发器触发的时机。FOR 语句也可以用于创建 AFTER 触发器。
- INSERT、UPDATE、DELETE。引起触发器执行的操作，至少指定一个选项。
- T-SQL 语句。触发器中要实现的功能。

【例 5-45】在 student 数据库中基于 course 表创建触发器 tr_check。当对表中的记录进行操作时，查看 INSERTED 表和 DELETED 表中的记录。

（1）创建触发器。

```
USE student
GO
--判断 tr_check 触发器是否存在，若存在，则删除
IF EXISTS (SELECT name  FROM sysobjects
WHERE name = 'tr_check' AND type= 'TR')
    DROP  TRIGGER  tr_check
GO
--创建 tr_check 触发器
CREATE  TRIGGER  tr_check
ON course
FOR  INSERT,UPDATE,DELETE
AS
SELECT * FROM  INSERTED
SELECT * FROM  DELETED
```

（2）检验结果。

```
--修改记录，激活触发器
UPDATE course
SET credit='5'
WHERE  c_id='170401'
```

执行结果如图 5-24 所示。

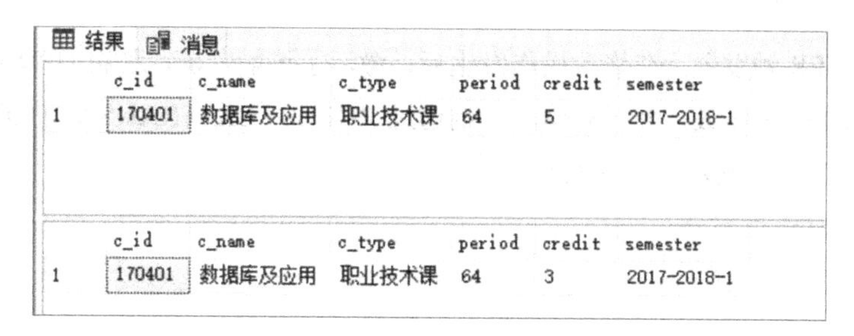

结果　消息

	c_id	c_name	c_type	period	credit	semester
1	170401	数据库及应用	职业技术课	64	5	2017-2018-1

	c_id	c_name	c_type	period	credit	semester
1	170401	数据库及应用	职业技术课	64	3	2017-2018-1

图 5-24　INSERTED 表和 DELETED 表中的数据

【例 5-46】在 student 数据库中基于 student 表创建一个 INSERT 触发器 check_insert，在表中成功插入记录后，输出提示信息，然后执行插入记录操作。检验 check_insert 触发器的功能。

```
USE student
GO
--判断 check_insert 触发器是否存在，若存在，则删除
IF EXISTS (SELECT name  FROM sysobjects
WHERE name = 'check_insert' AND type = 'TR')
    DROP  TRIGGER  check_insert
GO
--创建 check_insert 触发器
CREATE  TRIGGER check_insert  ON   student
FOR  INSERT
AS
PRINT '插入记录成功'
--插入记录，检验 check_insert 触发器的功能
INSERT student(s_id,s_name,s_sex,class_id)
VALUES('1702011105','王丹','男','17020111')
```

【例 5-47】在 student 数据库中基于 student 表创建一个 UPDATE 触发器 check_update，该触发器不允许用户修改表中 class_id 列的数据。检验 check_update 触发器的功能。

下面分别用 AFTER 触发器和 INSTEAD OF 触发器来实现本例。

（1）AFTER 触发器。

```
USE student
GO
--判断 check_update 触发器是否存在，若存在，则删除
IF EXISTS (SELECT name  FROM sysobjects
WHERE name = 'check_update' AND type = 'TR')
    DROP  TRIGGER check_update
GO
--创建 check_update 触发器
CREATE  TRIGGER  check_update ON  student
AFTER  UPDATE
AS
IF  UPDATE  (class_id)
    BEGIN
        ROLLBACK  TRANSACTION
    END
--修改 student 表中 class_id 列的数据，检验 check_update 触发器的功能
UPDATE  student
SET class_id='17040911'
WHERE  s_id='1704091201'
```

本例使用 AFTER 触发器，在修改操作发生后，激活了该触发器，利用 UPDATE (列名)语句判断 class_id 列数据是否被修改，如果有修改，则通过 ROLLBACK TRANSACTION 语句回滚事务，撤销对数据的修改，恢复到数据的原始状态。

（2）INSTEAD OF 触发器。

```
USE student
GO
--判断 check_update 触发器是否存在，若存在，则删除
IF EXISTS (SELECT name  FROM sysobjects
WHERE name= 'check_update' AND type = 'TR')
    DROP  TRIGGER check_update
GO
--创建 check_update 触发器
CREATE  TRIGGER  check_update  ON  student
INSTEAD OF UPDATE
AS
PRINT  '你没有修改记录的权限！不能执行修改操作！'
--修改 student 表中 class_id 列的数据，检验 check_update 触发器的功能
UPDATE student
SET class_id='17040912'
WHERE  s_id='1704091101'
```

本例使用 INSTEAD OF 触发器，在修改操作发生时，激活了该触发器，取代了对数据的修改操作，并且输出相关语句，提醒用户无修改权限，有效阻止了用户对数据的修改。

2）创建 DDL 触发器。

语法格式如下：

```
CREATE TRIGGER 触发器名 ON {ALL SERVER|DATABASE}
[WITH ENCRYPTION]
FOR|AFTER
{EVENT_TYPE|ENENT_GROUP}[,...n]
AS
T-SQL 语句
```

说明：

- ALL SERVER。将 DDL 触发器的作用域应用于当前服务器。
- DATABASE。将 DDL 触发器的作用域应用于当前数据库。
- EVENT_TYPE。导致激活 DDL 触发器的 T-SQL 语句的名称。EVENT_TYPE 包括 CREATE_TABLE、CREATE_DATABASE、ALTER_TABLE 等。
- ENENT_GROUP。预定义的 T-SQL 语言事件分组的名称。执行任何属于 ENENT_GROUP 的 T-SQL 语言事件，都将激活 DDL 触发器。ENENT_GROUP 中的 DDL_SERVER_SECURITY_EVENTS 代表所有以服务器为目标的各类 DDL 事件，DDL_TABLE_VIEW_EVENTS 代表了针对数据表、视图、索引与统计的 DDL 事件。
- T-SQL 语句。触发器中要实现的功能。

【例 5-48】在 student 数据库中创建 DDL 触发器 tr_table，以禁止表被任意修改或删除。

```
USE  student
GO
--判断 tr_table 触发器是否存在，若存在，则删除
```

```
IF EXISTS (SELECT name FROM sysobjects
WHERE name='tr_table' AND type='TR')
    DROP TRIGGER tr_table
GO
--创建tr_table触发器
CREATE  TRIGGER  tr_table
ON  DATABASE
FOR DROP_TABLE, ALTER_TABLE
AS
BEGIN
    PRINT  '禁止修改或删除表'
    ROLLBACK
END
--修改表，检验tr_table触发器的功能
ALTER  TABLE  score
ADD  t_id  char(10)
```

【例 5-49】创建 DDL 触发器 tr_create，以防止在当前服务器下创建数据库。

```
USE  student
GO
--判断tr_create触发器是否存在，若存在，则删除
IF EXISTS (SELECT name FROM sysobjects
WHERE name= 'tr_create' AND type='TR')
    DROP TRIGGER tr_create
GO
--创建tr_create触发器
CREATE  TRIGGER  tr_create
ON  ALL  SERVER
FOR  CREATE_DATABASE
AS
    BEGIN
        PRINT '禁止创建数据库'
        ROLLBACK
    END
--创建数据库，检验tr_create触发器的功能
CREATE  DATABASE  book
```

2. 查看触发器

使用系统存储过程查看触发器信息。常用系统存储过程如表 5-14 所示。

表 5-14　查看触发器信息常用系统存储过程

名　称	功　能
SP_HELP 触发器名	查看触发器的特征信息，如名称、属性、类型和创建时间。
SP_HELPTEXT 触发器名	查看触发器的定义信息。
SP_DEPENDS　触发器名	查看触发器依赖的对象。

【例 5-50】在 student 数据库中使用 SP_HELP 查看触发 check_insert 的特征信息。

```
EXEC SP_HELP check_insert
```

【例 5-51】在 student 数据库中使用 SP_HELPTEXT 查看触发 check_insert 的定义信息。

```
EXEC SP_HELPTEXT check_insert
```

3. 修改触发器

1）修改 DML 触发器。

语法格式如下：

```
ALTER TRIGGER  触发器名 ON {表名|视图名}
[WITH ENCRYPTION]
FOR|AFTER|INSTEAD OF
[INSERT][,][UPDATE][,][DELETE]
AS
T-SQL 语句
```

2）修改 DDL 触发器。

语法格式如下：

```
ALTER TRIGGER 触发器名 ON {ALL SERVER|DATABASE}
[WITH ENCRYPTION]
FOR|AFTER
{EVENT_TYPE|EVENT_GROUP}[,...n]
AS
T-SQL 语句
```

4. 删除触发器

1）删除 DML 触发器。

语法格式如下：

```
DROP TRIGGER 触发器名[,...n]
```

2）DDL 触发器。

语法格式如下：

```
DROP TRIGGER 触发器名[,...n] ON {ALL SERVER|DATABASE}
```

【例 5-52】在 student 数据库中删除建立在 course 表上的 tr_check 触发器。

```
USE  student
GO
DROP TRIGGER tr_check
```

【例 5-53】删除建立在 student 数据库中的 tr_table 触发器。

```
USE student
GO
DROP  TRIGGER  tr_table ON DATABASE
```

任务实施

1. 成绩验证，创建 INSERT 触发器

新建查询，在查询编辑器中输入如下 T-SQL 语句：

```
USE student
GO
--判断 tr_insert 触发器是否存在，若存在，则删除
IF EXISTS (SELECT name  FROM sysobjects
WHERE name = 'tr_insert' AND type = 'TR')
```

```
    DROP  TRIGGER  tr_insert
GO
--创建tr_insert触发器
CREATE TRIGGER tr_insert ON score
AFTER  INSERT
AS
DECLARE @成绩 int
SELECT @成绩=grade FROM  INSERTED
IF @成绩>=0 AND @成绩<=100
    PRINT '插入成功'
ELSE
    BEGIN
        PRINT '成绩值超出范围,不允许插入'
        ROLLBACK TRANSACTION
    END
--插入记录，检验tr_insert触发器的功能
INSERT score(s_id,c_id,grade)
VALUES('1702011102','170103',-10)
```

2. 创建UPDATE触发器

使用两种方式完成该任务。

1）AFTER触发器。

新建查询，在查询编辑器中输入如下T-SQL语句：

```
USE student
GO
--判断tr_update触发器是否存在，若存在，则删除
IF EXISTS (SELECT name  FROM sysobjects
WHERE name = 'tr_update' AND type = 'TR')
    DROP  TRIGGER tr_update
GO
--创建tr_update触发器
CREATE  TRIGGER  tr_update ON  score
AFTER  UPDATE
AS
IF UPDATE (grade)
    BEGIN
        ROLLBACK TRANSACTION
        PRINT  '你没有修改数据的权限！不能执行修改操作！'
    END
--修改学生成绩信息，检验tr_update触发器的功能
UPDATE  score SET  grade=grade+1
```

2）INSTEAD OF触发器。

新建查询，在查询编辑器中输入如下T-SQL语句：

```
USE student
GO
--判断tr_update触发器是否存在，若存在，则删除
IF EXISTS (SELECT name  FROM sysobjects
WHERE name = 'tr_update' AND type = 'TR')
    DROP  TRIGGER tr_update
GO
--创建tr_update触发器
CREATE  TRIGGER  tr_update  ON score
```

```
INSTEAD OF UPDATE
AS
PRINT '你没有修改数据的权限！不能执行修改操作！'
--修改学生成绩信息，检验 tr_update 触发器的功能
UPDATE  score SET  grade=grade+1
```

任务总结

触发器是在对表进行插入、修改或删除时自动执行的存储过程。触发器也是一个特殊的事务单元，当出现错误时，可执行 ROLLBACK TRANSACTION 回滚事务以撤销操作。值得注意的是在实际系统开发过程中，触发器的设计并不是多多益善。在对数据的操作过程中，频繁地使用触发器引起表中信息的连锁反应，容易使系统出现莫名其妙的错误，而这些错误又很难及时发现，从而导致维护和修改错误的成本大大提高。因此，触发器虽然是保证数据完整性的很好手段，但不可滥用。

思考与练习

一、选择题

1. 数据操作语言（DML）的基本功能不包括（　　）。

   A. 插入新数据　　　　B. 描述数据库结构

   C. 修改数据　　　　　D. 删除数据

2. 下面关于存储过程的描述不正确的是（　　）。

   A. 存储过程实际上是一组 T-SQL 语句

   B. 存储过程预先被编译存储于服务器的系统表中

   C. 存储过程独立于数据库而存在

   D. 存储过程可以完成某一特定的业务逻辑

3. 系统存储过程在系统安装时就已创建，这些存储过程存储于（　　）系统数据库中。

   A. master　　　　B. tempdb

   C. model　　　　 D. msdb

4. 用于求系统日期的函数是（　　）。

   A. YEAR()　　　　B. GETDATE()

   C. COUNT()　　　 D. SUM()

5. 带有前缀名为 SP_的存储过程属于（　　）。

   A. 用户自定义存储过程　　B. 系统存储过程

   C. 扩展存储过程　　　　　D. 以上都不是

6. 关于触发器的描述不正确的是（　　）。

   A. 它是一种特殊的存储过程

   B. 可以实现复杂的商业逻辑

   C. 对于某类操作，可以创建不同类型的触发器

   D. 触发器可以用于实现数据完整性

7. 下面哪个不是 SQL Server 的合法标识符的是（　　）。

A. a12　　B. 12a

C. @a12　　D. #qq

8. 在事务提交后，如果系统出现故障，则事务对数据的修改将（　　）。

A. 无效　　B. 有效

C. 事务保存点前有效　　D. 以上都不是

9. 以下与事务控制无关的关键字是（　　）。

A. ROLLBACK　　B. COMMIT

C. DECLARE　　D. BEGIN

10. 在 T-SQL 语言中，CREATE VIEW 语句用于创建视图。如果要求对视图更新时必须满足查询中的表达式，应当在该语句中使用（　　）短语。

A. WITH UPDATE　　B. WITH INSERT

C. WITH DELETE　　D. WITH CHECK OPTION

11. 数据库中只存储视图的（　　）。

A. 操作　　B. 对应的数据

C. 定义　　D. 限制

12. 在 SQL Server 中，用于显示数据库信息的系统存储过程是（　　）。

A. SP_DBHELP　　B. SP_DB

C. SP_HELP　　D. SP_HELPDB

13. SQL 的视图是从（　　）中导出的。

A. 基本表　　B. 视图

C. 基本表或视图　　D. 数据库

14. 在 T-SQL 语言中，创建存储过程的命令是（　　）。

A. CREATE PROCEDURE　　B. CREATE RULE

C. CREATE DURE　　D. CREATE FILE

15. 在关系数据库系统中，为了简化用户的查询操作而又不增加数据的存储空间，常用的方法是创建（　　）。

A. 另一个表　　B. 游标

C. 视图　　D. 索引

16. 在视图上不能完成的操作是（　　）。

A. 更新视图数据　　B. 查询

C. 在视图上定义新的基本表　　D. 在视图上定义新视图

17. 事务是一组 T-SQL 语句的集合。以下不是事务特性的是（　）。

A. 一致性　　B. 持久性

C. 原子性　　D. 不可撤销性

18．以下触发器是当对表 1 进行（　　）操作时触发的。

```
CREATE  TRIGGER  abc  ON  表1
FOR  INSERT , UPDATE , DELETE
As  ...
```

A．只是修改　　B．只是插入

C．只是删除　　D．修改、插入、删除

19．关于视图下列说法错误的是（　　）。

A．视图是一种虚拟表　　B．视图中也保存有数据

C．视图也可由视图派生出来　　D．视图是保存的 SELECT 查询

20．触发器可引用视图或临时表，并产生两个特殊的表是（　　）。

A．DELETED、INSERTED　　B．DELETE、INSERT

C．VIEW、TABLE　　D．VIEW1、TABLE1

二、填空题

1．SQL Server 局部变量名字必须以________开头，而全局变量名字必须以________开头。

2．一个视图可以从表中产生也可以从______中产生。通过视图看到的数据存储于_______中。

3．在 SQL Server 2017 中，数据库对象包括_______、_______、触发器、存储过程、列、索引、约束、规则、默认和用户自定义的数据类型等。

4．视图是由一个或多个_______或视图导出的_______或查询表。

5．对视图的数据进行操作时，系统根据视图的定义去操作与视图相关联的__________。

6．数据库中只存储视图的__________。

7．_______是特殊类型的存储过程，它能在任何试图改变表中由触发器保护的数据时执行。

8．________是已经存储于 SQL Server 服务器中的一组预编译过的 T-SQL 语句。

9．触发器定义在一个表中，当在表中执行______、______或 DELETE 操作时被触发自动执行。

10．当______被删除时与它关联的触发器也一同被删除。

三、简答题

1．存储过程与触发器有什么不同？

2．什么是视图？视图和表有什么区别？

3．修改视图中的数据受到哪些限制？

4．什么是事务？事务的特点是什么？

四、设计题

在 teachdb 数据库中用 T-SQL 语言实现下列功能。

1．创建一个视图，查询学生的基本信息，包括学号、姓名、性别、年龄。

2．创建一个视图，查询学生的成绩信息，包括学号（Sno）、姓名（Sname）、课程编号（Cno）、课程名称（Cname）、成绩（Grade）。

3．创建一个存储过程，输入学号，从第 2 题的视图中查询该学生的姓名、课程名称、成绩。

4．创建一个存储过程，通过输入参数学生姓名（如“张三”），筛选出该学生的基本信息，检测输入的学生姓名参数，若不存在，则打印信息“不存在此学生”。

5．创建一个存储过程，计算某门课程成绩的最高分、最低分、平均分；执行该存储过程，查询所有选修专业英语课程的学生的最高分、最低分、平均分。

6．创建一个触发器，当修改学生表中的姓名时，显示“学生姓名已被修改”。

7．创建一个触发器，当修改学生表中的数据时，显示“记录已被修改”。

8．定义一个事务，向成绩表中插入学号为 180205 的学生的多条记录，并且检测该学生选修的课程数，若该同学修的课程超过 4 门，则回滚事务，即成绩无效，否则提交事务。

第 6 章

数据库的运行与维护

6.1 【工作任务】数据库的安全管理

知识目标

- 了解数据库安全的基本概念。
- 掌握 SQL Server 的安全验证机制及其特点。
- 掌握数据库登录账号和数据库用户的概念。
- 掌握权限的概念。
- 了解角色的概念。
- 掌握角色的创建方法。
- 掌握游标的使用方法。

能力目标

- 会创建登录账号。
- 会添加并管理数据库用户。
- 会给数据库用户授予和撤销权限。
- 会创建角色。
- 会使用角色管理数据库用户。
- 会使用游标。

任务情境

小 S：“假如将 SQL Server 比作一座大厦，大厦中有许多房间，每个房间代表一个数据库，每个房间中又存储了资料，可以代表数据表。在使用过程中，人来人往，怎么保证数据的安全性呢？”

老 K：“你考虑得很周到，数据库的安全管理是数据库使用过程中的一项必不可少的工作。为了避免非法用户进入系统并篡改数据，SQL Server 采用了非常有效的安全机制来确保只有合法用户才能登录并进行操作。”

小 S：“SQL Server 到底有哪些安全保护措施呀？”

老 K：“那我就简单地说一下吧。首先，进入大厦必须有登录名。登录名好比一把钥匙，这把钥匙对进入大厦的用户通过登录账号和密码进行身份验证，确认用户是合法用户才允许该用户进入大厦进行访问。但是光有钥匙只能进入大厦，不能进入房间，还要有房间的钥匙。房间的钥匙相当于数据库访问权限，有了数据库访问权限才能访问数据库。”

小 S：“原来是这样啊！”

老 K：“SQL Server 还对用户的操作权限设置了条件限制。数据表的访问权限按照用户名的权限不同而定。对于已经登录的合法用户，也不能随便查看数据表，只能在权限范围内进行操作，超越权限的操作被系统禁止，无法实现。当不同用户操作权限相同时，系统可以统一定义一个角色，将需要设定的操作权限一起赋予该角色，用户可以通过角色获得操作权限，从而减少操作，便于系统维护。SQL Server 的安全保护措施有效地保障了数据库的安全。”

任务描述

任务 1：创建用户并为之授权。

王老师做了“18 级计算机应用技术 1 班”的班主任，他想查看本班学生的基本信息和成绩信息，并且对本班学生基本信息进行修改，SQL Server 数据库管理员将为他授予这些操作的权限。

任务 2：使用角色管理用户。

新华职业技术学院新学期来了很多新生，每名新生都应具有查询成绩的权限，SQL Server 数据库管理员需要尽快给所有新生授予此权限。

任务分析

任务 1：首先，要给王老师创建一个数据库登录账号，王老师通过该账号登录后发现无法访问 student 数据库，所以还要给该登录账号创建对应的数据库用户；有了数据库用户，王老师就可以访问 student 数据库了；但此时王老师发现他还查不到数据库中的任何表、视图或存储过程，这是因为数据库管理员还没有给新数据库用户授予这些数据库对象查询和修改的权限；而且王老师需要查看某个班学生的基本信息和成绩信息，这需要创建两个视图，再将学生的基本信息视图的查看和修改权限及成绩信息视图的查看权限授予新数据库用户。

完成任务的具体步骤如下：

（1）创建数据库登录账号 s_TeacherWang；

（2）为该登录账号创建数据库用户 d_TeacherWang；

（3）创建“18 级计算机应用技术 1 班”学生的基本信息视图 view_student_1 和成绩信息视图 view_score_1；

（4）给数据库用户 d_TeacherWang 授予视图 view_student_1 的查询和修改权限及 view_score_1 的查看权限。

任务 2：首先给所有新生创建数据库登录账号，因为新生人数较多，逐个添加会相当麻烦，而且容易出错，可以考虑使用游标查询出所有新生的学号，再遍历游标通过执行相应的系统存储过程创建对应的数据库登录账号。在创建好数据库登录账号后，继续使用游标和系统存储过程为数据库登录账号创建数据库用户。为了方便管理这些用户，还需要创建一个角色，给角色授予成绩表（score）的查询权限，然后将所有新生数据库用户添加到角色成员中。为了方便授权，每个学生都有整个成绩表的数据查看权限，无须考虑个别情况。假设“18 级计算机应用技术 1 班”为新生班级，完成该班级所有学生的权限分配任务的具体步骤如下：

（1）使用游标为所有新生创建数据库登录账号；

（2）为新生账号创建数据库用户；

（3）创建一个角色，将所有新生数据库用户添加到该角色中；

（4）给角色授权。

知识导读

6.1.1 SQL Server 的安全性机制

目前，SQL Server 的安全性机制主要划分为 4 个等级，分别为：

- 客户机操作系统的安全性。
- SQL Server 的登录安全性——登录账号和密码。
- 数据库的使用安全性——该登录账号对数据库的访问权限。
- 数据库对象的使用安全性——该登录账号对数据库对象的访问权限。

1. 操作系统的安全性

SQL Server 2017 与其他数据库管理系统一样，是运行在某个特定操作系统平台上的应用程序，因此操作系统的安全性直接影响 SQL Server 2017 的安全性。在用户使用客户机通过网络实现对 SQL Server 2017 服务器的访问时，用户首先要获得客户机操作系统的使用权。

2. SQL Server 的登录安全性

SQL Server 服务器级的安全性建立在控制服务器登录账号和密码的基础上。用户在登录时提供的登录账号和密码，决定了用户能否获得 SQL Server 的访问权，以及在登录之后用户在访问 SQL Server 进程时可以拥有的权利。

3. 数据库的使用安全性

在用户通过 SQL Server 服务器的安全性检验后，将直接面对不同的数据库入口，这是用户接受的第 3 次安全性检验。

在用户创建数据库登录账号时，SQL Server 会提示用户选择默认数据库，之后用户每次连接到服务器，都会自动转到默认的数据库。对任何用户来说，master 数据库的大门总是打开的，如果在创建数据库登录账号时没有选择默认数据库，则登录账号的权限会局限于 master 数据库内。

4. 数据库对象的使用安全性

在创建数据库对象时，SQL Server 自动将该数据库对象的拥有权授予该对象的创建者。默认情况下，只有数据库的拥有者可以在该数据库中进行操作。当非数据库拥有者想要操作数据库中的对象时，必须先由数据库拥有者授予该对象执行特定操作的权限。

6.1.2 SQL Server 的身份验证模式

当客户机连接到 SQL Server 服务器时，必须要以登录账号和密码登录，称为身份验证。SQL Server 支持两种身份验证模式：Windows 身份验证模式和混合身份验证模式。

1. Windows 身份验证模式

Windows 身份验证模式是由 Windows 操作系统来验证用户身份的。SQL Server 数据库系统通常运行在 Windows 服务器上，而 Windows 作为网络操作系统，本身就具备管理登录、验证账号合法性的能力，Windows 身份验证模式正是利用了 Windows 操作系统的用户安全性和账号管理机制，允许 SQL Server 使用 Windows 的登录账号和密码验证身份。在这种模式下，用户只需通过 Windows 身份验证，就可以连接到 SQL Server 服务器，而 SQL Server 服务器本身就不需要管理一套登录数据了。

Windows 身份验证模式主要有以下优点：

- 数据库管理员的工作可以集中在管理数据库方面，而不是管理用户的登录账号。对用户的登录账号的管理可以交给 Windows 操作系统去完成。
- Window 操作系统有着更强的账号管理工具，可以设置账号锁定、密码期限等。如果不是通过定制来扩展 SQL Server，那么 SQL Server 是不具备这些功能的。
- Windows 操作系统的组策略支持多个用户同时被授权访问 SQL Server 2017。

2. 混合身份验证模式

混合身份验证模式允许用户使用 SQL Server 登录账号连接到 SQL Server 服务器。在该验证模式下，用户在连接 SQL Server 服务器时需要提供 SQL Server 登录账号和密码，这些登录信息存储于系统表 syslogins 中，与 Windows 的登录账号无关。如果用户无法提供 SQL Server 登录账号，则使用 Windows 身份验证对其进行身份验证。

混合身份验证模式具有以下优点：

- 创建了 Windows 操作系统之上的另外一个安全层次。
- 支持更大范围的用户，如非 Windows NT 用户、Novell 网用户等。
- 一个应用程序可以使用单独的 SQL Server 登录账号和密码。

需要说明的是，混合身份验证模式是为了满足非 Windows 用户的需求及向后兼容，在实际使用中，对于安全性要求较高的数据库系统，建议优先考虑使用 Windows 身份验证模式。

通过以下方法设置服务器身份验证模式：

启动 SQL Server Management Studio 应用程序，在“对象资源管理器”中右击“服务器”节点，在弹出的快捷菜单中选择“属性”选项，打开“服务器属性”窗口，选择“安全性”选择页，选择服务器身份验证模式，如图 6-1 所示。

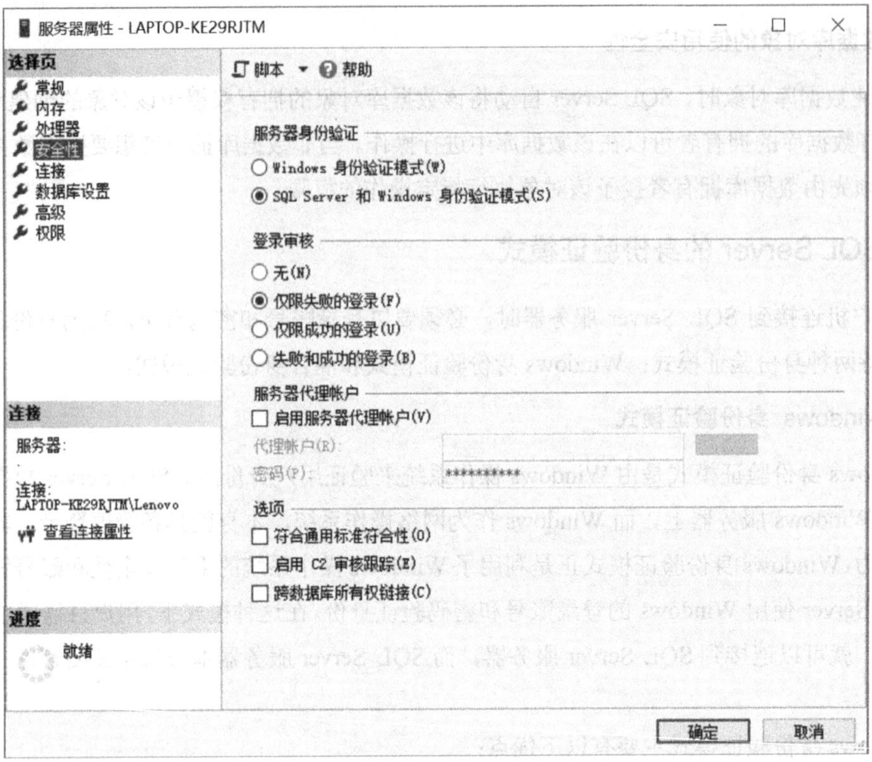

图 6-1　设置服务器身份验证模式

6.1.3　SQL Server 的登录账号管理

1. 登录账号

登录账号是基于服务器使用的用户名，是系统级信息，存在于 master 数据库的 syslogins 系统表中。在 Windows 身份验证模式下，可以创建基于 Windows 组或用户的登录账号；在混合身份验证模式下，除了可以创建基于 Windows NT 用户或用户组的登录账号，还可以创建 SQL Server 自己的登录账号。创建 SQL Server 登录账号只能由系统管理员完成。

在安装好 SQL Server 2017 后，系统会自动创建两个内置的登录账号：Windows 系统管理员账号“计算机名\Administrator”和系统管理员账号“sa”。其中，sa 是为了向后兼容提供的特殊登录账号，默认情况下，它指派给固定服务器角色 sysadmin 作为混合身份验证模式下 SQL Server 的系统管理员。

需要说明的是，虽然 SQL Server 有两个内置的系统管理员账号，但在平时的使用过程中，不应直接使用它们。数据库管理员应该创建自己的系统管理员账号，使其成为固定服务器角色 sysadmin 的成员。只有在没有办法登录到 SQL Server 2017 服务器时，才使用内置的系统管理员账号登录。

2. 使用“对象资源管理器”创建和管理登录账号

1）创建登录账号。

【例 6-1】使用“对象资源管理器”创建一个登录名为“s_CeShi”、密码为“123456”的 SQL Server 登录账号。

（1）启动 SQL Server Management Studio 应用程序，使用 Windows 身份验证模式登录。

（2）在“对象资源管理器”中依次展开“服务器”→“安全性”节点。

（3）右击“登录名”节点，在弹出的快捷菜单中选择“新建登录名”选项，打开“登录名-新建”窗口，如图 6-2 所示。

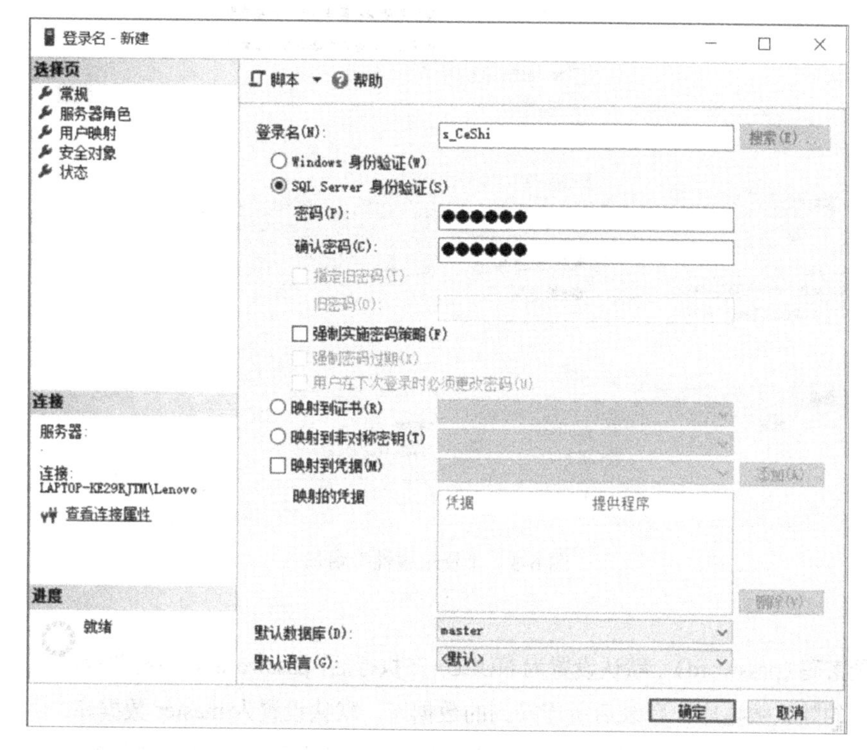

图 6-2　“登录名-新建”窗口

（4）在“登录名”文本框中输入要创建的登录名“s_CeShi”，选择“SQL Server 身份验证”单选按钮，输入密码“123456”，取消勾选“强制实施密码策略”复选框，其他使用默认选项，单击“确定”按钮，登录账号 s_CeShi 创建完成。

2）查看登录账号。

启动 SQL Server Management Studio 应用程序，使用 Windows 身份验证模式登录。在“对象资源管理器”中依次展开“服务器”→“安全性”→“登录名”节点，查看所有的登录账号。右击某个登录账号，在弹出的快捷菜单中选择“属性”选项，打开“登录属性”窗口，如图 6-3 所示。在此窗口中可以修改登录账号的密码，以及选择实施密码策略的方式。

3. 使用 T-SQL 语句创建和管理登录账号

1）创建登录账号。

可以通过执行系统存储过程 SP_ADDLOGIN 来创建登录账号，语法格式如下：

```
EXEC SP_ADDLOGIN 登录名
[,登录密码]
[,登录的默认数据库]
[,默认语言]
[,安全标识符]
[,加密]
```

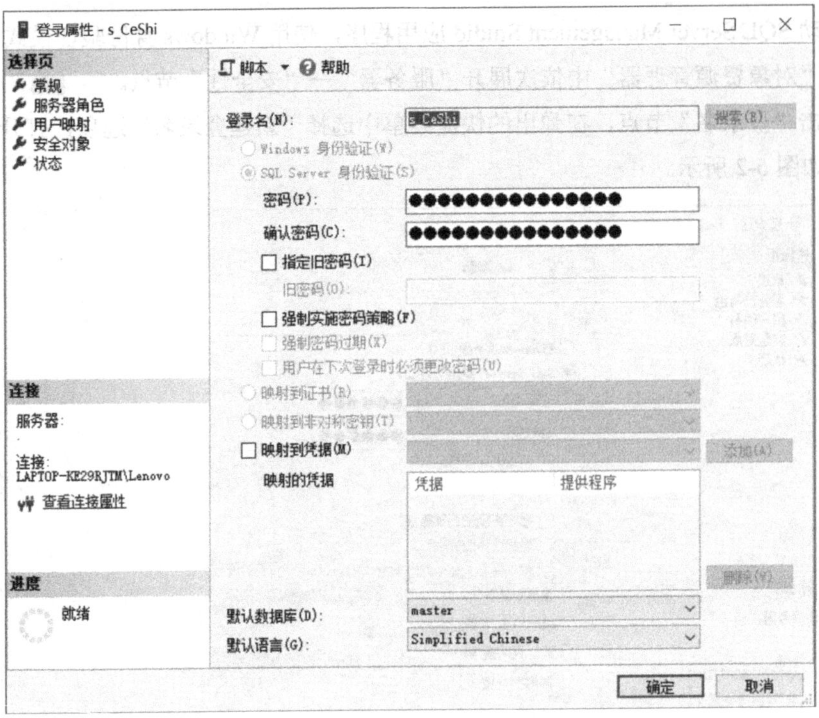

图 6-3 “登录属性”窗口

说明：

- 登录密码（password）。默认设置为 NULL，在执行后，password 被加密并存储于系统表中。
- 登录的默认数据库。登录后所连接到的数据库，默认设置为 master 数据库。
- 默认语言（language）。在用户连接到 SQL Server 服务器时系统指定的默认语言，默认设置为 NULL。如果没有指定默认语言，那么默认语言被设置为服务器当前的默认语言。
- 安全标识符（SID）。SID 的数据类型为 varbinary(16)，默认设置为 NULL。如果 SID 为 NULL，则系统为新建登录账号生成 SID。
- 加密（encryption）。指定当密码存储于系统表中时，密码是否要加密。encryption_option 的数据类型为 varchar(20)。

【例 6-2】使用 T-SQL 语句创建一个登录名为“S_CeShi”、密码为“123456”的 SQL Server 登录账号。

```
EXEC SP_ADDLOGIN 's_CeShi','123456'
```

2）删除登录账号。

删除登录账号使用系统存储过程 SP_DROPLOGIN，语法格式如下：

```
EXEC SP_DROPLOGIN 登录名
```

说明 登录名：要删除的登录账号名称，没有默认值，必须已存在于 SQL Server 中。

6.1.4 SQL Server 的数据库用户管理

1. 数据库用户

在用户安全登录后，如果系统管理员没有授予该用户访问某数据库的权限，则该用户不能访问此数据库。数据库的访问权限是通过映射数据库用户与登录账号之间的关系来实现的。

在登录账号通过 Windows 身份验证或混合身份验证后，必须设置数据库用户才可以对数据库及其对象进行操作。所以，一个登录账号在不同的数据库中可以映射成不同的数据库用户，从而获得不同的操作权限，如登录账号 sa 自动与每一个数据库用户 dbo 相关联。

数据库用户用于指定哪些用户可以访问哪些数据库，它是数据库级的安全实体，就像登录账号是服务器级的安全实体一样。

SQL Server 的数据库级别上有两个特殊的数据库用户：dbo 用户和 guest 用户。

dbo 用户是数据库拥有者在安装 SQL Server 2017 时被设置在 model 系统数据库中的，它对应创建该数据库的登录账号。dbo 用户存在于每一个数据库中，并且不能被删除。所用系统数据库的 dbo 用户都对应于 sa 登录账号，它是数据库的最高权力拥有者，可以在数据库范围内执行所有操作。

guest 用户是一个能加入数据库，并且允许具有有效 SQL Server 登录的任何用户访问数据库的特殊用户，以 guest 用户身份访问数据库的任何用户都拥有 guest 用户的所有权限和许可。在 SQL Server 2017 中，guest 用户默认存在于每个数据库中，但在默认情况下会在新数据库中禁用 guest 用户。一旦启用 guest 用户，可以登录 SQL Server 的任何用户都可以用 guest 用户身份访问数据库，并且拥有 guest 用户的所有权限和许可。同样，guest 用户在数据库中也不能被删除。

2. 使用“对象资源管理器”创建和管理数据库用户

【例 6-3】使用“对象资源管理器”为登录账号 s_CeShi 创建名为“d_CeShi”的数据库用户。

（1）启动 SQL Server Management Studio 应用程序，在“对象资源管理器”中依次展开“数据库”→“student”数据库→“安全性”节点。

（2）右击“用户”节点，在弹出的快捷菜单中选择“新建用户”选项，打开“数据库用户-新建”窗口，如图 6-4 所示。

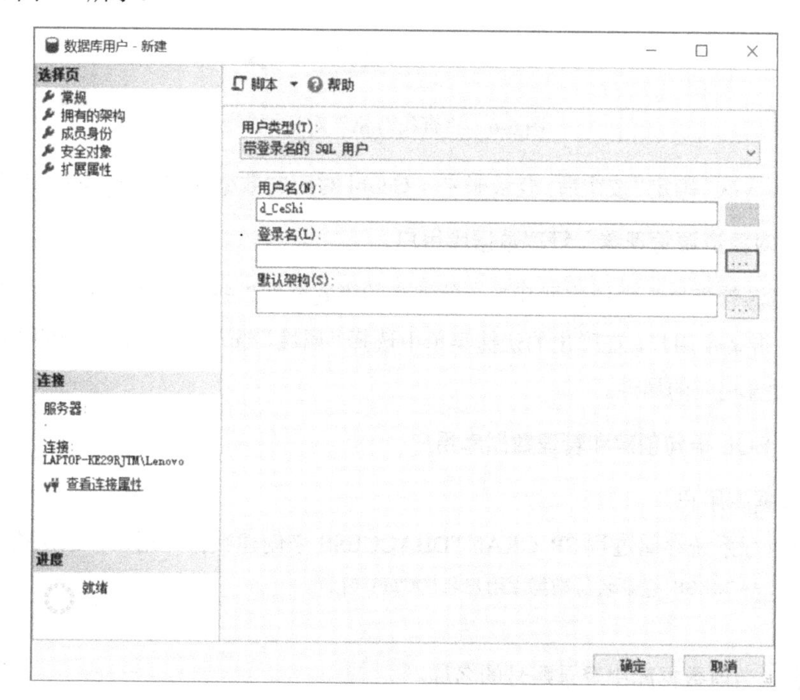

图 6-4　“数据库用户-新建”窗口

（3）在“数据库用户-新建”窗口的“用户名”文本框中输入“d_CeShi”，单击“登录名”文本框后面的按钮，弹出“选择登录名”对话框，如图 6-5 所示。

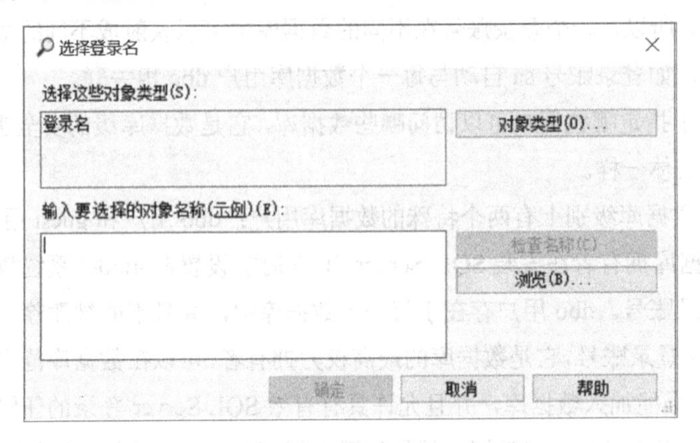

图 6-5 “选择登录名”对话框

（4）在“选择登录名”对话框中单击“浏览”按钮，弹出“查找对象”对话框，在“查找对象”对话框中勾选“s_CeShi”复选框，如图 6-6 所示。

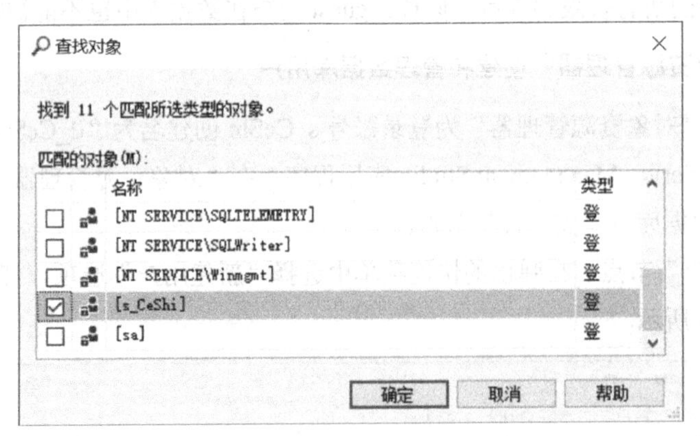

图 6-6 “查找对象”对话框

在依次单击 3 次“确定”按钮后，登录账号 s_CeShi 对应的数据库用户 d_CeShi 就创建完成了。

3. 使用“对象资源管理器”管理数据库用户

在“对象资源管理器”中依次展开某个数据库的“安全性”→“用户”节点，会看到该数据库的所有用户，右击某个用户，在弹出的快捷菜单中选择“属性”选项，打开该用户的“数据库用户”窗口，查看并设置相应的属性。

4. 使用 T-SQL 语句创建和管理数据库用户

1）创建数据库用户。

可以通过执行系统存储过程 SP_GRANTDBACCESS 来创建数据库用户，语法格式如下：

```
EXEC SP_GRANTDBACCESS 登录名[,数据库用户名[OUTPUT]]
```

说明：

- 登录名。当前数据库中登录账号的名称。
- 数据库用户名。如果该参数缺省，则新建的数据库用户名默认和登录名一样。

【例 6-4】使用 T-SQL 语句为登录账号 s_CeShi 创建名为“d_CeShi”的数据库用户。

```
USE student
GO
EXEC SP_GRANTDBACCESS 's_CeShi','d_CeShi'
GO
```

2）删除数据库用户。

删除数据库用户使用系统存储过程 SP_REVOKEDBACCESS，语法格式如下：

```
EXEC SP_REVOKEDBACCESS 数据库用户名
```

说 明 数据库用户名：要删除的数据库用户的名称，无默认值，可以是 SQL Server 登录账号、Windows 登录账号或 Windows NT 用户组的名称，并且必须在当前数据库中存在。

6.1.5 SQL Server 的权限管理

SQL Server 对象的使用权限为访问数据库设置的最后一道安全保障。数据库用户在修改数据库定义或进行数据库操作之前，都必须有相应的权限。

1. SQL Server 的权限

SQL Server 的权限分为 3 种类型，分别是对象权限、语句权限和预定义权限。

1）对象权限。

对象权限是指对特定的数据库对象（如表、视图、存储过程等）的操作权限，它决定了数据库用户可以对表、视图、存储过程等数据库对象执行哪些操作。SQL Server 的对象操作权限说明如表 6-1 所示。

表 6-1 SQL Server 的对象操作权限说明

权限名称	描 述
SELECT	控制是否能够对表或视图执行 SELECT 查询语句
INSERT	控制是否能够对表或视图执行 INSERT 插入语句
UPDATE	控制是否能够对表或视图执行 UPDATE 更新语句
DELETE	控制是否能够对表或视图执行 DELETE 删除语句
EXECUTE	控制是否能够执行存储过程

2）语句权限。

语句权限用于控制数据库用户创建数据库或数据库对象所涉及的权限。例如，某数据库用户想要在数据库中创建数据表，则要求该用户先拥有 CREATE TABLE 语句权限。SQL Server 的语句权限说明如表 6-2 所示。

表 6-2 SQL Server 的语句权限说明

权限名称	描 述
CREATE DATABASE	控制数据库用户是否具有创建数据库的权限
CREATE DEFAULT	控制数据库用户是否具有创建表的列默认值的权限
CREATE FUNCTION	控制数据库用户是否具有创建用户自定义函数的权限

续表

权 限 名 称	描 述
CREATE PROCEDURE	控制数据库用户是否具有创建存储过程的权限
CREATE RULE	控制数据库用户是否具有创建表的列规则的权限
CREATE TABLE	控制数据库用户是否具有创建数据表的权限
CREATE VIEW	控制数据库用户是否具有创建视图的权限
BACKUP DATABASE	控制数据库用户是否具有备份数据库的权限
BACKUP LOG	控制数据库用户是否具有备份日志的权限

3）预定义权限。

预定义权限又称隐含权限，是指系统预定义的固定服务器角色、固定数据库角色、数据库拥有者、数据库对象拥有者所拥有的权限，这些权限不能明确地被授予或撤销。

在 SQL Server 中，用户和角色的权限以记录的形式存储于各个数据库的 sysprotects 系统表中，权限操作分为 3 种情况：授予某项权限、拒绝某项权限、撤销某项权限。

2. 使用“对象资源管理器”授予权限

【例 6-5】给数据库用户 d_CeShi 授予 student 表的查询和修改权限。

（1）启动 SQL Server Management Studio 应用程序，使用 Windows 身份验证模式登录。

（2）在“对象资源管理器”中依次展开“数据库”→“student”数据库→“安全性”→“用户”节点，右击用户“d_CeShi”，在弹出的快捷菜单中选择“属性”选项，打开“数据库用户”窗口，选择“安全对象”选择页，如图 6-7 所示。

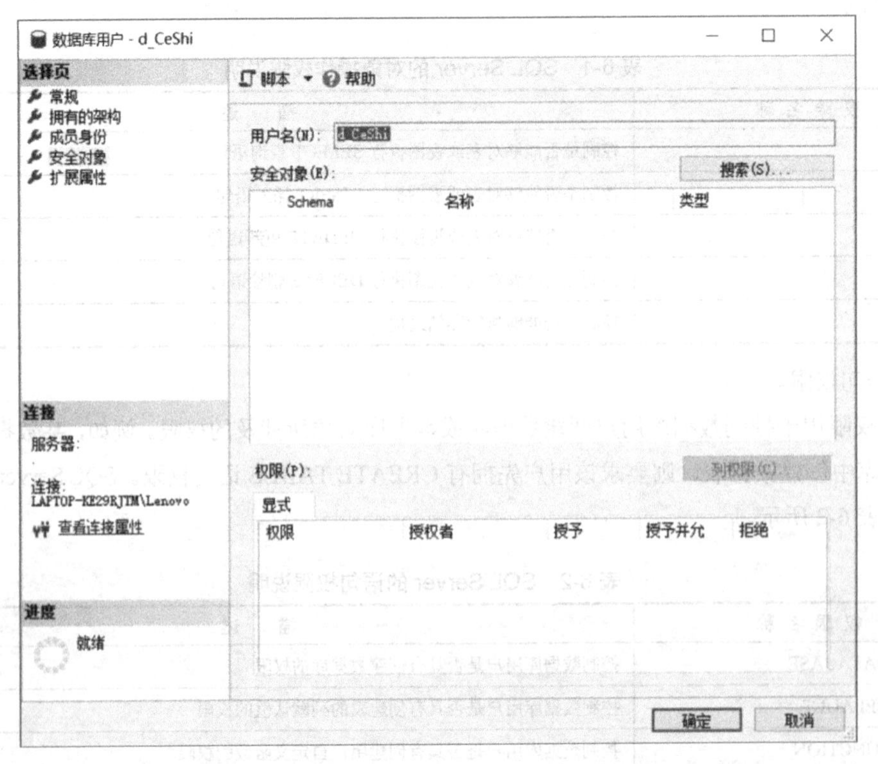

图 6-7 “数据库用户”窗口的“安全对象”选择页（一）

（3）单击“搜索”按钮，打开“添加对象”对话框，如图 6-8 所示。在此对话框中选择“特定对象”单选按钮，单击“确定”按钮，弹出“选择对象”对话框，如图 6-9 所示。

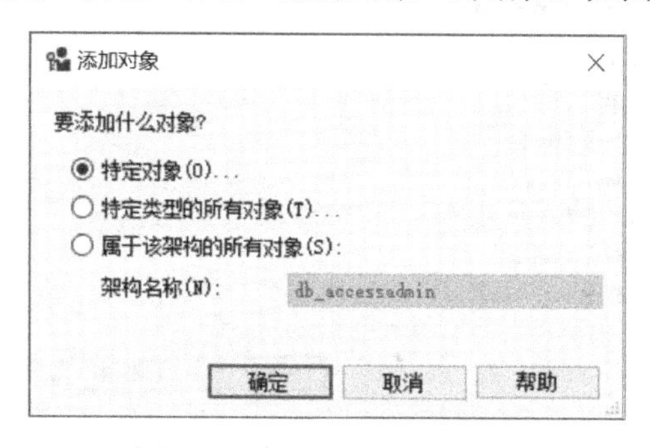

图 6-8　“添加对象”对话框

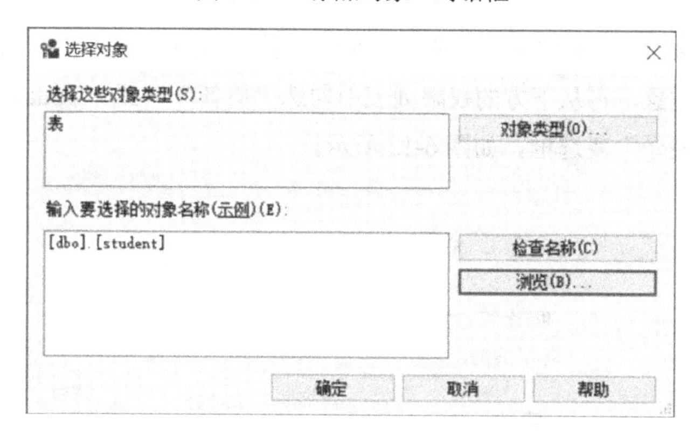

图 6-9　“选择对象”对话框

（4）在“选择对象”对话框中单击“对象类型”按钮，弹出“选择对象类型”对话框，勾选“表”复选框，如图 6-10 所示。单击“确定”按钮，返回“选择对象”对话框。

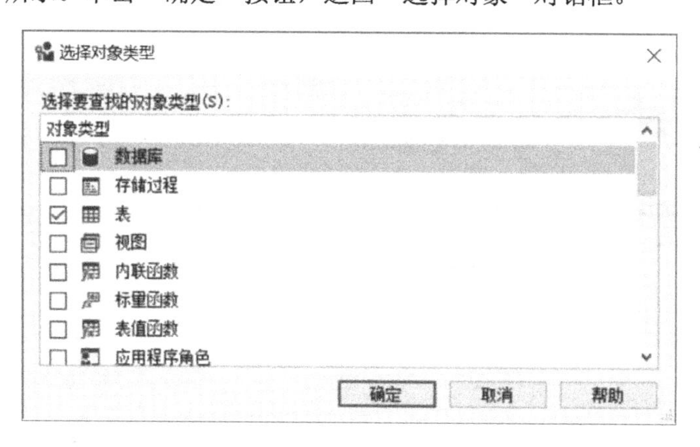

图 6-10　“选择对象类型”对话框

（5）在“选择对象”对话框中单击“浏览”按钮，弹出“查找对象”对话框，勾选“student”复选框，如图 6-11 所示。单击“确定”按钮，返回“选择对象”对话框。

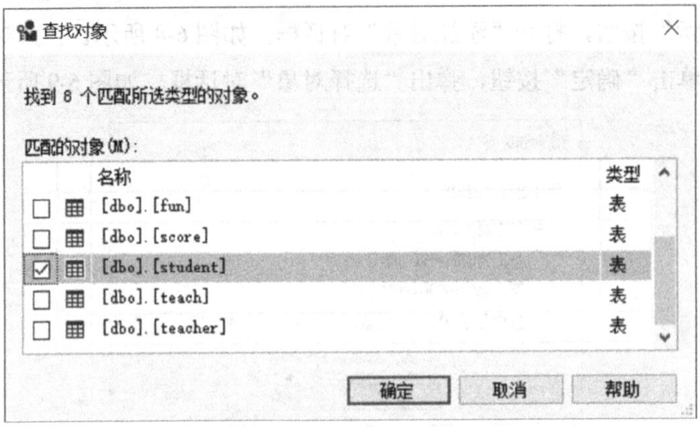

图 6-11 “查找对象”对话框

（6）在“选择对象”对话框中单击“确定”按钮，返回“数据库用户”窗口，选择“安全对象”选择页的“student”对象，再从下方的权限列表中勾选“更新”（或“Update”）和“选择”（或“Select”）右边的“授予”复选框，如图 6-12 所示。

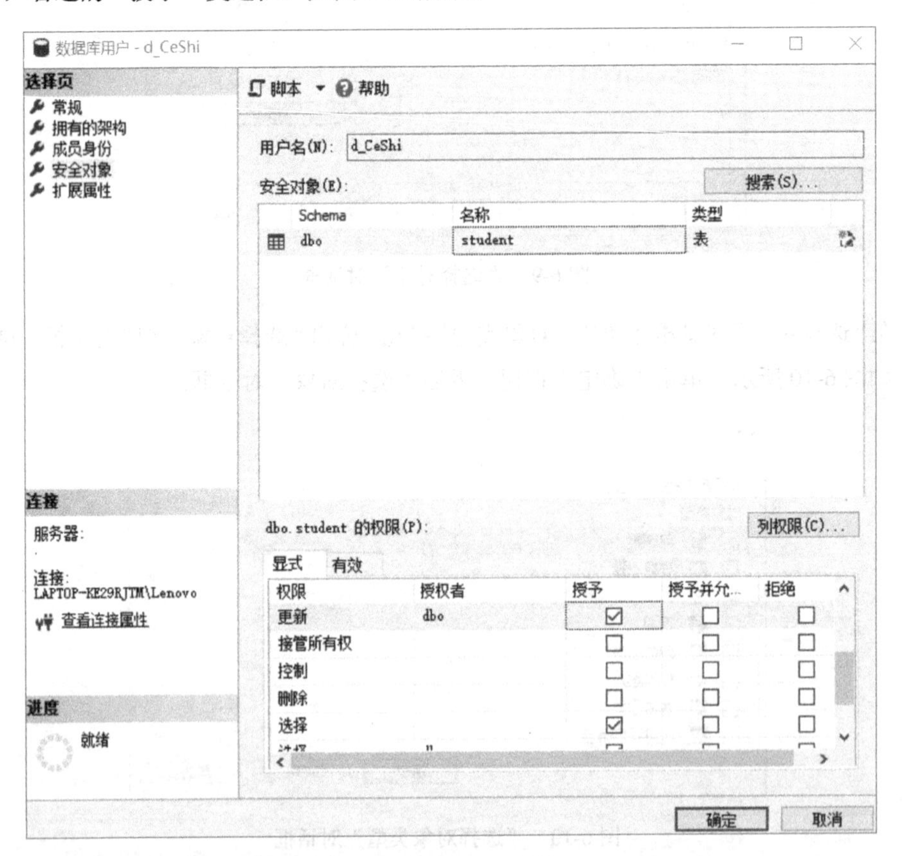

图 6-12 “数据库用户”窗口的“安全对象”选择页（二）

3. 使用 T-SQL 语句授予权限

SQL Server 中使用 GRANT 语句进行授权，语法格式如下：

```
GRANT 权限[,...] ON 对象[,...] TO 用户名
```

或者：

```
GRANT 权限[,...] ON OBJECT::对象[,...] TO 用户名
```

说明：

- 授予的权限可以是一个，也可以是多个，多个权限之间用逗号隔开。权限可以是如表 6-1 和表 6-2 所示的权限中的一条或若干条，当授予全部权限时，用 ALL 表示。
- 授予权限的对象可以是一个，也可以是多个。对象可以是表（Table）、视图（View）、序列（Sequence）、索引（Index）等。

【例 6-6】授予用户 d_CeShi 对数据库中 student 表的 SELECT（查询）、UPDATE（修改）、INSERT（插入）权限。

```
GRANT SELECT,UPDATE,INSERT ON student TO d_CeShi
```

或者：

```
GRANT SELECT,UPDATE,INSERT ON OBJECT::student TO d_CeShi
```

4. 使用“对象资源管理器”拒绝权限

在授予了用户权限后，数据库管理员可以根据实际情况，在不撤销用户访问权限的情况下，拒绝用户访问数据库对象，并且阻止用户或角色继承权限，该语句优先于其他授予的权利。

【例 6-7】拒绝数据库用户 d_CeShi 对 student 表的修改权限。

（1）启动 SQL Server Management Studio 应用程序，使用 Windows 身份验证模式登录。

（2）在“对象资源管理器”中依次展开“数据库”→“student”数据库→“安全性”→“用户”节点，右击用户“d_CeShi”，在弹出的快捷菜单中选择“属性”选项，打开“数据库用户”窗口，选择“安全对象”选择页，如图 6-13 所示。

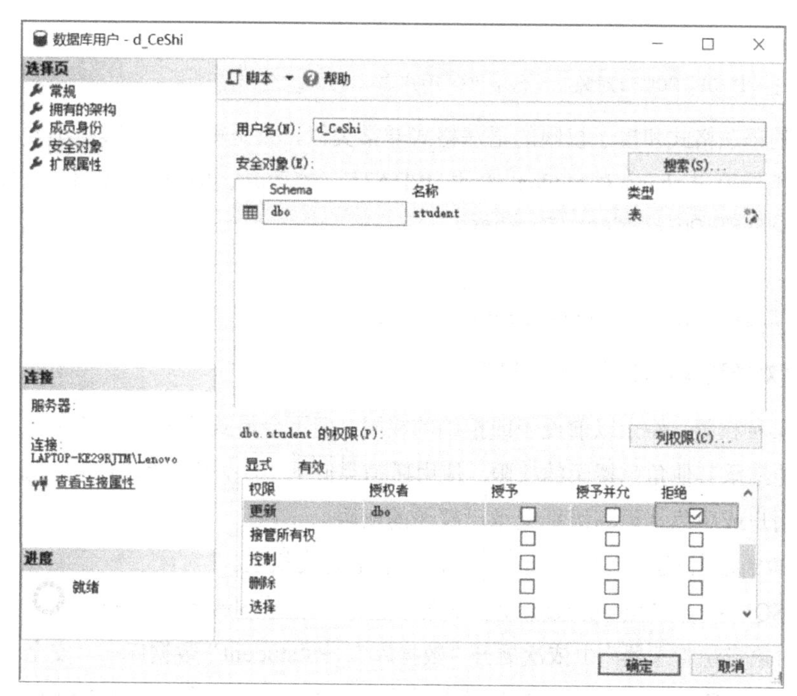

图 6-13　“数据库用户”窗口的“安全对象”选择页（三）

（3）选择“student”对象，再从下方的权限列表中勾选“更新”右边的“拒绝”复选框，单击

“确定”按钮。此时，使用 d_CeShi 用户登录，执行 UPDATE 语句就会失败，如图 6-14 所示。

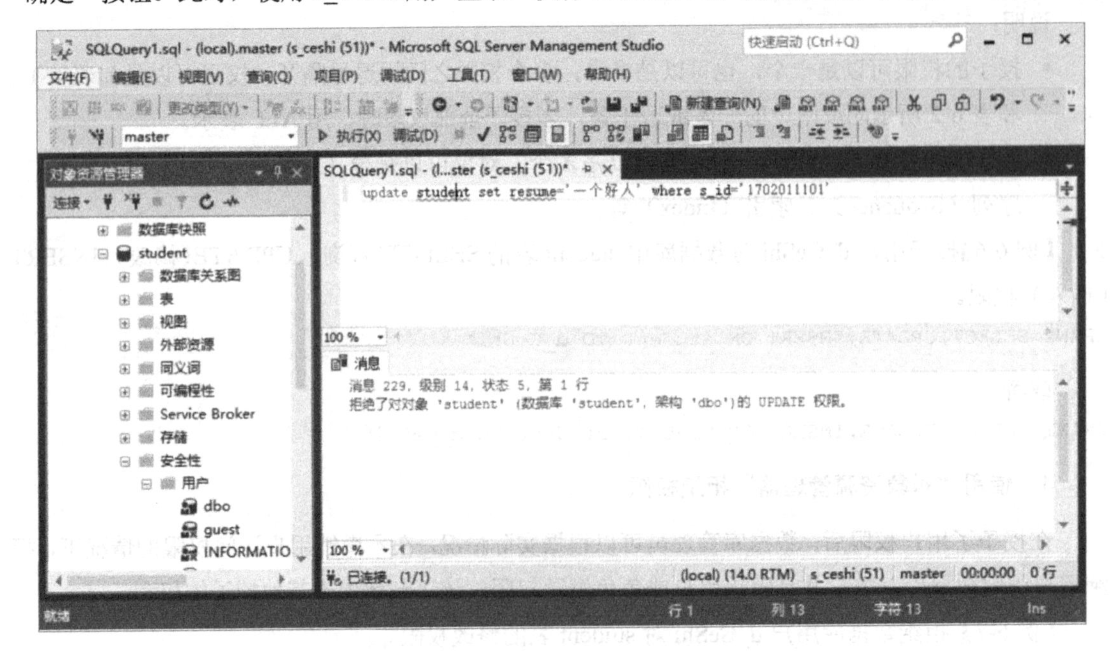

图 6-14　拒绝更新权限后执行 UPDATE 语句失败

5. 使用 T-SQL 语句拒绝权限

拒绝对象权限的语法格式如下：

```
DENY 权限[,...] ON 对象[,...] TO 用户名
```

或者：

```
DENY 权限[,...] ON OBJECT::对象[,...] TO 用户名
```

拒绝权限的语法格式和授予权限的语法格式非常类似，只是第一个关键字不同。

【例 6-8】拒绝用户 zhang 对 student 表的 UPDATE（修改）、INSERT（插入）权限。

```
DENY UPDATE,INSERT ON student TO zhang
```

或者：

```
DENY UPDATE,INSERT ON OBJECT::student TO zhang
```

6. 使用“对象资源管理器”撤销权限

通过撤销某种权限，停止以前授予或拒绝的权限，但不会显式地阻止用户或角色执行操作，用户或角色仍然能继承其他角色授予的权限。使用撤销类似于拒绝，但是撤销权限是删除已授予的权限，并不妨碍用户或角色从更高级别继承已授予的权限。

【例 6-9】撤销数据库用户 d_CeShi 对 student 表的查询权限。

（1）启动 SQL Server Management Studio 应用程序，使用 Windows 身份验证模式登录。

（2）在“对象资源管理器”中依次展开“数据库”→“student”数据库→“安全性”→“用户”节点，右击用户“d_CeShi”，在弹出的快捷菜单中选择“属性”选项，打开“数据库用户”窗口，选择“安全对象”选择页，如图 6-15 所示。

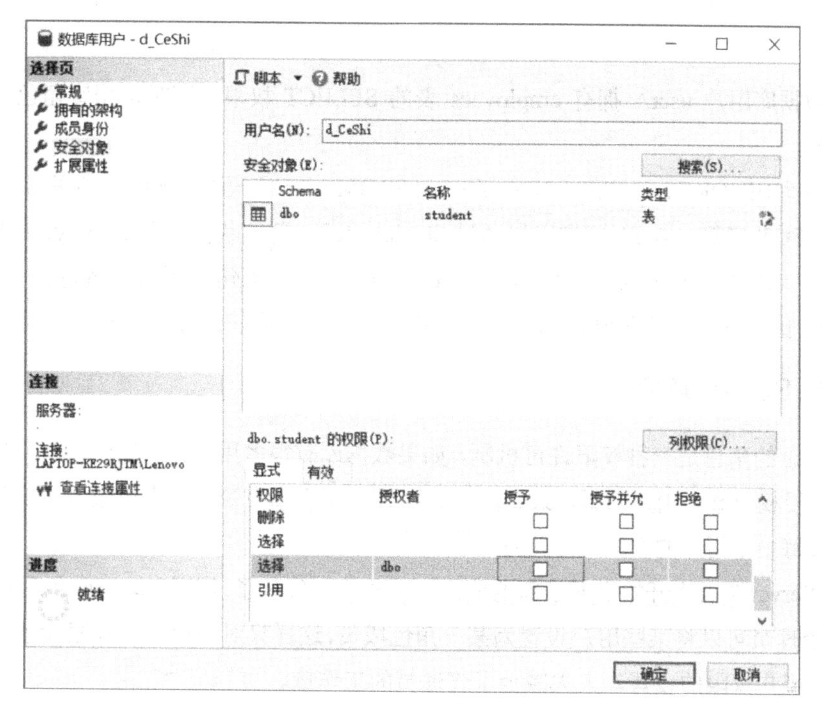

图 6-15 “数据库用户”窗口的“安全对象”选择页（四）

（3）选择“student”对象，再从下方的权限列表中取消勾选“选择”右边的“授予”复选框，单击“确定”按钮。此时，使用 d_CeShi 用户登录，执行 SELECT 语句就会失败。

7. 使用 T-SQL 语句撤销权限

撤销对象权限的语法格式如下：

```
REVOKE 权限[,...] ON 对象[,...] FROM 用户名
```

或者：

```
REVOKE 权限[,...] ON OBJECT::对象[,...] FROM 用户名
```

【例 6-10】撤销用户 zhang 对 student 表的 UPDATE（修改）、INSERT（插入）权限。

```
REVOKE UPDATE,INSERT ON student FROM zhang
```

或者：

```
REVOKE UPDATE,INSERT ON OBJECT::student FROM zhang
```

8. 拒绝权限与撤销权限的区别

REVOKE（撤销）语句和 DENY（拒绝）语句都可以取消某个权限，但它们是有本质区别的。REVOKE 语句用于取消以前授予或拒绝了的权限，而 DENY 语句用于拒绝授予主体权限，防止主体通过其组成员或角色成员身份继承权限。

如果用户激活一个应用程序角色，DENY 语句对用户使用该应用程序角色访问的任何对象没有任何作用。虽然用户可能被拒绝访问当前数据库内的特定对象，但如果应用程序角色能够访问该对象，则当应用程序角色激活时，用户仍可以访问该对象。

使用 REVOKE 语句可从用户账户中删除拒绝的权限。安全账户不能访问删除的权限，除非将该权限授予了用户所在的组或角色。使用 GRANT 语句可删除拒绝的权限并将权限显式应用于安全

账户。

例如，数据库用户 userA 拥有 employees 表的 SELECT 权限，同时数据库角色 db_datareader 也拥有该权限。

如果使用“REVOKE SELECT ON employees FROM userA”语句，则仅仅是取消了显式授予用户账户的 SELECT 权限，userA 同样可以通过 db_datareader 角色获得读取 employees 表的权限。

如果使用“DENY SELECT ON employees TO userA”语句，则可以彻底禁止 userA 读取 employees 表，因为在评估权限时，DENY 语句优先于通过其他任何方式获取的权限。

6.1.6 SQL Server 角色

SQL Server 的角色是一种权限许可机制，如果数据库有很多用户，并且这些用户的权限基本相同，那么单独授权给某个用户的话，过程重复，而且不便于集中管理。当权限发生变化时，管理员需要逐个修改每一个用户的权限，非常麻烦。

自 SQL Server 7 版本开始引入了新的概念——角色，代替了以前版本中组的概念。和组一样，SQL Server 管理员可以将某些用户设置为某一角色成员，这样只对角色进行权限设置便可以实现对该角色的所有用户权限的设置，大大减少了管理员的工作量。

SQL Server 管理员将操作数据库的权限授予某个角色，再将数据库用户或登录账号设置为该角色成员，使得该用户或登录账号拥有相应的权限。当若干个用户都属于同一个角色时，它们就都继承了该角色所拥有的权限。若角色的权限发生变化，则这些相关用户的权限也会发生相应的变化。因此，SQL Server 通过角色可以将用户分为不同的类型，对相同类型的用户进行统一管理，授予相同的操作权限，从而方便管理人员集中管理用户的权限。

在 SQL Server 中主要有两种角色类型：服务器角色与数据库角色。

1. 服务器角色

服务器角色是指根据 SQL Server 的管理任务及这些任务的相对重要性等级将具有 SQL Server 管理职能的用户划分成不同的用户组，每一组所具有的管理 SQL Server 的权限已被预定义。服务器角色仅用于服务器范围内，并且其权限不能被修改。例如，被设置为 sysadmin 角色的用户在 SQL Server 中可以执行任何管理性的工作，任何企图对其权限进行修改的操作都会失败。

SQL Server 共有 8 种预定义服务器角色，这 8 种预定义服务器角色及其权限如表 6-3 所示。

表 6-3　预定义服务器角色及其权限

服务器角色	权　限
sysadmin	可以在服务器中执行任何活动
serveradmin	可以更改服务器的配置选项和关闭服务器
setupadmin	可以添加和删除连接服务器，也可以执行某些系统存储过程
securityadmin	管理登录名及其属性
processadmin	管理 SQL Server 实例中运行的进程
dbcreator	可以创建、修改、删除和还原任何数据库
diskadmin	管理磁盘文件
bulkadmin	可以运行 BULK INSERT 语句

2. 数据库角色

数据库角色是为某个用户或某组用户授予不同级别的管理或访问数据库及数据库对象的权限，这些权限是数据库专有的，并且可以使一个用户属于同一个数据库的多个角色。SQL Server 提供了两种类型的数据库角色：预定义数据库角色和用户自定义数据库角色。

1）预定义数据库角色。

预定义数据库角色是指这些角色具有的管理、访问数据库的权限已被 SQL Server 定义、并且 SQL Server 管理员不能对其所具有的权限进行任何修改。SQL Server 的每一个数据库中都有一组预定义数据库角色，在数据库中使用预定义数据库角色可以将不同级别的数据库管理工作分给不同的角色，从而实现工作权限的传递。例如，如果准备让某一用户临时或长期具有创建和删除数据库对象（如表、视图、存储过程）的权限，那么只要将其设置为 db_ddladmin 数据库角色即可。

SQL Server 中的预定义数据库角色及其权限如表 6-4 所示。

表 6-4　预定义数据库角色及其权限

预定义数据库角色	权　限
db_accessadmin	可以为 Windows 登录账号、Windows NT 用户组和 SQL Server 登录账号添加或删除访问权限
db_backupoperator	可以备份该数据库
db_datareader	可以读取所有用户表中的数据
db_datawriter	可以在所有用户表中添加、删除或更改数据
db_ddladmin	可以在数据库中运行任何数据定义语言（DDL）命令
db_denydatareader	不能读取数据库内用户表中的任何数据
db_denydatawriter	不能添加、修改或删除数据库内用户表中的任何数据
db_owner	可以执行数据库的所有配置和维护活动
db_securityadmin	可以修改角色成员身份和管理权限
public	一个特殊的数据库角色，通常将一些公共的权限授予 public 角色

需要说明的是，数据库中的每个用户都属于 public 数据库角色，并且这个数据库角色不能被删除。当尚未对某个用户授予安全对象的权限时，该用户将继承 public 角色的权限。由于所有数据库用户都是 public 数据库角色的成员，因此给该数据库角色指派权限时需要格外谨慎。

2）用户自定义数据库角色。

当我们需要为某些数据库用户设置相同的权限，但是这些权限不等同于预定义数据库角色所具有的权限时，我们就可以定义新的数据库角色来满足这一需求，从而使这些用户能够在数据库中实现某一特定功能。用户自定义数据库角色具有以下几个优点：

- SQL Server 数据库角色可以包含 Windows NT 用户或用户组。
- 在同一数据库中用户可以被设置为多个不同的自定义角色，这种角色的组合是自由的，而不仅仅是 public 与其他角色的结合。
- 角色可以进行嵌套，从而在数据库中实现不同级别的安全性。

用户自定义数据库角色有两种类型：标准角色和应用角色。

标准角色类似于 SQL Server 7 版本以前的用户组，它通过对用户权限等级的认定将用户划分为不同的用户组，使用户总是对应一个或多个角色，从而实现管理的安全性。所有预定义数据库角色或 SQL Server 管理员自定义的数据库角色（该角色具有管理数据库对象或数据库的某些权限）都是标准角色。

应用角色是一种比较特殊的角色。当我们需要让某些用户只能通过特定的应用程序间接地存取数据库中的数据（如通过 SQL Server Query Analyzer 或 Microsoft Excel）而不是直接地存取数据库中的数据时，我们就应该考虑使用应用角色。当某一用户使用了应用角色时，他便放弃了已被赋予的所有数据库角色的专有权限，他所拥有的只是应用角色被授予的权限。通过应用角色，可以实现这样的目标：以可控制的方式限定用户或对象的权限。

3. 添加数据库角色

使用系统存储过程 SP_ADDROLE 来添加数据库角色，语法格式如下：

```
EXEC SP_ADDROLE 角色名,所有者
```

说明：

- 角色名。新数据库角色的名称，没有默认值，并且不能与已经存在于当前数据库中的数据库角色名称重复。
- 所有者。新数据库角色的所有者，默认值为 dbo。

4. 为角色添加成员

使用系统存储过程 SP_ADDROLEMEMBER 将数据库用户添加到数据库角色中，使之成为角色的成员之一，语法格式如下：

```
EXEC SP_ADDROLEMEMBER 角色名,用户名
```

说明：

- 角色名。当前数据库中的数据库角色名称，没有默认值。
- 用户名。添加到角色的安全账号，没有默认值，可以是所有有效的数据库用户、数据库角色，也可以是所有已授权访问当前数据库的 Windows NT 用户或用户组。

5. 删除数据库角色

使用系统存储过程 SP_DROPROLE 删除数据库角色，语法格式如下：

```
EXEC SP_DROPROLE 角色名
```

说明　角色名为要从当前数据库中删除的数据库角色名称，无默认值，必须已经存在于当前数据库中。角色只有在不包含用户时才能被删除。

6.1.7 游标

1. 游标的概念

游标（Cursor）使用户可以逐行访问由 SQL Server 返回的结果集。使用游标的一个主要原因就是将集合操作转换为单个记录处理方式。在使用 T-SQL 语句从数据库中查询数据后，将结果存储于内存的一块区域中，并且结果往往是一个含有多条记录的集合。游标机制允许用户在 SQL Server 中逐行访问这些记录，并且按照用户的意愿来显示和处理这些记录。

从游标的概念可以得到游标的如下优点：

- 允许程序对由查询语句 SELECT 返回的结果集中的每一条记录执行相同或不同的操作，而不是对整个结果集执行同一个操作。
- 提供基于游标位置对表中的记录进行删除和修改的能力。
- 游标作为面向集合的数据库管理系统（RDBMS）和面向行的程序设计之间的桥梁，使这两种处理方式通过游标联系起来。

使用游标要遵循“声明游标、打开游标、读取数据、关闭游标、删除游标”的顺序。

2. 声明游标

语法格式如下：

```
DECLARE 游标的名字 [INSENSITIVE] [SCROLL] CURSOR
FOR SELECT 语句
[FOR {READ ONLY|UPDATE [OF 列名称[,...n]]}]
```

说明：

- INSENSITIVE。表明 SQL Server 会将游标定义提取出来的基本表记录存储于一个临时表中（建立在 tempdb 数据库中），基于该临时表对游标进行读取操作。因此，对基本表中的记录进行插入、修改、删除操作并不影响游标提取的记录，即游标不会随着基本表中记录的改变而改变，同时也无法通过游标对基本表中的记录进行插入、修改、删除操作。如果不使用该保留字，那么对基本表中的记录进行插入、修改、删除操作都会反映到游标提取的记录中。
- SCROLL。表明所有的提取操作（如 FIRST、LAST、PRIOR、NEXT、RELATIVE、ABSOLUTE）都可用。如果不使用该保留字，那么只能进行 NEXT 提取操作。由此可见，SCROLL 极大地增加了提取基本表记录的灵活性，可以随意读取结果集中的任意一条记录，而不必关闭再打开游标。
- SELECT 语句。定义结果集的 SELECT 语句。值得注意的是，在声明游标时不能使用 COMPUTE、COMPU-TEBY、FOR BROWSE、INTO 语句。
- READ ONLY。表明不允许对游标内的记录进行插入、修改、删除操作，但是在缺省状态下是允许对游标中的记录进行插入、修改、删除操作的。
- UPDATE [OF 列名称[,...n]]。定义在游标中可被修改的列，如果不指定要修改的列，那么所有的列都将被修改。

3. 打开游标

声明游标后，必须先打开游标，才能从游标中读取数据。打开游标使用 OPEN 语句，语法格式如下：

```
OPEN 游标名
```

说明　游标名：已创建的、未打开的游标，打开的游标不能再次打开，游标成功打开后，游标指针指向结果集的第一行之前。

4. 读取数据

游标在被打开后，可以使用 FETCH 语句从中读取数据，语法格式如下：

```
FETCH [NEXT|PRIOR|FIRST|LAST|ABSOLUTE{n}|RELATIVE{n}]
FROM 游标名
```

说明：

- 游标名。已经打开的、要从中读取数据的游标名称。
- NEXT。表示返回的结果集中当前行的下一行，如果第一次读取则返回第一行。默认的读取选项为NEXT。
- PRIOR。表示返回结果集中当前行的前一行，如果第一次读取则没有行返回，并且将游标置于第一行之前。
- FIRST。表示返回结果集中的第一行，并且将其作为当前行。
- LAST。表示返回结果集中的最后一行，并且将其作为当前行。
- ABSOLUTE{n}。如果n为正数，则返回从游标头开始的第n行，并且返回行变成新的当前行；如果n为负数，则返回游标尾之前的第n行，并且返回行变成新的当前行；如果n为0，则返回当前行。
- RELATIVE{n}。如果n为正数，则返回从当前行开始的第n行；如果n为负数，则返回当前行之前的第n行；如果n为0，则返回当前行。

5. @@FETCH_STATUS全局变量

FETCH语句的执行状态与全局变量@@FETCH_STATUS的值有关。@@FETCH_STATUS的值为0表示最近一次FETCH语句执行成功，值为-1表示最近一次FETCH语句执行失败，值为-2表示读取的行已不存在。

一般在循环遍历游标时，使用@@FETCH_STATUS全局变量作为循环的退出条件。

6. 关闭和删除游标

使用后的游标要及时关闭，关闭游标使用CLOSE语句，语法格式如下：

```
CLOSE 游标名
```

删除游标使用DEALLOCATE语句，语法格式如下：

```
DEALLOCATE 游标名
```

提示：

- 游标不关闭也可以直接删除。
- 删除游标后，游标使用的所有资源也随之释放。
- 关闭游标后可以再次使用OPEN语句打开，删除游标后则不能再打开。

【例6-11】使用游标查询并计算各门课程的平均分，要求显示课程名称和平均分。

可以使用游标保存各门课程信息，然后循环遍历游标计算各门课程的平均分，代码如下：

```
--定义变量
DECLARE @cid char(6)
DECLARE @cName char(20)
--定义游标
DECLARE cur_course CURSOR
FOR
SELECT c_id,c_name FROM course
FOR READ ONLY
```

```
--打开游标
OPEN cur_course
--循环读取游标
WHILE @@FETCH_STATUS=0
    BEGIN
        FETCH NEXT FROM cur_course INTO @cid,@cName
        SELECT @cName,AVG(grade) FROM score WHERE c_id=@cid
    END
--关闭游标
CLOSE cur_course
--删除游标
DEALLOCATE cur_course
```

任务实施

任务1：创建用户并为之授权。

1. 创建登录账号

启动 SQL Server Management Studio 应用程序，使用 Windows 身份验证模式登录，创建数据库登录账号 s_TeacherWang，登录密码为“123456”。

新建查询，在查询编辑器中输入如下 T-SQL 语句：

```
EXEC SP_ADDLOGIN 's_TeacherWang','123456'
```

为了测试刚创建的登录账号，可以再启动一个 SQL Server Management Studio 应用程序，使用登录账号 s_TeacherWang 登录。正常情况下，能够顺利登录，但在登录成功后，发现该登录账号除了能够访问部分系统数据库外，对其他数据库都无法访问。为了使登录账号 s_TeacherWang 能够访问 student 数据库，还需要为该登录账号创建对应的数据库用户。

2. 创建数据库用户

创建对应的数据库用户 d_TeacherWang，代码如下：

```
USE student
GO
EXEC SP_GRANTDBACCESS 's_TeacherWang','d_TeacherWang'
GO
```

3. 创建视图

创建两个视图，代码如下：

```
CREATE VIEW view_student_1
AS
SELECT student.*
FROM student,class
WHERE student.class_id = class.class_id
AND class.class_name = '18级计算机应用技术1班'
CREATE VIEW view_score_1
AS
SELECT score.*,class.class_name
FROM student,class,score
```

```
WHERE student.class_id = class.class_id
AND score.s_id = student.s_id
AND class.class_name = '18 级计算机应用技术 1 班'
```

4. 为视图授权

分别为两个视图授予权限，代码如下：

```
GRANT UPDATE ON view_student_1 TO d_TeacherWang
GRANT SELECT ON view_student_1 TO d_TeacherWang
GRANT SELECT ON view_score_1 TO d_TeacherWang
```

任务 2：使用角色管理用户。

1. 连接 SQL Server 服务器

启动 SQL Server Management Studio 应用程序，使用 Windows 身份验证模式登录。

2. 使用角色管理用户

新建查询，在查询编辑器中输入如下 T-SQL 语句：

```
USE student
GO
--创建角色 r_newStudents
EXEC SP_ADDROLE 'r_newStudents'
GO
--定义存储学号的变量
DECLARE @UserID char(10)
--定义局部只读游标，查询出新生的学号
DECLARE cur_student CURSOR
FOR
SELECT s.s_id
FROM student s,class c
WHERE s.class_id=c.class_id
AND c.class_name='18 级计算机应用技术 1 班'
FOR READ ONLY
--打开游标
OPEN cur_student
--循环遍历游标
WHILE @@FETCH_STATUS=0
    BEGIN
        FETCH NEXT FROM cur_student INTO @UserID
        --根据学生学号创建登录账号
        EXEC SP_ADDLOGIN @UserID,'123456'
        --创建数据库用户
        EXEC SP_GRANTDBACCESS @UserID
        --添加该用户为角色 r_newStudents 的成员
        EXEC SP_ADDROLEMEMBER 'r_newStudents',@UserID
    END
--关闭游标
CLOSE cur_student
--删除游标
DEALLOCATE cur_student
--给角色 r_newStudents 授权
GRANT SELECT ON score TO r_newStudents
```

任务总结

本任务涉及内容较广，包括登录账号的创建、数据库用户的创建、角色的创建与管理、权限的授予、游标的使用等。对于拥有相同权限的多个用户，可以考虑使用角色来统一管理它们。

6.2 【工作任务】数据库的分离与附加

知识目标

- 掌握分离数据库的步骤。
- 掌握附加数据库的步骤。
- 了解如何转移数据库。

能力目标

- 会分离数据库。
- 会附加数据库。
- 会转移数据库。

任务情境

小 S 在数据库使用中需要将现有的数据库文件复制到另一台服务器上，按照传统复制文件的方法始终无法成功，于是去请教老 K。

小 S：“今天我准备将数据库的数据文件和事务日志文件复制到 U 盘中，可是操作系统总是提示‘操作无法完成，因为文件已在 SQL Server 中打开’。我已经将 SQL Server 数据库管理系统关闭了，还是不行。这是怎么回事呢？”

老 K：“将 SQL Server 中的数据库转移到另一台服务器中，或者将数据库保存到其他存储介质中，必须先在 SQL Server 中将该数据库分离，然后才能利用操作系统的命令对该数据库中的数据文件和事务日志文件进行物理移动、复制和删除操作。”

小 S：“原来如此。”

老 K：“在分离数据库时不能对该数据库进行任何操作，否则不能完成数据库分离。当分离好的数据库在其他服务器中使用时，必须将数据文件和事务日志文件一起复制到该服务器中，并且要在该服务器的 SQL Server 中重新附加才能使用。”

任务描述

由于数据库服务器的硬件升级，管理员需要将淘汰的服务器中的 student 数据库转移到新服务器中。

任务分析

要断开该数据库的所有连接，使用 SQL Server 的“分离数据库”功能分离出要转移的数据库，然后在磁盘中找到对应的数据库文件，一般包括主要数据文件和事务日志文件，有时还包括一个或多个次要数据文件，将这些文件都复制或剪切到可移动磁盘（如 U 盘、移动硬盘等）中。打开新服务器，启动数据库服务，使用具有管理员权限的登录账号登录，将可移动磁盘中的数据库文件复制到新服务器中的某个目录下，再使用数据库的“附加数据库”功能将数据库附加上去就可以使用了。

完成任务的具体步骤如下：

（1）分离数据库；

（2）将数据库文件复制到另外一台服务器中；

（3）在另外一台服务器中使用管理员账号登录数据库；

（4）附加数据库。

知识导读

6.2.1 分离数据库

分离数据库的步骤：

（1）启动 SQL Server Management Studio 应用程序，使用 Windows 身份验证模式登录；

（2）在“对象资源管理器”中展开“数据库”节点，选中要分离的数据库；

（3）右击要分离的数据库，在弹出的快捷菜单中选择“任务”→“分离”选项，打开“分离数据库”窗口；

（4）单击“确定”按钮，完成分离数据库。

提 示 需要注意的是，只有当“使用本数据库的连接”数为 0 时，该数据库才能被分离，所以在分离数据库时尽量断开对要分离数据库操作的所有连接。

6.2.2 附加数据库

附加数据库的步骤：

（1）在附加数据库之前，必须将与数据库关联的主要数据文件（扩展名为.mdf 的文件）和事务日志文件（扩展名为.ldf 的文件）复制到目标服务器上；

（2）启动 SQL Server Management Studio 应用程序，使用 Windows 身份验证模式登录；

（3）在“对象资源管理器”中右击“数据库”节点，在弹出的快捷菜单中选择“附加”选项，打开“附加数据库”窗口，添加要附加的数据库，然后单击“确定”按钮，完成附加数据库。

任务实施

1. 分离数据库

1）启动 SQL Server Management Studio 应用程序，使用 Windows 身份验证模式登录，在“对象资源管理器”中展开“数据库”节点。

2）右击“student”数据库，在弹出的快捷菜单中选择“任务”→“分离”选项，打开“分离数据库”窗口，如图 6-16 所示。

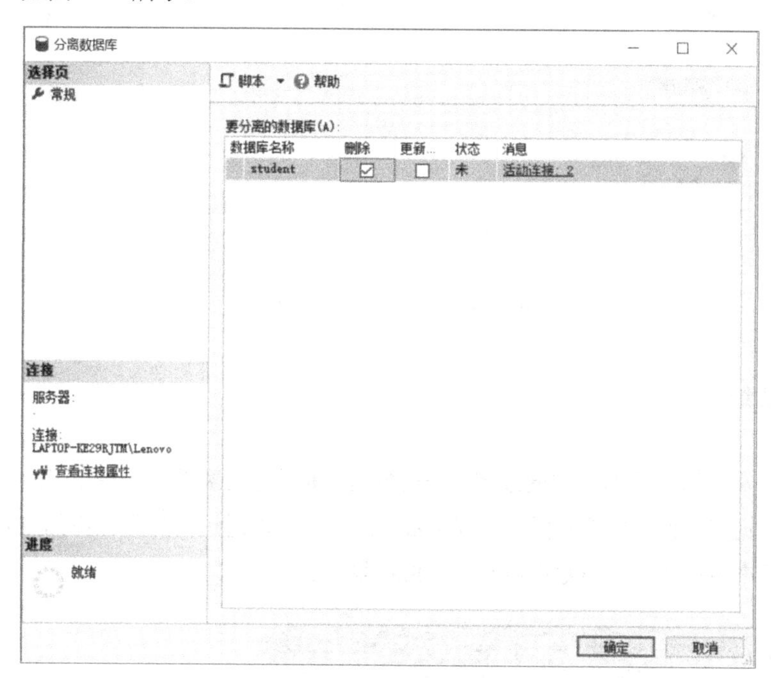

图 6-16 “分离数据库”窗口

3）如果“消息”列中提示还有活动连接，则需要先断开连接，或者勾选“删除连接”列下的复选框来删除连接，否则不能分离成功。单击“确定”按钮，student 数据库分离成功，服务器中也就不存在 student 数据库了。

2. 附加数据库

1）启动 SQL Server Management Studio 应用程序，使用 Windows 身份验证模式登录，在“对象资源管理器”中右击“数据库”节点，在弹出的快捷菜单中选择“附加”选项，打开“附加数据库”窗口，如图 6-17 所示。

2）在“附加数据库”窗口中单击“添加”按钮，打开“定位数据库文件”对话框，在此对话框中找到 student 数据库文件所在的物理路径，选择 student.mdf 文件和 student.ldf 文件，单击“确定”按钮，返回“附加数据库”窗口，在此窗口中的“要附加的数据库”列表框中会显示要附加的数据库信息，在此窗口中的“数据库详细信息”列表框中会显示数据库文件的详细信息，单击“确定”按钮，student 数据库附加成功。在“对象资源管理器”中展开“数据库”节点，会发现 student 数据库已经存在于服务器中了。

附加数据库

选择页

常规

脚本 帮助

要附加的数据库(D):

MDF 文件位置	数据库名称	附

添加(A)... 删除(R)

数据库详细信息(T):

原始文件名	文件类型	当前文件路径	消息

连接

服务器:

连接:
LAPTOP-KE29RJTM\Lenovo

查看连接属性

进度

就绪

添加目录(C)... 删除(M)

确定 取消

图 6-17 “附加数据库”窗口

任务总结

数据库的分离与附加是两个逆向过程。分离数据库是为了让数据库文件和服务器脱离关系，以便转移或备份数据库文件；当需要再次用到该数据库时，可以通过附加数据库的方式使数据库文件与数据库服务器产生关系，即将数据库存储于服务器中。

6.3 【工作任务】数据的导入与导出

知识目标

- 掌握 SQL Server 导入数据的步骤。
- 掌握 SQL Server 导出数据的步骤。

能力目标

- 会使用 SQL Server 导入数据。
- 会使用 SQL Server 导出数据。

任务情境

小 S：“在实际应用中，有时需要将数据库中的数据以 Excel 的格式导出数据库，有时需要将

Excel 文件中的数据导入数据库中，针对这个问题，可有什么好的解决方法？”

老 K：“这个不难。SQL Server 为了与其他格式的数据文件交换数据，提供了数据转换功能，可以将数据表转换成其他格式的数据文件导出数据库，也可以将其他常见格式的数据文件转换成数据表导入数据库中。”

小 S：“那真是太好了！”

任务描述

新华职业技术学院“后勤管理系统”的数据库 LogisticsManager 需要在校学生的基本信息，为了避免不必要的重复劳动，校领导决定用“学生成绩管理系统”数据库（student 数据库）中已有的学生基本信息。

任务分析

新建一个 Excel 文件，使用“SQL Server 导入和导出向导”工具将 student 数据库中的学生基本信息导出到该 Excel 文件中，再将自动生成的创建 student 表的 T-SQL 脚本保存起来。

打开“后勤管理系统”的数据库 LogisticsManager，执行刚保存的 T-SQL 脚本，生成一个和 student 数据库中一样的 student 表，再使用“SQL Server 导入和导出向导”工具将 Excel 文件中的记录导入 LogisticsManager 数据库中的 student 表中。

完成任务的具体步骤如下：

（1）使用“SQL Server 导入和导出向导”工具将 student 数据库中的 student 表中的数据导出到 Excel 文件中；

（2）打开 student 表的创建脚本并保存起来；

（3）创建“后勤管理系统”的数据库 LogisticsManager，执行 T-SQL 脚本创建 student 表；

（4）使用“SQL Server 导入和导出向导”工具将 Excel 文件中的数据导入 student 表中。

知识导读

6.3.1 导入数据

导入数据的步骤：

（1）启动 SQL Server Management Studio 应用程序，使用 Windows 身份验证模式登录；

（2）在“对象资源管理器”中展开“数据库”节点，右击要导入数据的数据库，在弹出的快捷菜单中选择“任务”→“导入数据”选项，打开“SQL Server 导入和导出向导”工具，数据源选择数据所在文件或其他数据库，目标选择该数据库；如果数据源选择的是文件，那么在导入数据之前，必须关闭该文件；

（3）设置导入数据的列属性，使导入数据的列属性和数据表的列属性相一致。如果数据的列属性不一致，则会导致导入数据失败。

6.3.2 导出数据

导出数据的步骤：

（1）启动 SQL Server Management Studio 应用程序，使用 Windows 身份验证模式登录；

（2）在“对象资源管理器”中展开“数据库”节点，右击要导出数据的数据库，在弹出的快捷菜单中选择“任务”→“导出数据”选项，打开“SQL Server 导入和导出向导”工具，数据源选择该数据库，目标选择接收数据的其他数据库或文件，文件可以是文本文件或 Excel 文件等；同样，如果目标选择的是文件，那么在导出数据之前，必须关闭该文件；

（3）选择要导出的数据表及表中的列，按照向导提示，完成导出数据功能。

任务实施

1. 将“学生成绩管理系统”数据库中的 student 表中的数据导出到 Excel 文件中

1）在 D 盘根目录下新建一个 Excel 文件，文件名为 student.xlsx。

2）启动 SQL Server Management Studio 应用程序，使用 Windows 身份验证模式登录。

3）在“对象资源管理器”中展开“数据库”节点，找到“student”数据库，如果没有，则需要附加该数据库。右击“student”数据库，在弹出的快捷菜单中选择“任务”→“导出数据”选项，打开“SQL Server 导入和导出向导”工具，单击“下一步”按钮，进入“选择数据源”窗口，如图 6-18 所示。

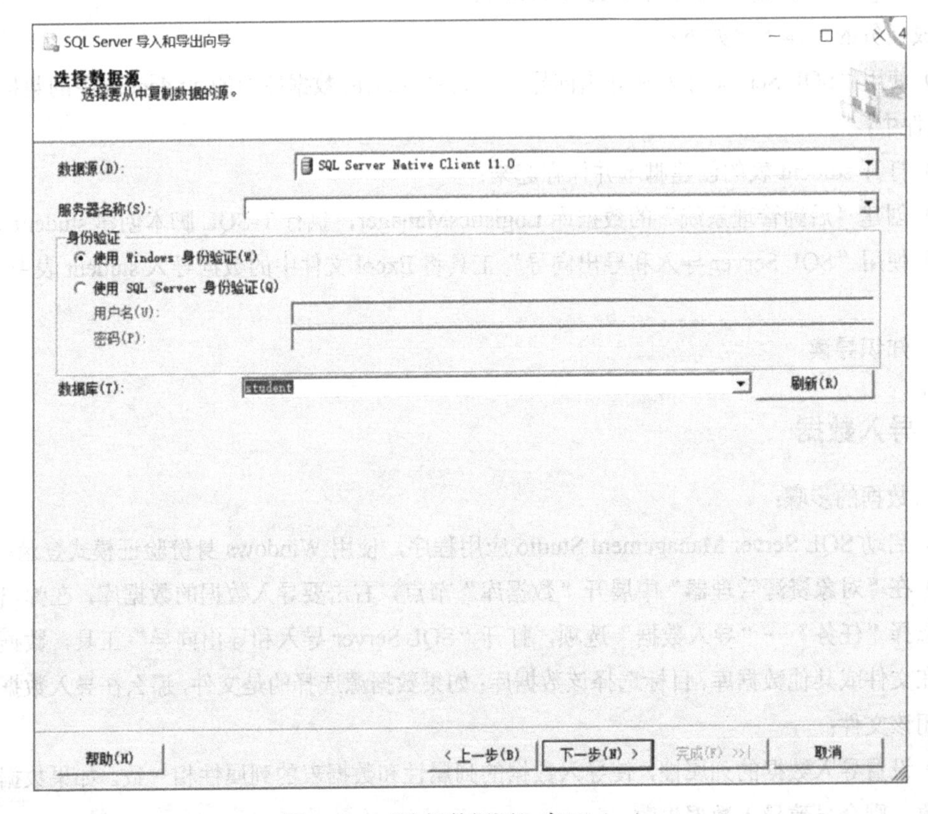

图 6-18 “选择数据源”窗口（一）

4）在“数据源”下拉列表框中选择指定数据源，这里使用默认选择“SQL Server Native Client 11.0”，在“服务器名称”下拉列表框中选择 student 数据库所在的服务器，也是默认值，在“身份验证”选项组中选择“使用 Windows 身份验证”单选按钮，在“数据库”下拉列表框中选择“student”，单击“下一步”按钮，进入“选择目标”窗口，如图 6-19 所示。

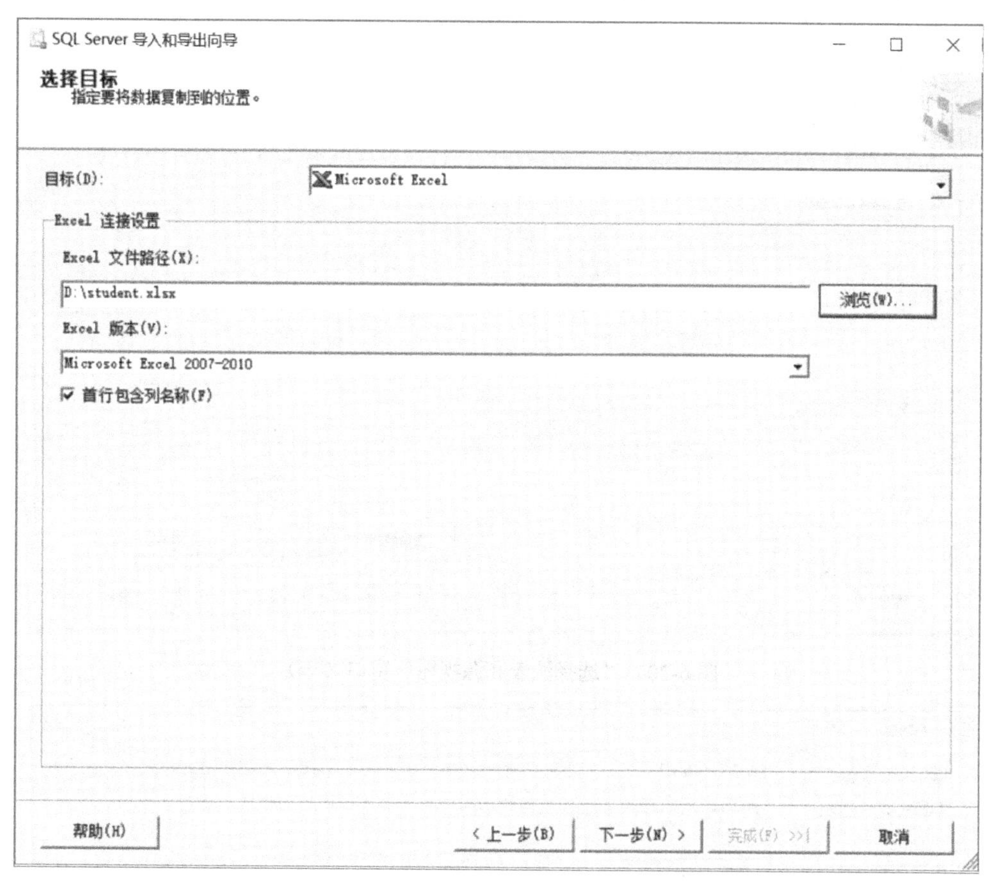

图 6-19　“选择目标”窗口（一）

5）在“选择目标”窗口中，设置“目标”下拉列表框中的选择项为“Microsoft Excel”，单击“浏览”按钮找到 D 盘根目录下的 student.xlsx 文件；Excel 版本根据实际情况选择；勾选“首行包含列名称”复选框，单击“下一步”按钮，进入“指定表复制或查询”窗口，选择“复制一个或多个表或视图的数据”单选按钮，继续单击“下一步”按钮，进入“选择源表和源视图”窗口，如图 6-20 所示。

6）勾选“源”列的“student”表前的复选框，目标列默认为“student”，和表名相同，也可以选择 Excel 中已经存在的工作表，如果使用默认值“student”，则导出后的 Excel 文件会生成一个名为“student”的新工作表以存储导出的学生基本信息。单击“编辑映射”按钮，打开“列映射”窗口，如图 6-21 所示。

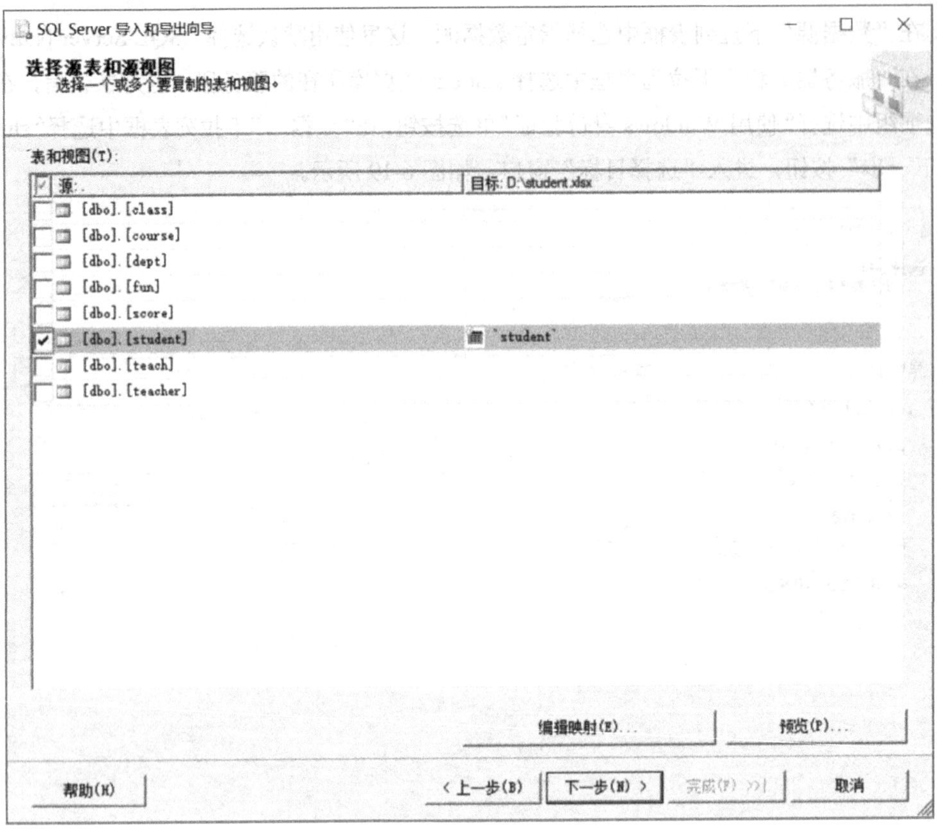

图 6-20 “选择源表和源视图”窗口（一）

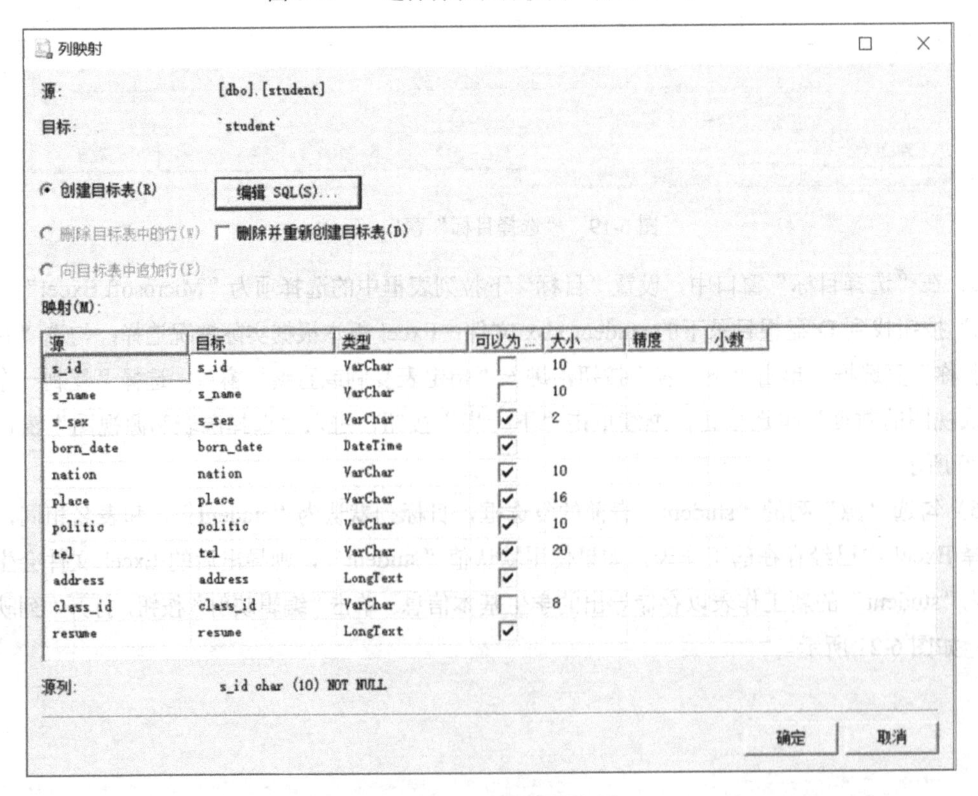

图 6-21 “列映射”窗口

7）在“列映射”窗口中，用户可以编辑“目标”列的名称，也可以忽略某列（不导出某列）。单击“确定”按钮返回“选择源表和源视图”窗口，单击“下一步”按钮，进入“保存并运行包”窗口，如图6-22所示。

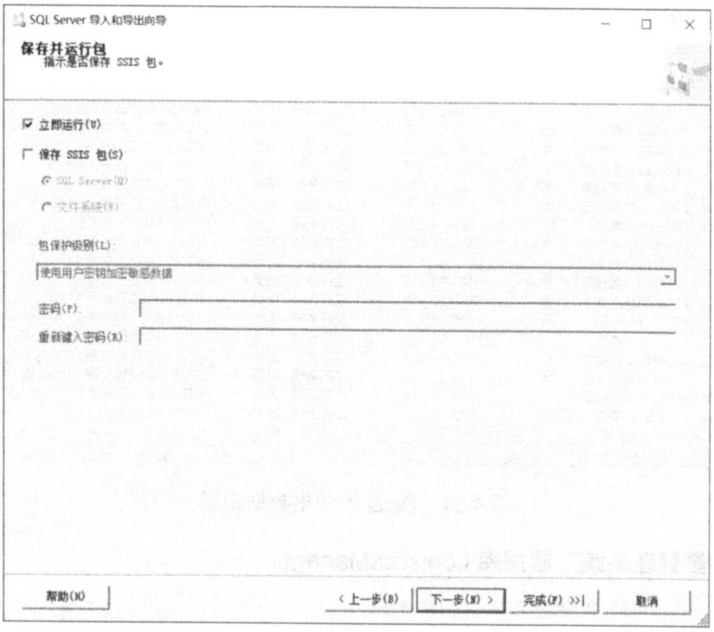

SQL Server 导入和导出向导
保存并运行包
指示是否保存 SSIS 包。
立即运行(U)
保存 SSIS 包(S)
SQL Server(Q)
文件系统(F)
包保护级别(L):
使用用户密钥加密敏感数据
密码(P):
重新键入密码(R):
帮助(H) < 上一步(B) 下一步(N) > 完成(F) >>| 取消

图6-22 “保存并运行包”窗口（一）

8）勾选“立即运行”复选框，单击“下一步”按钮，进入“完成该向导”窗口，单击“完成”按钮，系统会执行导出数据处理，如果没有出现问题，就会进入“执行成功”窗口，如图6-23所示。

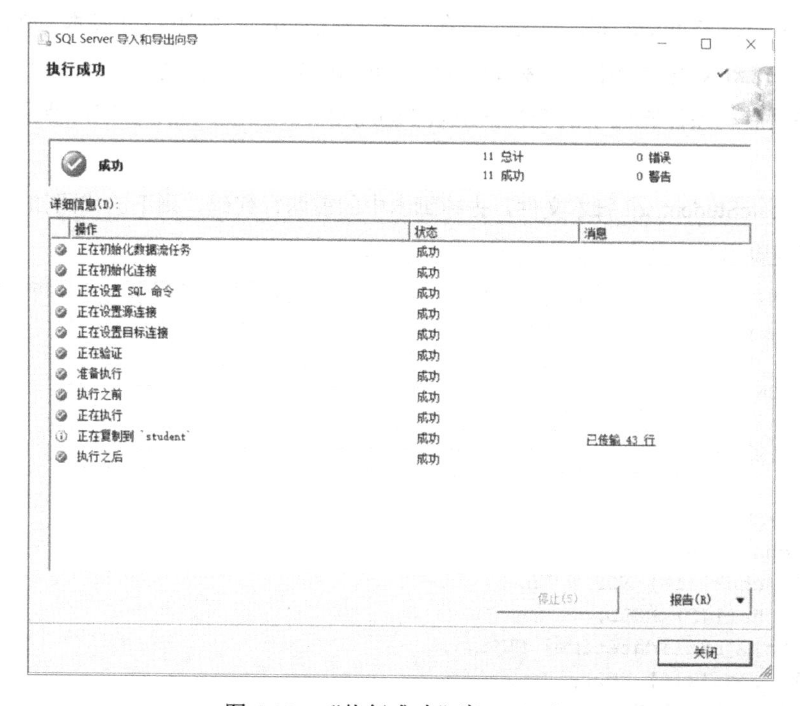

图6-23 “执行成功”窗口（一）

此时打开 student.xlsx 文件，就会发现多了一个名为“student”的工作表，该工作表中存储的正是 student 数据库中的 student 表中的数据，如图 6-24 所示。

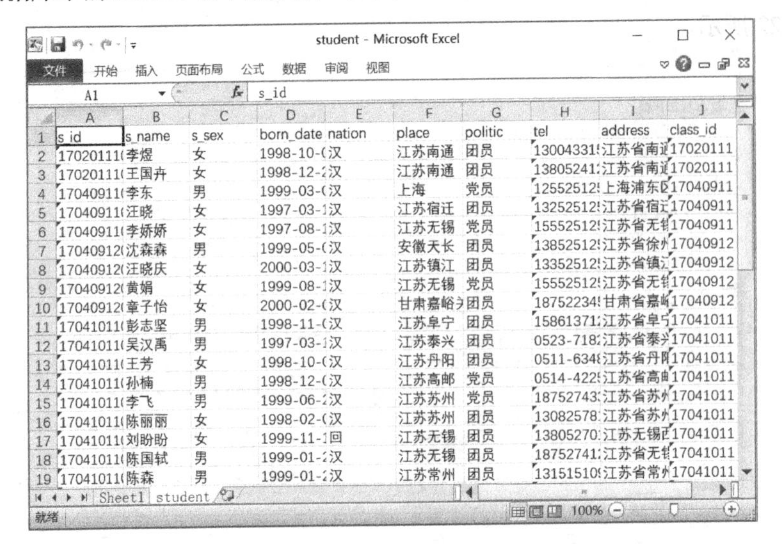

	A	B	C	D	E	F	G	H	I	J
1	s_id	s_name	s_sex	born_date	nation	place	politic	tel	address	class_id
2	17020111	李煜	女	1998-10-	汉	江苏南通	团员	13004331	江苏省南	17020111
3	17020111	王国卉	女	1998-12-	汉	江苏南通	团员	13805241	江苏省南	17020111
4	17040911	李东	男	1999-03-	汉	上海	党员	12552512	上海浦东	17040911
5	17040911	汪晓	女	1997-03-	汉	江苏宿迁	团员	13252512	江苏省宿	17040911
6	17040911	李娇娇	女	1997-08-	汉	江苏无锡	党员	15552512	江苏省无	17040911
7	17040912	沈森森	男	1999-05-	汉	安徽天长	团员	13852512	江苏省徐	17040912
8	17040912	汪晓庆	女	2000-03-	汉	江苏镇江	团员	13352512	江苏省镇	17040912
9	17040912	黄娟	女	1999-08-	汉	江苏无锡	党员	15552512	江苏省无	17040912
10	17040912	章子怡	女	2000-02-	汉	甘肃嘉峪	团员	18752234	甘肃省嘉	17040912
11	17041011	彭志坚	男	1998-11-	汉	江苏阜宁	团员	15861371	江苏省阜	17041011
12	17041011	吴汉禹	男	1997-03-	汉	江苏泰兴	团员	0523-718	江苏省泰	17041011
13	17041011	王芳	女	1998-10-	汉	江苏丹阳	团员	0511-634	江苏省丹	17041011
14	17041011	孙楠	男	1998-12-	汉	江苏高邮	党员	0514-422	江苏省高	17041011
15	17041011	李飞	男	1999-06-	汉	江苏苏州	党员	18752743	江苏省苏	17041011
16	17041011	陈丽丽	女	1998-02-	汉	江苏苏州	团员	13082578	江苏省苏	17041011
17	17041011	刘盼盼	女	1999-11-	回	江苏无锡	团员	13805270	江苏无锡	17041011
18	17041011	陈国轼	男	1999-01-	汉	江苏无锡	团员	18752741	江苏省无	17041011
19	17041011	陈森	男	1999-01-	汉	江苏常州	团员	13151510	江苏省常	17041011

图 6-24　Excel 中导出数据记录

2. 创建“后勤管理系统”数据库 LogisticsManager

```
CREATE DATABASE LogisticsManager
```

3. 为 LogisticsManager 数据库创建 student 表

1）启动 SQL Server Management Studio 应用程序，使用 Windows 身份验证模式登录。

2）在“对象资源管理器”中依次展开“数据库”→“student”数据库→“表”节点，右击“student”表，在弹出的快捷菜单中选择“编写表脚本为”→“CREATE 到”→“文件”选项，在弹出的对话框中输入文件名 createStudent.sql，单击“保存”按钮保存 createStudent.sql 脚本文件。

3）将 student.xlsx 电子表格文件和 createStudent.sql 脚本文件复制到“后勤管理系统”所在的计算机中，并且启动该计算机上的 SQL Server Management Studio 应用程序，使用 Windows 身份验证模式登录。

4）打开 createStudent.sql 脚本文件，去掉脚本中的前两行代码，剩下的代码如下所示（根据表结构的实际情况脚本会有所不同）：

```
/****** Object:  Table [dbo].[student]    Script Date: 07/18/2011 23:46:46 ******/
SET ANSI_NULLS ON
GO
SET QUOTED_IDENTIFIER ON
GO
SET ANSI_PADDING ON
GO
CREATE TABLE [dbo].[student](
    [s_id] [char](10) NOT NULL,
    [s_name] [char](10) NOT NULL,
    [s_sex] [char](2) NULL,
    [born_date] [smalldatetime] NULL,
    [nation] [char](10) NULL,
    [place] [char](16) NULL,
```

```
    [politic] [char](10) NULL,
    [tel] [char](20) NULL,
    [address] [varchar](40) NULL,
    [class_id] [char](8) NOT NULL,
    [resume] [varchar](100) NULL,
CONSTRAINT [PK_student] PRIMARY KEY CLUSTERED
(
    [s_id] ASC
)WITH (PAD_INDEX = OFF, STATISTICS_NORECOMPUTE = OFF, IGNORE_DUP_KEY = OFF, ALLOW_ROW_
LOCKS = ON, ALLOW_PAGE_LOCKS = ON) ON [PRIMARY]
) ON [PRIMARY]
GO
SET ANSI_PADDING OFF
GO
```

5）执行上述脚本会创建一个和 student 数据库中的 student 表一样的数据表，但外键约束无法创建。此时表中还没有数据记录，需要从 Excel 表中导入。

4. 将 Excel 文件中的数据导入 LogisticsManager 数据库中的 student 表中

1）启动 SQL Server Management Studio 应用程序，使用 Windows 身份验证模式登录。在“对象资源管理器”中展开“数据库”节点，右击“LogisticsManager”数据库，在弹出的快捷菜单中选择“任务”→“导入数据”选项，打开“SQL Server 导入和导出向导”工具，单击“下一步”按钮，进入“选择数据源”窗口，如图 6-25 所示。

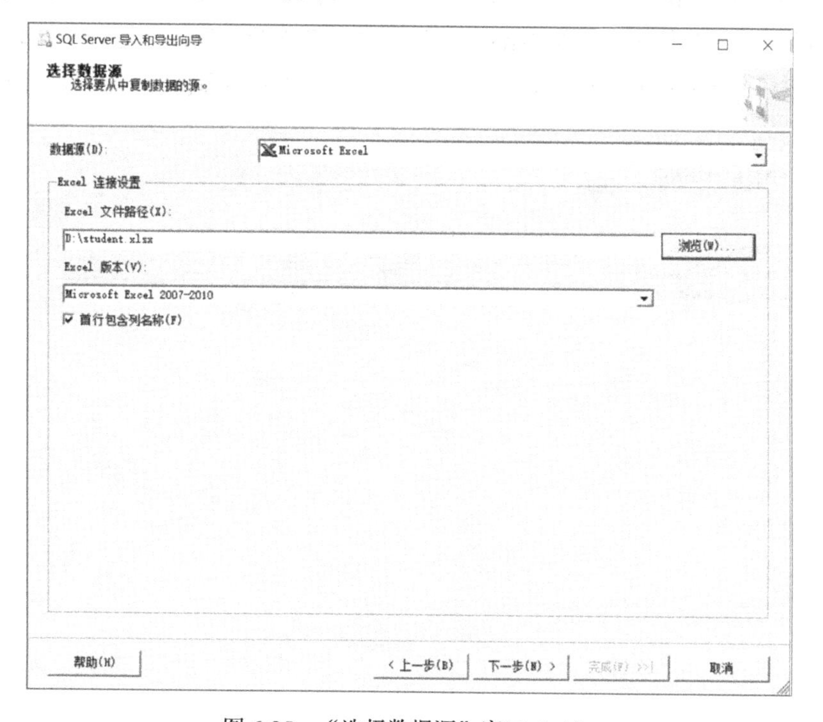

图 6-25 “选择数据源”窗口（二）

2）在“数据源”下拉列表框中选择“Microsoft Excel”，单击“浏览”按钮找到 student.xlsx 文件；根据实际情况选择 Excel 版本，单击“下一步”按钮，进入“选择目标”窗口，如图 6-26 所示。

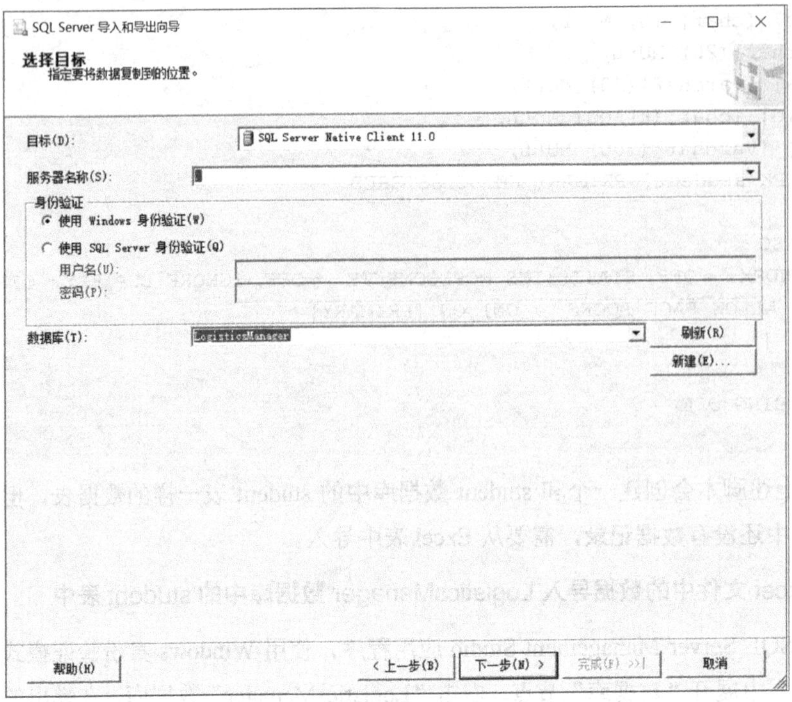

SQL Server 导入和导出向导

选择目标

指定要将数据复制到的位置。

目标(D): SQL Server Native Client 11.0

服务器名称(S):

身份验证

使用 Windows 身份验证(W)

使用 SQL Server 身份验证(Q)

用户名(U):

密码(P):

数据库(T): LogisticsManager

刷新(R)

新建(E)...

帮助(H) < 上一步(B) 下一步(N) > 完成(F) >>| 取消

图 6-26 “选择目标”窗口（二）

3）在“选择目标”窗口中，都使用默认值，选择 SQL Server 服务器中的“LogisticsManager”数据库，单击“下一步”按钮，进入“指定表复制或查询”窗口，选择“复制一个或多个表或视图的数据”单选按钮，继续单击“下一步”按钮，进入“选择源表和源视图”窗口，如图 6-27 所示。

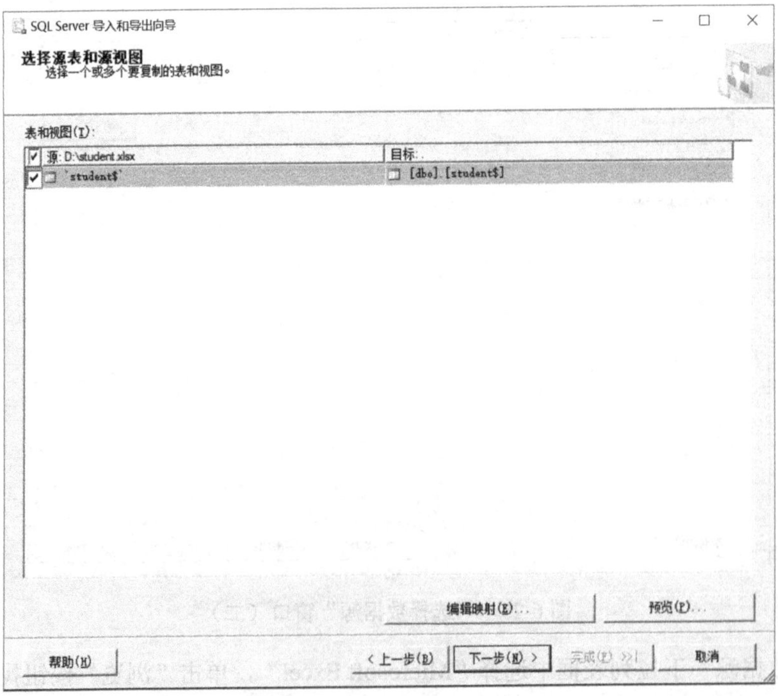

SQL Server 导入和导出向导

选择源表和源视图

选择一个或多个要复制的表和视图。

表和视图(T):

源: D:\student.xlsx	目标:
'student$'	[dbo].[student$]

编辑映射(E)... 预览(P)...

帮助(H) < 上一步(B) 下一步(N) > 完成(F) >>| 取消

图 6-27 “选择源表和源视图”窗口（二）

4）勾选“源”列的“student”工作表前的复选框，“目标”列选择“student”表，单击“下一步”按钮，进入“数据类型映射”窗口，继续单击“下一步”按钮，进入“保存并运行包”窗口，如图 6-28 所示。

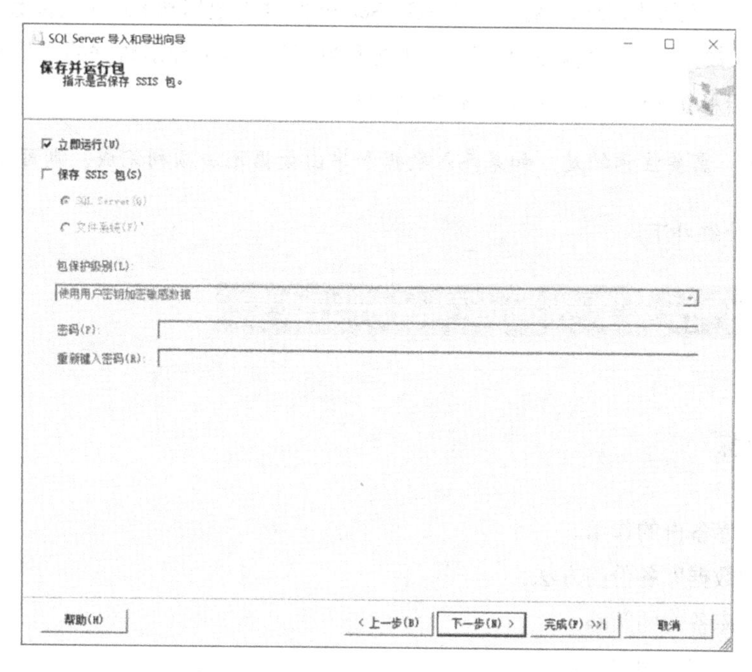

图 6-28　“保存并运行包”窗口（二）

5）勾选“立即运行”复选框，单击“下一步”按钮，进入“完成该向导”窗口，单击“完成”按钮，系统会执行导入数据处理，如果没有出现问题，就会进入“执行成功”窗口，如图 6-29 所示，此时 LogisticsManager 数据库的 student 表中就会有相关数据了。

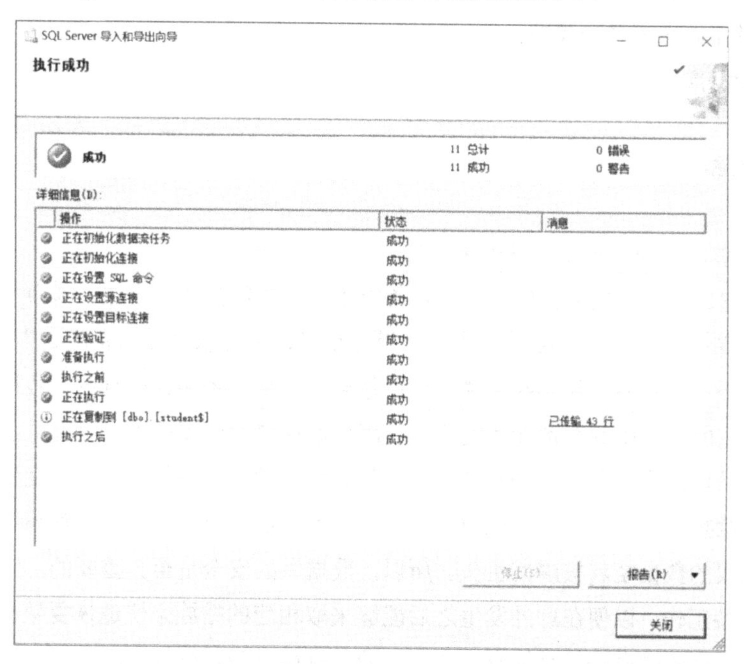

图 6-29　“执行成功”窗口（二）

任务总结

由于 Excel 文件便于携带和查看，因此 SQL Server 数据库数据和 Excel 文件数据之间的转换操作比较常见，导入数据和导出数据的差别就在于源和目标的不同：导出数据的源是 SQL Server 数据库中的数据表，目标是 Excel 文件；导入数据则刚好相反。

提 示 需要注意的是，如果导入数据和导出数据无法顺利完成，则可能需要安装 SQL Server 2017 SP1 升级补丁。

6.4 【工作任务】数据库的备份与恢复

知识目标

- 了解数据库备份的作用。
- 掌握各种数据库备份的方法。
- 了解数据库备份的策略。
- 掌握数据库恢复的方法。

能力目标

- 会采用各种方法备份数据库。
- 会分析并正确选择备份策略。
- 会恢复数据库。

任务情境

老 K：“恭喜你成为了数据库管理员。”

小 S：“谢谢！作为数据库管理员，我要负责数据库的日常运行工作，其中一项工作就是对数据库进行备份。我觉得 SQL Server 数据库已经很安全了，为什么还要备份呢？”

老 K：“对于一个实际应用系统来说，数据是至关重要的资源，一旦丢失数据，不仅影响正常的业务活动，严重的还会引起全部业务的瘫痪。而数据存储于计算机中，即使是最可靠的硬件和软件也会出现系统故障或产品损坏，如存储介质故障、用户的错误操作、居心不良者的故意破坏、自然灾害等，这些意想不到的问题时刻威胁着数据库中数据的安全，随时可能使系统崩溃。或许在不经意间，长期积累的数据资料被瞬间丢失。所以，数据库的安全是至关重要的，应该在意外发生之前做好充分的准备工作，以便在意外发生之后能够采取相应的措施来快速恢复数据库，使丢失的数据减少到最少。最有效的办法就是拥有一个有效的数据库备份，在数据库数据丢失之后通过数据库备份恢复数据库。”

小 S：“原来如此。”

老 K：“作为数据库管理员，平时定期对数据库进行备份、导入数据、导出数据，是一项非常重要的工作，这样数据库一旦出现损坏就可以在第一时间将数据进行恢复。”

任务描述

针对“学生成绩管理系统”的数据库 student 设计一种数据库备份策略，并且实现这种备份策略。

任务分析

student 数据库容量不大，而且只在学期初和学期末时数据改动量较大，其余时间数据改动量较小，所以在备份 student 数据库时可以采用学期开始前进行一次完全数据库备份，在学期期间可以进行几次数据库差异备份，在学期结束后进行一次事务日志备份。

完成以上任务的具体步骤如下：

（1）新建备份设备；

（2）在学期开始前进行完全数据库备份；

（3）在学期期间进行数据库差异备份；

（4）在学期结束后进行一次事务日志备份；

（5）发生异常情况时恢复数据库。

知识导读

6.4.1 SQL Server 数据库备份方式

SQL Server 提供了 4 种数据库备份方式：完全数据库备份、差异数据库备份、事务日志备份和文件或文件组备份。

1. 完全数据库备份

完全数据库备份全面记录备份开始的数据库状态，创建数据库中所有数据的副本，包含用户表、系统表、索引、视图和存储过程等所有数据库对象。和其他备份方式相比，完全数据库备份忠实记录了原数据库中的所有数据，但它需要花费更多的时间和存储空间，所以进行完全数据库备份的频率不宜过高。如果只进行完全数据库备份，那么在进行数据库恢复时只能恢复到进行最后一次完全数据库备份时的状态，该状态之后的所有数据更新将丢失。

需要说明的是，完全数据库备份是所有其他数据库备份方式的起点，任何数据库的第一次备份必须是完全数据库备份。

【例 6-12】使用“对象资源管理器”对 student 数据库进行完全数据库备份。

（1）启动 SQL Server Management Studio 应用程序，使用 Windows 身份验证模式登录。

（2）在“对象资源管理器”中展开“数据库”节点，右击“student”数据库，在弹出的快捷菜单中选择“属性”选项，打开“数据库属性”窗口，选择“选项”选择页，在“恢复模式”下拉列表框中选择“完整”，如图 6-30 所示。

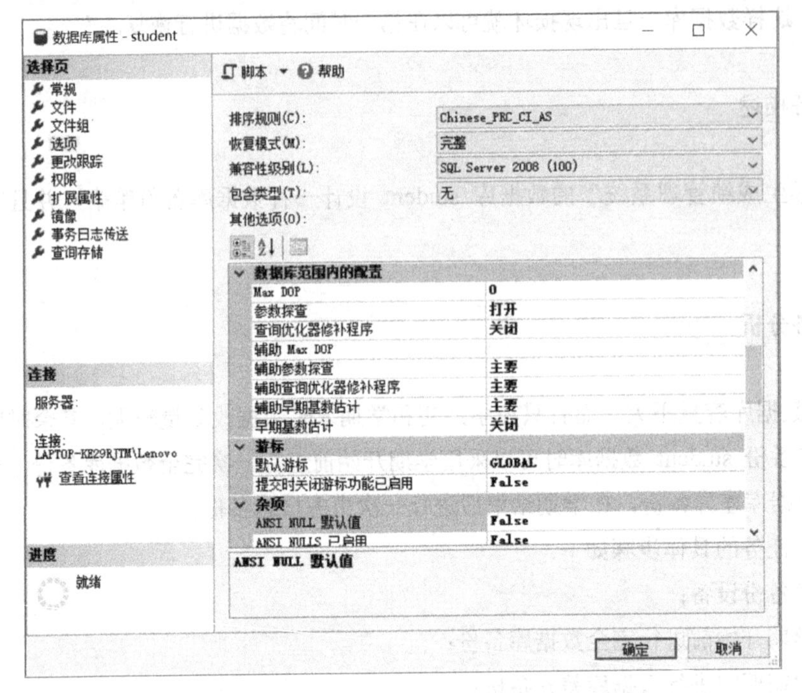

图 6-30 “数据库属性”窗口的“选项”选择页

（3）单击“确定”按钮应用修改结果。

（4）在“对象资源管理器”中展开“服务器对象”节点，右击“备份设备”选项，在弹出的快捷菜单中选择“新建备份设备”选项，打开“备份设备”窗口，如图 6-31 所示，输入设备名称“学生成绩管理系统备份”，单击“确定”按钮，完成新建备份设备。

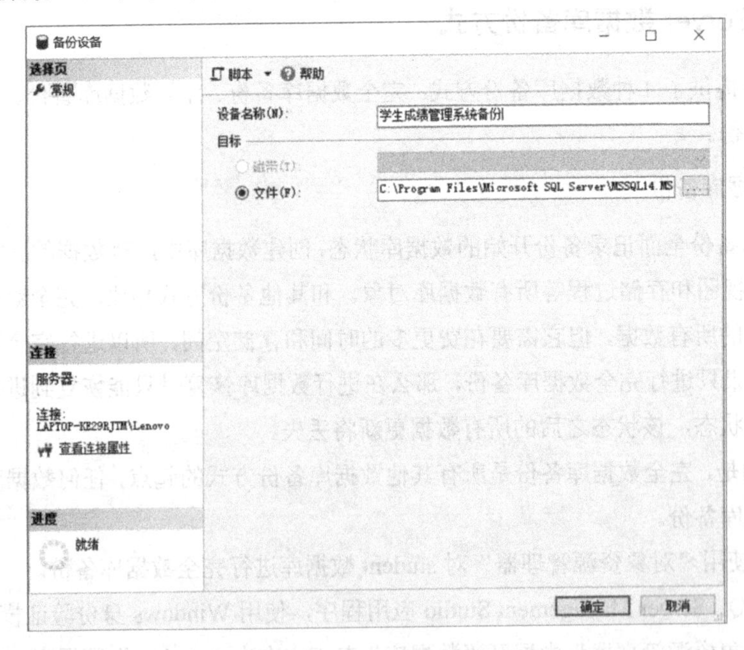

图 6-31 “备份设备”窗口

（5）右击“student”数据库，在弹出的快捷菜单中选择“任务”→“备份”选项，打开“备份数据库”窗口，如图 6-32 所示。

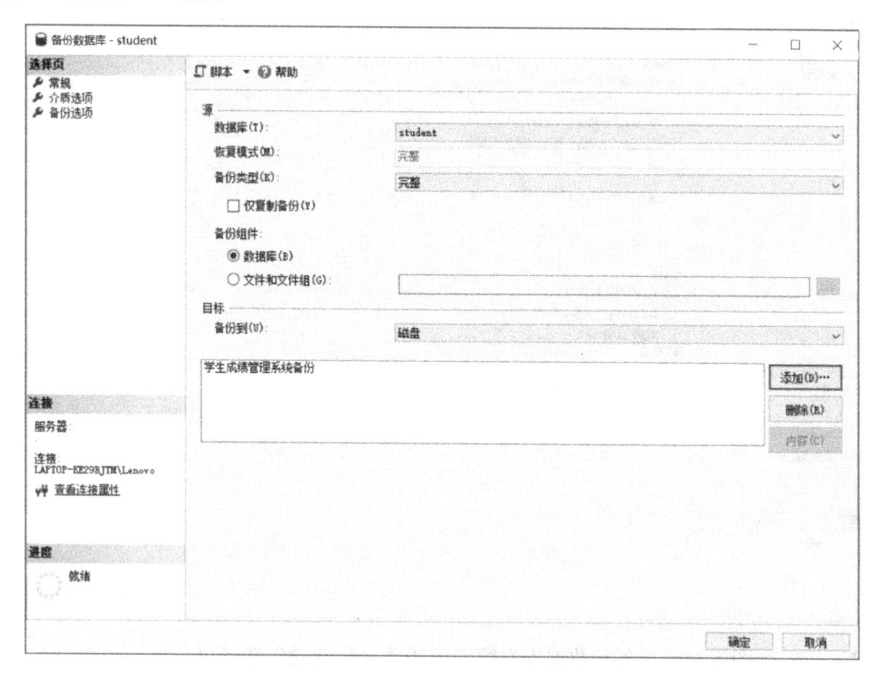

图 6-32 “备份数据库”窗口（一）

（6）在“备份数据库”窗口的“源”选项组中，在“数据库”下拉列表框中选择“student”，在“备份类型”下拉列表框中选择“完整”，其他使用默认值。

（7）在“备份数据库”窗口的“目标”选项组中，在“备份到”下拉列表框中选择“磁盘”，单击“删除”按钮删除已存在的默认生成的目录，然后单击“添加”按钮，打开“选择备份目标”对话框，选择“备份设备”单选按钮，在下拉列表框中选择新建的备份设备“学生成绩管理系统备份”，如图 6-33 所示。

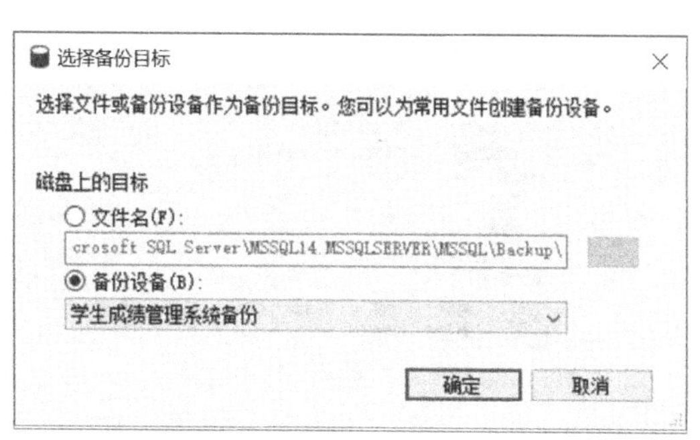

图 6-33 “选择备份目标”对话框

（8）单击“确定”按钮，返回“备份数据库”窗口，在“目标”选项组的文本框中添加了一个名为“学生成绩管理系统备份”的备份设备。

（9）选择“备份数据库”窗口中的“介质选项”选择页，如图 6-34 所示。

（10）选择“覆盖所有现有备份集”单选按钮，该选项用于初始化新的备份设备或覆盖现有备份设备；然后勾选“完成后验证备份”复选框，该选项用于核对实际数据库与备份数据库，以确保它们在备份完成之后一致。

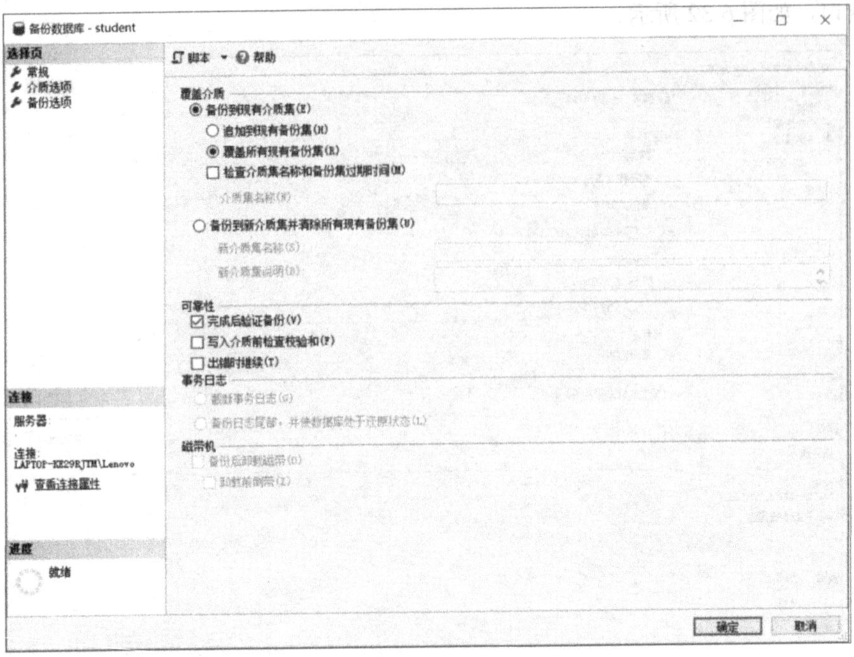

图 6-34 “备份数据库”窗口中的“介质选项”选择页（一）

（11）单击“确定”按钮完成对数据库的备份。

在完成数据库完全备份后，可以通过查看备份设备的属性来验证本次备份是否完成，步骤如下：

在“对象资源管理器”中依次展开“服务器对象”→“备份设备”节点，右击“学生成绩管理系统备份”备份设备，在弹出的快捷菜单中选择“属性”选项，打开“备份设备-学生成绩管理系统备份”窗口，选择“介质内容”选择页，在“备份集”列表框就可以看到刚刚创建的“student”数据库完全备份，如图 6-35 所示。

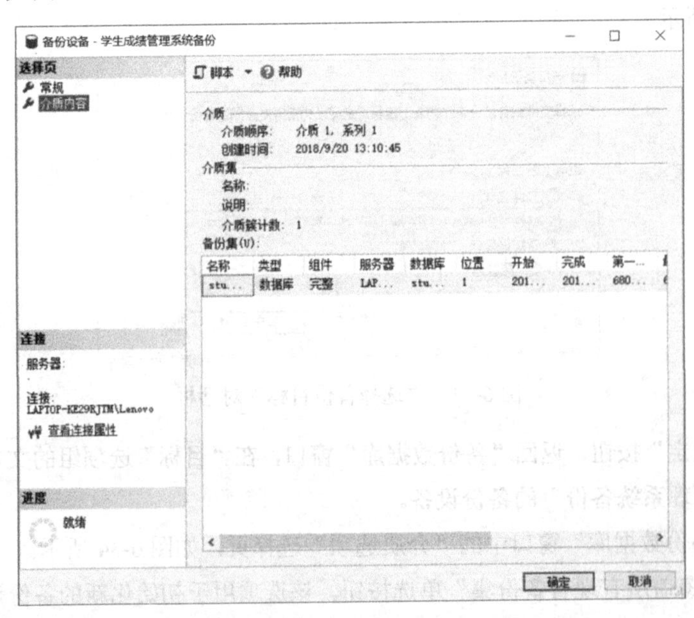

图 6-35 “备份设备-学生成绩管理系统备份”窗口（一）

除了使用图形化工具创建备份设备，还可以使用 BACKUP DATABASE 命令备份数据库，BACKUP DATABASE 的基本语法格式如下：

```
BACKUP DATABASE 数据库名称
TO 目标设备[,...n]
[WITH
[,NAME=名称]
[,DESCRIPTION=描述]
[,{INIT|NOINIT}]
]
```

说明：

- WITH。指定备份选项。
- NAME=名称。指定备份的名称。
- DESCRIPTION=描述。指定备份的描述。
- INIT | NOINIT。NOINIT 表示新建备份集将追加到指定的媒体集上，以保留现有的备份集；INIT 表示覆盖所有备份集，但是保留媒体标头。

2. 差异数据库备份

差异数据库备份只记录自上次完全数据库备份后发生改变的数据，通常用于频繁修改数据的数据库，必须有一个完全数据库备份作为恢复数据的基准。例如，在星期一执行了完全数据库备份，并且在星期二执行了差异数据库备份，那么该差异数据库备份将记录自星期一的完全数据库备份以后发生的所有改变，在星期三进行的差异数据库备份也将记录自星期一的完全数据库备份以后发生的所有改变。差异数据库备份每进行一次都会变得更大，但是仍然比完全数据库备份小。

当数据量十分庞大时，执行一次完全数据库备份需要耗费很多的时间和空间，因此完全数据库备份不宜频繁进行。在进行一次完全数据库备份之后，当数据库自上次完全备份只修改了很少的数据时，比较适合进行差异数据库备份。

【例 6-13】使用“对象资源管理器”对 student 数据库进行一次差异数据库备份。

（1）启动 SQL Server Management Studio 应用程序，使用 Windows 身份验证模式登录。

（2）在“对象资源管理器”中展开“数据库”节点，右击“student”数据库，在弹出的快捷菜单中选择“任务”→“备份”选项，打开“备份数据库”窗口，如图 6-36 所示。

（3）在“备份数据库”窗口中，在“数据库”下拉列表框中选择“student”，在“备份类型”下拉列表框中选择“差异”，其他使用默认值。确保“目标”选项组的文本框中是“学生成绩管理系统备份”备份设备，如果不是，则通过先“删除”再“添加”的方法将之改为“学生成绩管理系统备份”备份设备。

（4）选择“备份数据库”窗口中的“介质选项”选择页，如图 6-37 所示。

备份数据库 - student

选择页
常规
介质选项
备份选项

脚本 帮助

源
数据库(T): student
恢复模式(M): 完整
备份类型(K): 差异
仅复制备份(Y)
备份组件:
数据库(B)
文件和文件组(G):

目标
备份到(U): 磁盘
学生成绩管理系统备份
添加(D)…
删除(R)
内容(C)

连接
服务器:
连接:
LAPTOP-KE29RJTM\Lenovo
查看连接属性

进度
就绪

确定 取消

图 6-36 “备份数据库”窗口（二）

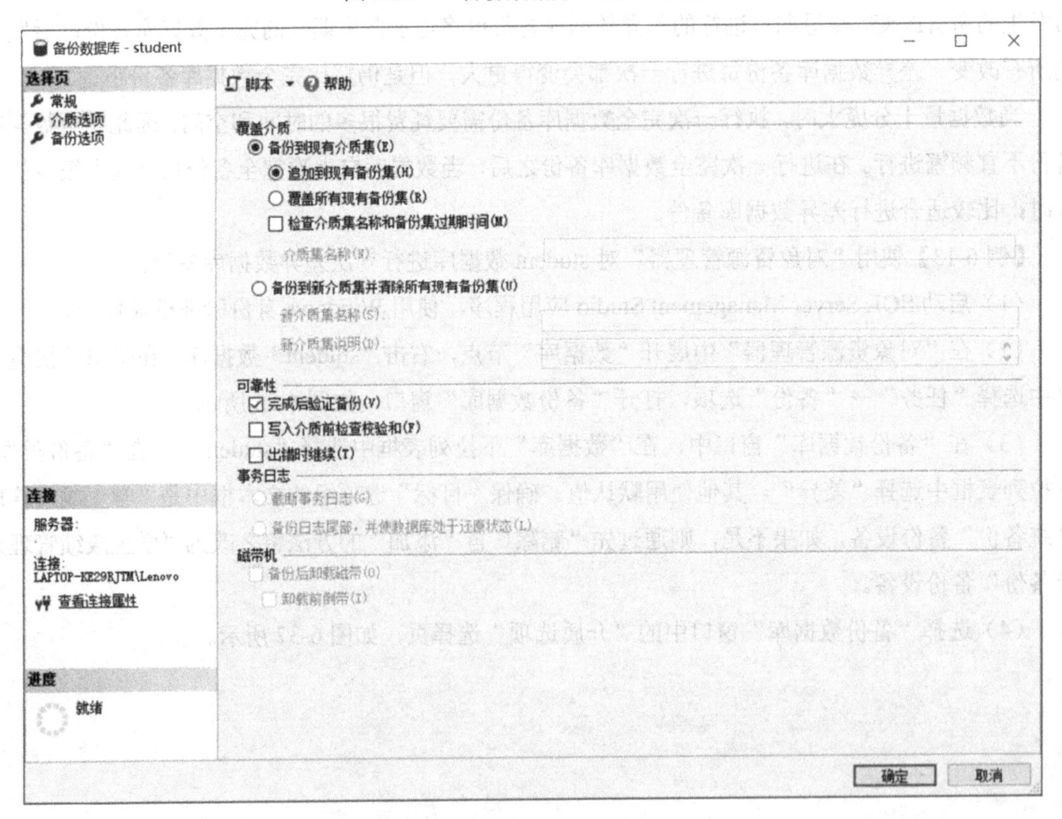

图 6-37 “备份数据库”窗口中的“介质选项”选择页（二）

（5）选择“追加到现有备份集”单选按钮；然后勾选“完成后验证备份”复选框，该选项用于核对实际数据库与备份数据库，以确保它们在备份完成之后一致。

（6）单击“确定”按钮完成对数据库的备份。此时查看“学生成绩管理系统备份”备份设备的属性，可以看到刚刚创建的 student 数据库差异备份，如图 6-38 所示。

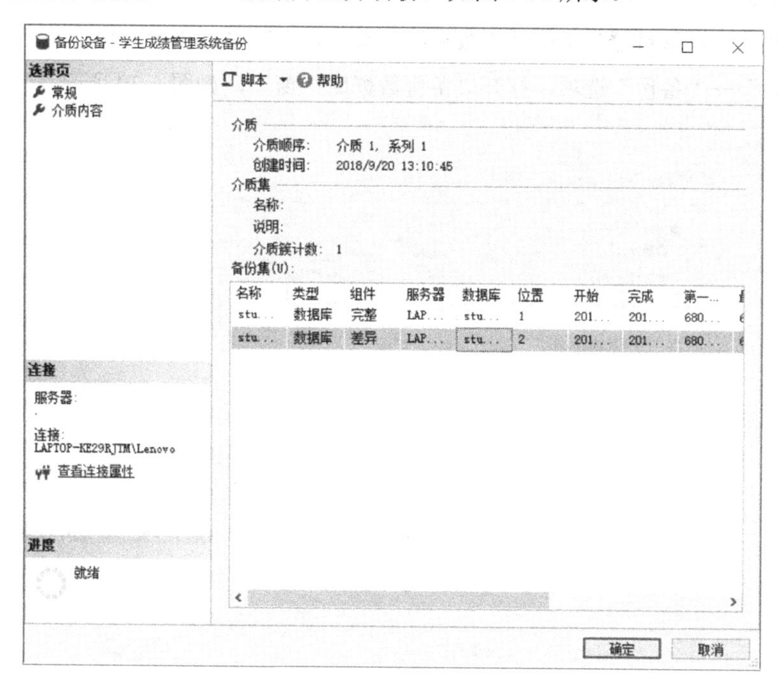

图 6-38　“备份设备-学生成绩管理系统备份”窗口（二）

创建差异数据库备份也使用 BACKUP DATABASE 命令，其语法和完全数据库备份的语法相似，语法格式如下：

```
BACKUP DATABASE 数据库名称
TO 目标设备[,...n]
[WITH DIFFERENTIAL
[,NAME=名称]
[,DESCRIPTION=描述]
[,{INIT|NOINIT}]
]
```

说 明　其中 WITH DIFFERENTIAL 子句指明本次备份是差异备份，其他参数和完全数据库备份的参数完全一样。

3. 事务日志备份

事务日志备份记录自上次事务日志备份后对数据库执行的所有事务的一系列记录。可以使用事务日志备份将数据库恢复到特定的时间点（如执行了错误操作前的那个点）或故障点之前。事务日志备份比完全数据库备份使用的资源少，因此可以频繁地创建事务日志备份以减少丢失数据的危险。一般情况下，事务日志备份可还原到比差异数据库备份更后面、更新的位置，但由于事务日志备份恢复数据是通过一系列与原操作逆向的操作来实现的，因此事务日志备份恢复数据所需的时间要更长一些。事务日志备份同样也必须要有一个完全数据库备份作为恢复数据的基准。

尽管事务日志备份依赖于完全数据库备份，但它并不备份数据库本身，这种类型的备份只记录事务日志的适当部分，即从上一个事务被执行以来发生变化的部分。

【例 6-14】使用对象资源管理器对 student 数据库进行事务日志备份。

（1）启动 SQL Server Management Studio 应用程序，使用 Windows 身份验证模式登录。

（2）在“对象资源管理器”中展开“数据库”节点，右击“student”数据库，在弹出的快捷菜单中选择“任务”→“备份”选项，打开“备份数据库”窗口，如图 6-39 所示。

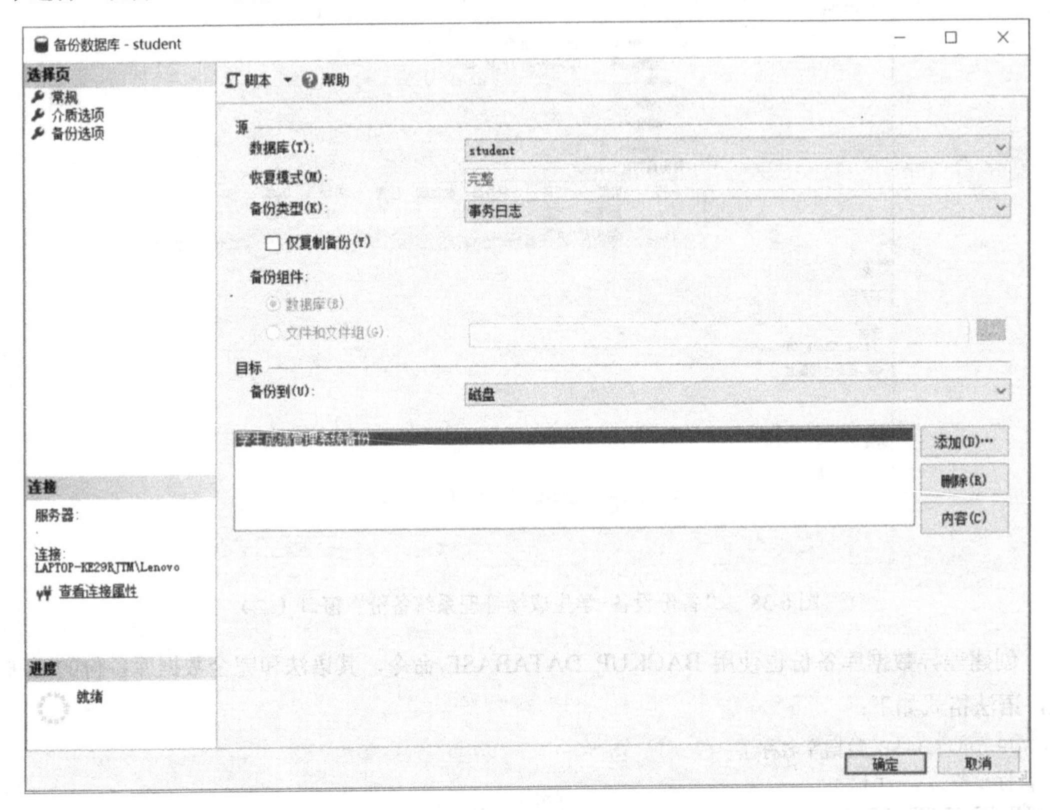

图 6-39 “备份数据库”窗口（三）

（3）在“备份数据库”窗口中，在“数据库”下拉列表框中选择“student”，在“备份类型”下拉列表框中选择“事务日志”，其他使用默认值。确保“目标”选项组的文本框中是“学生成绩管理系统备份”备份设备，如果不是，则通过“删除”后再“添加”的方法将之改为“学生成绩管理系统备份”备份设备。

（4）选择“备份数据库”窗口中的“介质选项”选择页，选择“追加到现有备份集”单选按钮；然后勾选“完成后验证备份”复选框，该选项用于核对实际数据库与备份数据库，以确保它们在备份完成之后一致；选择“截断事务日志”单选按钮。

（5）单击“确定”按钮完成对数据库的备份。此时查看“学生成绩管理系统备份”备份设备的属性，可以看到刚刚创建的事务日志备份，如图 6-40 所示。

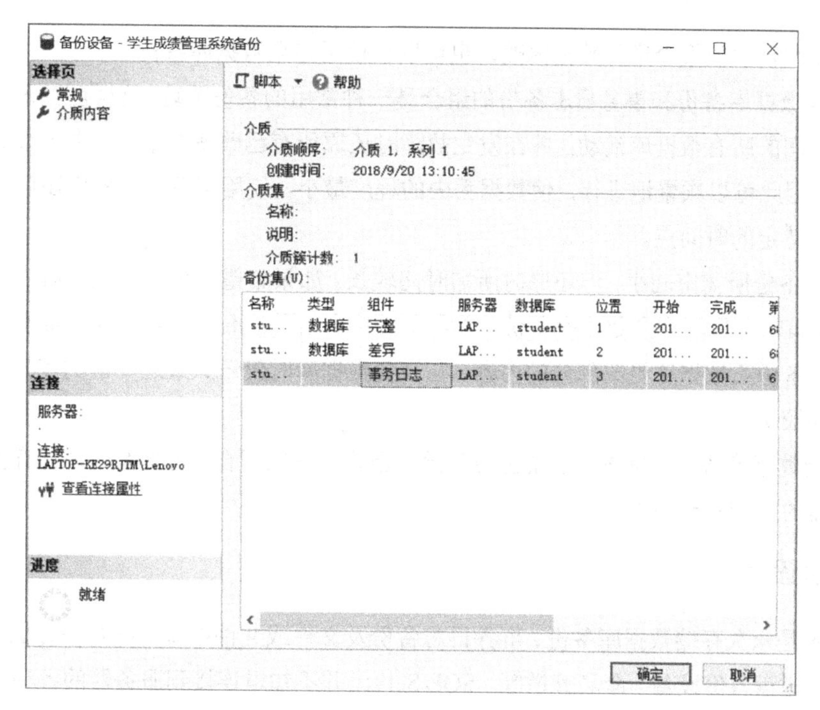

图 6-40　“备份设备-学生成绩管理系统备份”窗口（三）

创建事务日志备份使用 BACKUP LOG 命令，其语法格式和完全数据库备份的语法格式相似，语法格式如下：

```
BACKUP LOG 数据库名称
TO 目标设备[,...n]
[WITH
[,NAME=名称]
[,DESCRIPTION=描述]
[,{INIT|NOINIT}]
]
```

说明　其中 LOG 指明本次备份为事务日志备份，其他参数和完全数据库备份的参数完全一样。

4. 文件或文件组备份

当一个数据库很大时，对整个数据库进行备份可能会花很长时间，这时可以采用文件和文件组备份，即对数据库中的部分文件或文件组进行备份。

文件组是一种将数据库存储于多个文件上的方法，这样，数据库就不会受到只能存储于某个磁盘中的限制，而是可以分散到许多磁盘中。利用文件组备份，每次可以备份这些文件当中的一个或多个文件，而不是同时备份整个数据库。例如，如果数据库由几个位于不同物理磁盘中的文件组成，当其中一个磁盘发生故障时，只需还原发生故障的磁盘中的文件。

6.4.2　备份策略

备份策略是指确定需要备份的内容、备份时间及备份方式的一种数据备份方式。不同规模和不同性质的数据库使用的备份策略有所不同。对于一个规模较小的数据库，可以只使用完全数据库备份。如果数据库较大但很少进行数据修改，也可以只使用完全数据库备份。

使用完全数据库备份和事务日志备份的组合是一种常用的备份策略，这样可以记录在两次完全数据库备份之间的所有数据库活动，并在发生故障时还原所有已改变的数据。由于事务日志备份所需空间较小，因此可以频繁地进行，使数据丢失的程度最小。使用事务日志备份还可以在还原数据时指定还原到特定的时间点。

事务日志备份所需空间小，但还原时所需时间较长。如果希望减少发生故障后恢复数据库的时间，那么备份策略可采用完全数据库备份和差异数据库备份的组合。差异数据库备份中仅包含自上次完全数据库备份后数据库更改部分的内容，在恢复数据库时仅还原最近一次的差异备份即可，所以恢复的时间较快。

使用完全数据库备份、事务日志备份与差异数据库备份的组合，可以有效地保存数据，并且使故障恢复所需的时间减至最少。

6.4.3 备份设备

备份设备是永久存储数据库备份、事务日志备份及文件或文件组备份的物理存储介质。常见的备份设备包括磁盘备份设备、命名管道等。SQL Server 并不知道连接到服务器的各种介质形式，因此必须通知 SQL Server 将备份存储于什么地方。

在执行数据库备份之前，首先要创建备份设备，创建备份设备有两种方法：一是在 SQL Server Management Studio 应用程序中使用现有功能，通过“对象资源管理器”创建；二是通过使用系统存储过程 SP_ADDUMPDEVICE 创建。

1. 使用“对象资源管理器”创建备份设备

使用“对象资源管理器”创建备份设备，首先展开服务器中的“服务器对象”节点，然后右击“备份设备”节点，选择“新建备份”选项，打开“备份设备”窗口，如图 6-41 所示。

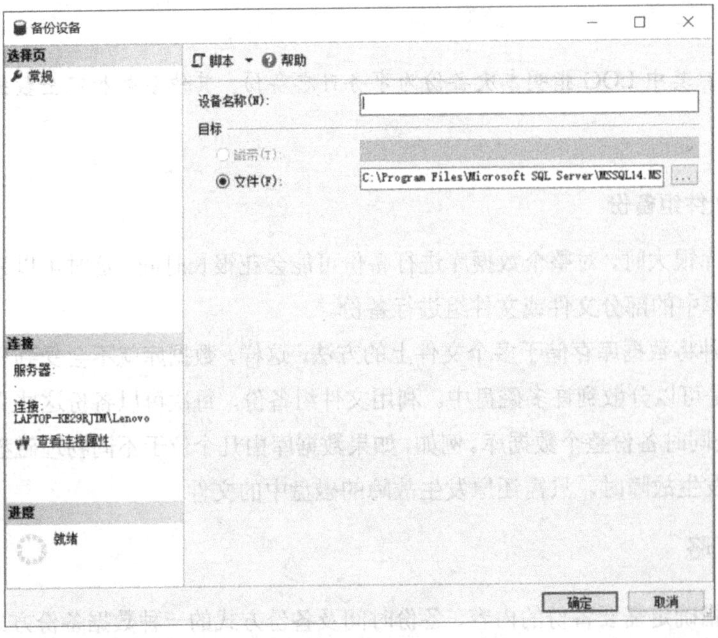

图 6-41 “备份设备”窗口

在“备份设备”窗口中输入设备名称并指定该备份设备的完整路径，单击“确定”按钮完成备份设备的创建。

2. 使用 T-SQL 语句创建备份设备

使用系统存储过程 SP_ADDUMPDEVICE 创建备份设备，语法格式如下：

```
EXEC SP_ADDUMPDEVICE  备份设备类型
,备份设备逻辑名称
,备份设备物理名称
```

说明：

- 备份设备的类型可取值 disk 或 pipe，其中 disk 是指将磁盘文件作为备份设备，pipe 是指将命名管道作为备份设备。
- 备份设备逻辑名称无默认值且不能为 NULL，一般在 BACKUP 或 RESTORE 语句中使用。
- 备份设备物理名称必须遵循操作系统文件命名规则或网络设备通用命名约定，并且必须包含完整路径。

6.4.4　恢复数据库

恢复数据库，就是使数据库根据备份的数据恢复到备份时的状态。恢复数据库时，SQL Server 会自动将备份文件中的数据全部复制到数据库，并且回滚所有未完成的事务，以保证数据库中数据的完整性。

恢复数据库前，管理员应当断开数据库和客户端的所有连接，并且在执行恢复操作的管理员也不能使用该数据库，只能连接到 master 数据库或其他数据库。

1. 使用“对象资源管理器”恢复数据库

【例 6-15】使用“对象资源管理器”恢复 student 数据库。

（1）启动 SQL Server Management Studio 应用程序，使用 Windows 身份验证模式登录。

（2）在“对象资源管理器”中展开“数据库”节点，右击“student”数据库，在弹出的快捷菜单中选择“任务”→“还原”→“数据库”选项，打开“还原数据库”窗口，在窗口中的“目标”选项组的“数据库”下拉列表框中选择要还原的“student”数据库，在“源”选项组选择“设备”单选按钮，单击右侧的[...]按钮，打开“选择备份设备”窗口，在“备份介质类型”下拉列表框中选择“备份设备”选项，然后单击“添加”按钮，在弹出的“选择备份设备”对话框的“备份设备”下拉列表框中选择之前创建好的“学生成绩管理系统备份”，如图 6-42 所示。

（3）在连续单击两次“确定”按钮后，返回“还原数据库”窗口，在“要还原的备份集”下方可以看到该备份设备中所有的备份内容，选择所有的备份内容，如图 6-43 所示。

（4）单击“确定”按钮完成恢复数据库操作。

2. 使用 T-SQL 语句恢复数据库

恢复数据库的语法格式比较复杂，简略的语法格式如下：

```
RESTORE DATABASE 数据库名称
FROM 备份设备
```

说 明 备份设备：指定恢复数据库操作要使用的逻辑备份设备或物理备份设备。

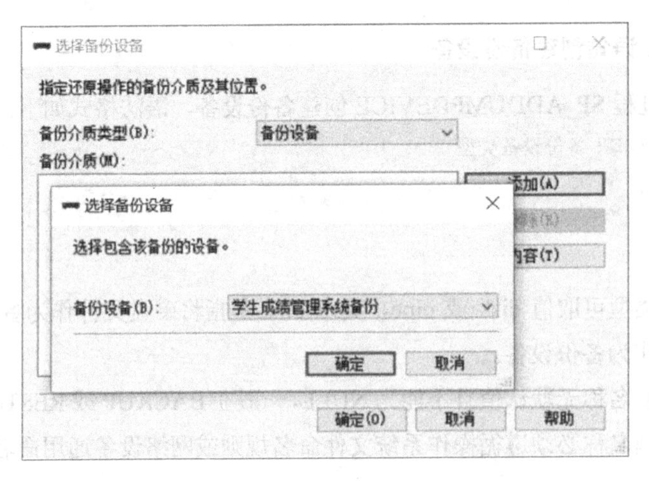

图 6-42 “选择备份设备”对话框

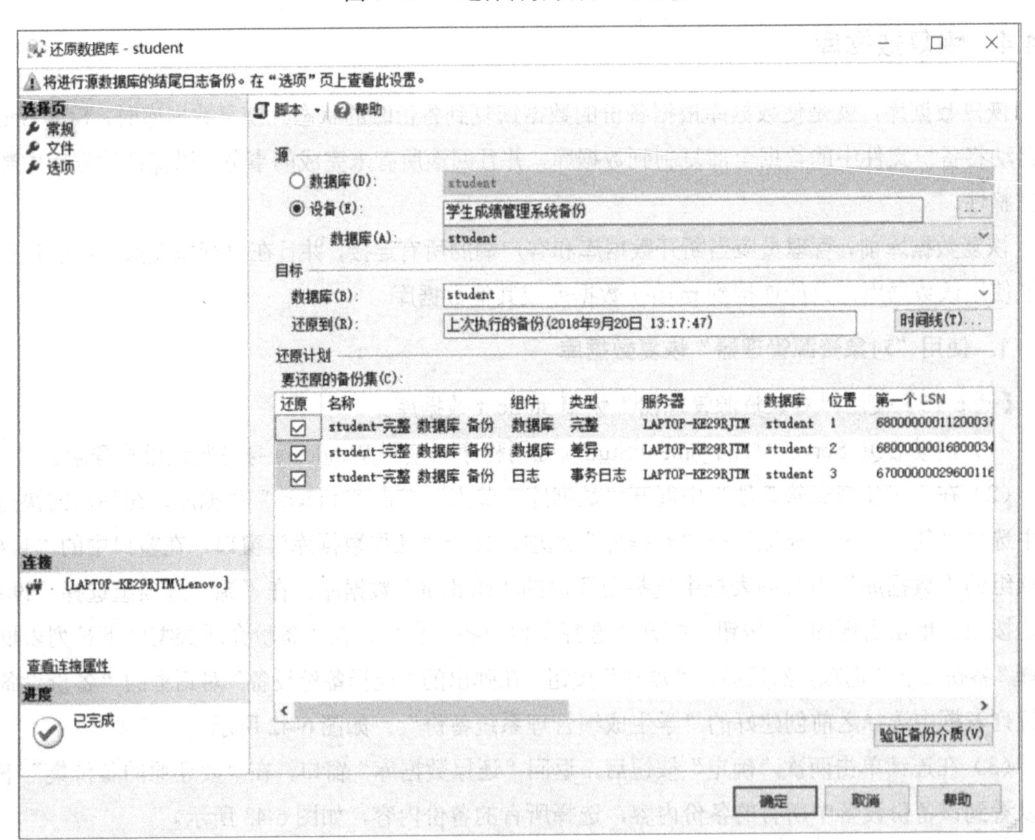

图 6-43 “还原数据库”窗口

任务实施

1. 创建一个名为“学生成绩管理系统备份”的备份设备

```
USE master
```

```
GO
EXEC SP_ADDUMPDEVICE 'disk','学生成绩管理系统备份','D:\back'
```

2. 备份数据库

对 student 数据库进行一次完全数据库备份，备份设备为刚创建的“学生成绩管理系统备份”，采用本地磁盘备份，并且此次备份要覆盖以前所有的备份。

使用 BACKUP DATABASE 命令备份数据库，代码如下：

```
BACKUP DATABASE student
TO '学生成绩管理系统备份'
WITH INIT,
NAME='学生成绩管理系统备份-完整'
```

3. 对 student 数据库进行差异数据库备份

```
BACKUP DATABASE student
TO '学生成绩管理系统备份'
WITH DIFFERENTIAL,
NOINIT,
NAME='学生成绩管理系统备份-差异'
```

4. 对 student 数据库进行事务日志备份

```
BACKUP LOG student
TO '学生成绩管理系统备份'
WITH NOINIT,
NAME='学生成绩管理系统备份-事务日志'
```

5. 数据库恢复

```
RESTORE DATABASE student
FROM '学生成绩管理系统备份'
```

任务总结

由于 student 数据库数据量较小，数据变化也不频繁，因此可以只使用完全数据库备份方式来备份数据库。

对于一个应用系统而言，数据库数据的安全至关重要，保护数据库数据安全最有效的方法就是拥有一个有效的数据库备份，可以在数据库数据丢失之后将之恢复。

思考与练习

一、选择题

1. 在下面（　　）情况下，可以不使用事务日志备份的策略。

   A. 数据非常重要，不允许任何数据丢失

   B. 数据量很大，而提供备份的存储设备相对有限

   C. 数据不是很重要，更新速度也不快

   D. 数据更新速度很快，要求精确恢复到意外发生前几分钟

2．可以将下列（　　）类型的数据文件直接导入到 SQL Server 数据库中。

A．电子表格文件　　B．文本文件

C．MySQL 文件　　D．ORACLE 数据库文件

3．SQL Server 的安全体系结构中，下列（　　）是用户接受的第 3 次安全检验。

A．客户机操作系统的安全性　　B．数据库的使用安全性

C．SQL Server 的登录安全性　　D．数据库对象的使用安全性

4．下列（　　）角色的用户具有最大的权限，可以执行 SQL Server 的任何操作。

A．serveradmin　　B．setupadmin　　C．sysadmin　　D．securityadmin

5．下列（　　）不是备份数据库的理由。

A．数据库崩溃时恢复　　B．数据库数据的误操作

C．记录数据的历史档案　　D．转换数据库

6．能将数据库恢复到某个时间点的备份类型是（　　）。

A．完全数据库备份　　B．差异数据库备份

C．事务日志备份　　D．文件或文件组备份

7．以下（　　）选项不是 Windows 身份验证模式的优点。

A．数据库管理员的工作可以集中在管理数据库方面，而不是管理用户账户

B．Windows 操作系统有着更强的用户账户管理工具，有些功能是 SQL Server 不具备的

C．Windows 操作系统的组策略支持多个用户同时被授权访问 SQL Server 2017

D．创建了 Windows 操作系统之上的另外一个安全层次

8．在 SQL Server 2017 中，不能创建（　　）。

A．数据库角色　　B．服务器角色

C．自定义函数　　D．自定义数据类型

9．使用存储过程（　　）可以创建 SQL Server 登录账号。

A．SP_DROPLOGIN　　B．SP_REVOKELOGIN

C．SP_GRANTLOGIN　　D．SP_ADDLOGIN

二、填空题

1．数据库管理系统必须具有将数据库从错误状态恢复到某已知的正确状态的功能，这种功能是通过数据的__________与__________机制实现的。

2．针对不同数据库系统的实际情况，SQL Server 2017 提供了 4 种数据库备份方式，它们分别是______________、______________、______________和______________。

3．SQL Server 2017 为用户提供了两种身份验证模式，它们分别是________________________和________________________。

4．在 SQL Server 中有两种角色，即__________与__________。

5．SQL Server 2017 的数据库级别上有两个特殊的数据库用户，分别为________和________。

6．在 SQL Server 2017 有 3 种类型的权限，即__________、__________和__________。

三、简答题

1．简述数据库用户访问数据库时需要进行的 4 次安全性检验过程。

2．简述数据库安全性与计算机操作系统的安全性的关系。

3．为什么说角色可以方便管理员集中管理用户的权限？

4．简述备份数据的重要性。

5．某企业的数据库每周六凌晨0:00进行一次完全数据库备份，其余每天凌晨0:00点进行一次差异数据库备份，每小时进行一次事务日志备份。如果数据库在2016-12-31（星期六）5:30崩溃，应如何将其恢复才能使损失最小？

四、设计题

在teachdb数据库中用T-SQL语言实现下列功能。

1．创建登录账号mylogin。

2．将teachdb数据库的用户userA映射给登录账号mylogin。

3．授权用户userA查询成绩表。

第二篇　实训篇

第 7 章　实战提高

7.1 【实训】“社区书房管理系统”数据库设计

7.1.1　实训目的

- 基本掌握数据库结构设计的整体流程。
- 理解实体、属性及联系等数据库概念模型的基本概念。
- 掌握绘制 E-R 图的方法。
- 学会将 E-R 图转换成关系模式，并且利用范式对关系模式进行规范化。
- 培养学生沟通、团结协作和自主学习的能力。

7.1.2　实训准备

- 认真阅读本实训内容。
- 认真学习并理解实体、属性及联系等的基本概念，掌握 E-R 图的绘制方法，掌握将 E-R 图转换成关系模式的具体方法，掌握如何利用范式对关系模式进行规范化。

7.1.3　实训任务

书房管理是一项烦琐的工作，现某社区书房要开发一个书房管理系统软件来辅助图书管理工作，以减少书房管理员的工作量、提高图书管理效率。请设计“社区书房管理系统”数据库，完成对“社区书房管理系统”数据库中表结构的设计。

1. “社区书房管理系统”数据库需求分析

根据对社区书房图书管理过程的调查、了解、分析及用户对“社区书房管理系统”的功能需求，绘制出系统所需处理的数据流程图。

2. “社区书房管理系统”数据库概念设计

在需求分析的基础上，设计出能满足需求的各种实体、实体所具有的属性及实体之间的联系，并且绘制出 E-R 图，具体步骤如下。

（1）“社区书房管理系统”数据库中有 3 个实体集：图书、________和________。

（2）各实体的属性如下。

图书：____

________：____

________：____

（3）实体之间的联系类型如下。

图书与读者之间是____联系。

管理员与图书之间是______________________________________联系。

管理员与读者之间是______________________________________联系。

（4）根据（1）～（3）步骤所得结果，绘制出“社区书房管理系统”数据库的局部和全局 E-R 图，并且在图上注明属性和联系类型。

3. “社区书房管理系统”数据库逻辑设计

将“社区书房管理系统”数据库的 E-R 图转换成关系模式，并且根据范式的规范对关系模式进行规范化，得到如下关系模式。

（1）图书表（图书编号，类别号，书名，作者，出版社，出版日期，定价，登记日期，房藏总量，库存量，图书来源，备注 ），主键：图书编号；外键：类别号。

（2）读者表____

（3）管理员表____

（4）借阅表____

（5）图书管理表____

（6）读者管理表____

（7）罚款表____

（8）图书类别表____

4. “社区书房管理系统”数据库物理设计

在关系模式的基础上，设计数据表结构，确定数据表中的字段及每个字段的名称、数据类型、长度、是否为空值，并且创建约束，以保证数据的完整性。

（1）book 表（图书表），用于存储图书的基本信息，其结构如表 7-1 所示。

表 7-1　book 表结构

字段名称	数据类型	长　度	是否允许为空值	说　明
图书编号	char	6	否	主键
类别号	char	2	否	外键
书名	varchar	50	否	
作者	char	8	是	
出版社	varchar	30	是	
出版日期	smalldatetime		是	小于当前日期
定价	smallmoney		是	≥0
登记日期	smalldatetime		否	

续表

字段名称	数据类型	长度	是否允许为空值	说明
房藏总量	int		是	
库存量	int		否	≥0
图书来源	char	4	是	
备注	varchar	40	是	

（2）reader 表（读者表），用于存储读者的基本信息。

（3）admin 表（管理员表），用于存储管理员的基本信息。

（4）borrow 表（借阅表），用于存储借还书信息。

（5）bookmanagement 表（图书管理表），用于存储管理员对图书进行管理的信息。

（6）readermanagement 表（读者管理表），用于存储管理员对读者进行管理的信息。

（7）penalty 表（罚款表）用于存储罚款信息。

（8）category 表（类别表），用于存储图书类别信息。

7.1.4 实训报告要求

- 将实训过程中进行的各项工作和步骤记录在实训报告上。
- 将实训过程中遇到的问题记录下来。
- 结合具体的操作写出实训的心得体会。

7.2 【实训】“社区书房管理系统”数据库的创建与管理

7.2.1 实训目的

- 了解 SQL Server 数据库文件的组成。
- 学会使用“对象资源管理器”和 T-SQL 语句创建数据库。
- 学会使用“对象资源管理器”和 T-SQL 语句修改数据库。
- 学会使用“对象资源管理器”和 T-SQL 语句重命名数据库。
- 学会使用“对象资源管理器”和 T-SQL 语句删除数据库。
- 学会分离、附加数据库。

7.2.2 实训准备

- 认真阅读本实训内容。
- 认真学习并掌握创建数据库的相关知识。
- 认真学习并掌握对数据库进行修改、重命名和删除等操作的相关知识。

7.2.3 实训任务

1. “社区书房管理系统”数据库参数设置

（1）估算数据库容量。

（2）确定“社区书房管理系统”的数据库名称、数据库文件的名称、初始大小、存储位置、增长速度等信息。

① 数据库的名称为 Library。

② 数据库的主要数据文件名称为 book_data.mdf，存储位置为“D:\Book”，初始大小为 3MB，占用的最大空间不受限制，增长速度为 1MB。

③ 数据库的事务日志文件名称为 book_log.ldf；存储位置为“D:\Book”，初始大小为 1MB，占用的最大空间为 10MB，增长速度为 10%。

④ 数据库的所有者是对数据库具有完全操作权限的用户，这里选择默认设置。

2. 创建“社区书房管理系统”数据库

（1）使用“对象资源管理器”创建数据库 Library。

（2）使用 T-SQL 语句创建数据库 Library。

3. 编辑和修改数据库

（1）查看 Library 的数据库信息。

（2）添加次要数据文件 book_data2.ndf，初始大小为 4MB，占用的最大空间为 10MB，增长速度为 1MB。

（3）添加事务日志文件 book_log1.ldf。

（4）删除事务日志文件 book_log1.ldf。

（5）修改数据库名称为 BookDB。

4. 分离、附加数据库

将 BookDB 数据库从 SQL Server 服务器中分离出去，再将 BookDB 数据库附加到 SQL Server 服务器中。

5. 删除数据库

分别使用“对象资源管理器”和 T-SQL 语句两种方法删除 BookDB 数据库。

7.2.4 实训报告要求

- 将实训过程中进行的各项工作和步骤记录在实训报告上。
- 将实训过程中遇到的问题记录下来。
- 结合具体的操作写出实训的心得体会。

7.3 【实训】“社区书房管理系统”数据表的创建与管理

7.3.1 实训目的

- 学会使用“对象资源管理器”和 T-SQL 语句创建数据表。
- 学会使用“对象资源管理器”和 T-SQL 语句管理数据表。

- 熟悉各种约束的定义及删除方法。
- 了解数据表之间的关系和关系图。

7.3.2 实训准备

- 认真阅读本实训内容。
- 认真学习并掌握数据表的相关知识。
- 认真学习并掌握数据表创建和编辑的相关知识。

7.3.3 实训任务

1. 根据数据表结构创建数据表并创建约束

在已创建好“社区书房管理系统”数据库 Library 的基础上，利用物理设计阶段设计的数据表结构在 Library 数据库中逐一完成数据表的创建并创建约束。

（1）创建 book 表（图书表），其结构如表 7-2 所示。

表 7-2 book 表结构

字段名称	数据类型	长度	是否允许为空值	说明
图书编号	char	6	否	主键
类别号	char	2	否	
书名	varchar	50	否	
作者	char	8	是	
出版社	varchar	30	是	
出版日期	smalldatetime		是	
定价	smallmoney		是	
登记日期	smalldatetime		否	
房藏总量	int		是	
库存量	int		否	
图书来源	char	4	是	
备注	varchar	40	是	

（2）创建 reader 表（读者表），其结构如表 7-3 所示。

表 7-3 reader 表结构

字段名称	数据类型	长度	是否允许为空值	说明
借书证号	char	6	否	主键
姓名	char	8	否	
性别	char	2	否	
联系电话	char	13	是	
联系地址	varchar	40	是	
借书限额	int		是	
借书量	int		是	

（3）创建 admin 表（管理员表），其结构如表 7-4 所示。

表 7-4　admin 表结构

字段名称	数据类型	长　度	是否允许为空值	说　明
员工号	char	6	否	主键
姓名	char	8	否	
密码	char		否	

（4）创建 borrow 表（借阅表），其结构如表 7-5 所示。

表 7-5　borrow 表结构

字段名称	数据类型	长　度	是否允许为空值	说　明
借书证号	char	6	否	主键
图书编号	char	6	否	主键
借阅日期	smalldatetime		否	
应还日期	smalldatetime		是	
实还日期	smalldatetime		是	

（5）创建 bookmanagement 表（图书管理表），其结构如表 7-6 所示。

表 7-6　bookmanagement 表结构

字段名称	数据类型	长　度	是否允许为空值	说　明
图书编号	char	6	否	主键，外键
员工号	char	6	否	主键，外键
变更日期	datetime		否	
变更情况	text		是	

（6）创建 readermanagement 表（读者管理表），其结构如表 7-7 所示。

表 7-7　readermanagement 表结构

字段名称	数据类型	长　度	是否允许为空值	说　明
借书证号	char	6	否	主键，外键
员工号	char	6	否	主键，外键
办证日期	datetime		否	
使用期限	int		否	
注销日期	datetime		是	

（7）创建 penalty 表（罚款表），其结构如表 7-8 所示。

表 7-8　penalty 表结构

字段名称	数据类型	长　度	是否允许为空值	说　明
借书证号	char	6	否	主键
图书编号	char	6	否	主键
罚款日期	smalldatetime		否	
罚款类型	char	8	是	

续表

字段名称	数据类型	长　度	是否允许为空值	说　明
罚款金额	smallmoney		是	

（8）创建 category 表（类别表），其结构如表 7-9 所示。

表 7-9　category 表结构

字段名称	数据类型	长　度	是否允许为空值	说　明
类别号	char	2	否	主键
图书类别	varchar	50	否	

2. 创建数据表之间的关系及关系图

创建“社区书房管理系统”数据库各数据表之间的关系及关系图。

3. 使用 T-SQL 语句修改数据表

（1）为 book 表添加外键约束。“类别号”作为外键和 category 表中的“类别号”关联，约束名为 FK_book_category。

（2）为 book 表添加检查约束。“出版日期”小于当前日期，约束名为 CK_pubdate；“库存量”大于或等于 0，约束名为 CK_bcount；“定价”大于或等于 0，约束名为 CK_price。

（3）为 borrow 表添加外键约束。“借书证号”作为外键和 reader 表中的“借书证号”关联，约束名为 FK_borrowrid；“图书编号”作为外键和 book 表中的“图书编号”关联，约束名为 FK_borrowbid。

（4）为 borrow 表添加默认约束。“借阅日期”为借书日期，约束名为 DF_lenddate；“应还日期”为“借阅日期”+1 月，约束名为 DF_willdate。

（5）为 penalty 表添加外键约束。“借书证号”作为外键和 reader 表中的“借书证号”关联，约束名为 FK_penaltyrid；“图书编号”作为外键和 book 表中的“图书编号”关联，约束名为 FK_penaltybid。

（6）为 penalty 表添加默认约束。“罚款日期”为当前日期，约束名为 DF_pdate。

（7）为 penalty 表添加检查约束。“罚款金额”大于 0，约束名为 CK_amount。

（8）为 category 表添加唯一性约束。“图书类别”应唯一，约束名为 UQ_category。

（9）删除 category 表中的约束 UQ_category。

4. 删除表

将 category 表删除。

7.3.4　实训报告要求

- 将实训过程中进行的各项工作和步骤记录在实训报告上。
- 将实训过程中遇到的问题记录下来。
- 结合具体的操作写出实训的心得体会。

7.4 【实训】“社区书房管理系统”数据表中数据的查询

7.4.1 实训目的

- 掌握 SELECT 语句的语法格式。
- 学会使用 SELECT 语句进行各种数据查询操作。
- 掌握对查询结果进行编辑的方法。

7.4.2 实训准备

- 认真阅读本实训内容。
- 认真学习并掌握对数据表中数据进行查询操作的相关知识。
- 在实训前务必将完整的 Library 数据库附加到 SQL Server 服务器中。

7.4.3 实训任务

根据前期需求分析可知，“社区书房管理系统”会为读者提供图书基本信息查询和个人借书情况查询服务；为了便于管理，“社区书房管理系统”还会为书房管理员提供各种信息查询统计服务。

1. 单表查询

（1）查询社区书房所有图书的图书信息。

（2）查询社区书房所有读者的读者信息。

（3）查询每个读者的借书证号、姓名和联系电话。

（4）查询社区书房所有图书的书名及出版社。

（5）查询姓名为“陈芳”的读者的读者信息。

（6）查询《电子政务导论》的图书编号、书名、作者、房藏总量、出版社。

（7）查询图书编号为 D00006 的书名和作者。

（8）查询库存量为 6～10 本的图书的图书编号和书名。

（9）查询借书证号为 R00001 的读者所借的图书的图书编号、借阅日期。

（10）查询尚未归还图书的借阅信息。

（11）查询已归还图书的借阅信息。

（12）用英文字段名列出社区书房中人民邮电出版社出版的所有图书的书名（Bookname）、作者（Author）、出版社（Publisher）。

（13）查询所有女读者的读者信息。

（14）查询所有张姓读者的读者信息。

（15）查询紫薇苑小区所有读者的读者信息。

（16）查询兰苑小区所有田姓读者的读者信息。

（17）查询出版社名中含有“人民”二字的所有图书的图书信息。

（18）查询书名以“计算机”开头的所有图书的图书编号、书名、作者。

（19）查询读者表中前 5 条记录。

（20）查询所有出版社的信息。

（21）查询人民邮电出版社出版的所有图书的书名、定价，查询结果按定价降序排列。

2. 使用聚合函数查询

（1）统计查询社区书房所有图书的总数量。

（2）统计查询注册读者的总人数。

（3）统计查询社区书房图书的最高价、最低价。

（4）统计人民大学出版社出版的图书的最高价、最低价和平均价。

（5）统计不同出版社出版的图书的房藏总量。

（6）统计不同出版社出版的图书的最高价、最低价和平均价。

（7）统计出版的图书平均价高于 30 元的出版社的信息。

（8）统计男读者、女读者的人数。

（9）统计各小区读者的人数，要求输出小区名和读者人数。

（10）统计各类图书的平均价及总库存量。

（11）统计尚未归还图书的总数量。

（12）统计借书证号为 R00001 的读者借书的数量。

（13）统计每本图书的借阅人数，要求输出图书编号、借阅人数，查询结果按借阅人数降序排列。

（14）统计被罚款的各读者的罚款总额、罚款次数。

3. 多表连接查询

（1）查询同名但不同作者编著的图书的图书信息。

（2）查询所有借阅了图书的读者的姓名、联系电话、联系地址。

（3）查询所有借阅了图书的读者的姓名和所借图书的书名。

（4）查询借阅过人民邮电出版社出版图书的读者的读者信息。

（5）查询王姓读者的借书证号、姓名、所借图书的书名和借阅日期。

（6）查询借阅了《动画设计》的读者人数。

（7）查询姓名为“王琴”的读者所借的《图像处理》至今已借了多少天。

（8）查询姓名为“王琴”的读者所借图书的图书信息。

（9）查询姓名为“王琴”的读者在 2017-06-01 到 2018-06-01 的借阅信息。

（10）获得所有缴纳罚款的读者清单。

（11）查询社区书房所有图书的图书编号、图书类别、书名、作者、出版社。

（12）查询借阅了《动画设计》的所有读者的读者信息。

（13）查询定价高于 22 元且已借出的图书的图书信息，查询结果按单价升序排列。

（14）查询同时借阅了图书编号为 T00004 和 T00006 的两本书的读者的借书证号。

4. 嵌套查询

（1）查询定价最低的图书的图书编号和书名。

（2）查询定价比所有图书平均价高的图书的图书信息。

（3）统计当前没有被读者借阅的图书的图书信息。

（4）获得尚未归还的图书清单。

（5）查询在2018年10月后借书的读者的借书证号、姓名和联系地址。

（6）查询与读者“王琴”同一天借书的读者的姓名、联系电话、借阅日期。

（7）查询在2018年10月后没有借书的读者的借书证号、姓名和联系电话。

（8）查询没有借书的读者的借书证号、姓名、联系电话。

（9）查询比人民邮电出版社出版的所有图书定价高的图书的图书信息。

（10）查询所有与《财务管理》或《图像处理》在同一出版社出版的图书的书名、作者、定价。

（11）查询读者“王琴”和读者“孙凯”都借阅了的图书的图书编号。

（12）查询所有姓陈的读者所借图书的图书编号。

（13）查询尚未归还图书的读者信息。

（14）查询读者表中第6～10条记录。

5. 利用查询结果更新表数据

（1）创建读者表的副本读者表1。

（2）创建读者表的副本读者表2，将读者表的男生记录放到读者表2中，并且按借书量降序排列。

（3）创建图书表的副本图书表1，只有一个表结构，无记录。

（4）创建图书表的副本图书表2，其字段为图书编号、书名、定价、作者、出版社。

（5）将图书表中人民邮电出版社出版的图书的图书信息记录追加到图书表1中。

7.4.4 实训报告要求

- 将实训过程中进行的各项工作和步骤记录在实训报告上。
- 将实训过程中遇到的问题记录下来。
- 结合具体的操作写出实训的心得体会。

7.5 【实训】“社区书房管理系统”数据表中数据的更新

7.5.1 实训目的

- 学会使用“对象资源管理器”和T-SQL语句插入数据。
- 学会使用“对象资源管理器”和T-SQL语句修改数据。
- 学会使用“对象资源管理器”和T-SQL语句删除数据。

7.5.2 实训准备

- 认真阅读本实训内容。

- 认真学习并掌握在数据表中进行插入记录、修改记录和删除记录等操作的相关知识。
- 实训过程中注意做好相关记录。

7.5.3 实训任务

1. 向数据表中插入记录

（1）使用“对象资源管理器”向 category 表中插入如表 7-10 所示的记录。

表 7-10 category 表

类 别 号	图 书 类 别
I	文学
K	历史

（2）使用“对象资源管理器”向 book 表中插入如表 7-11 所示的记录。

表 7-11 book 表

图书编号	类别号	书名	作者	出版社	出版日期	定价	登记日期	房藏总量	库存量	图书来源
I00001	I	城南旧事	林海音	中国青年出版社	2017-12-01	25	2018-09-01	5	5	捐赠
I00002	I	朝花夕拾	鲁迅	商务印书馆	2017-07-01	25	2018-12-01	5	5	捐赠
K00001	K	三国演义	罗贯中	西苑出版社	2017-04-01	39	2017-08-01	5	5	采购
K00002	K	红楼梦	曹雪芹	西苑出版社	2017-04-01	39	2017-08-01	5	5	采购

（3）使用 T-SQL 语句向 reader 表中插入如表 7-12 所示的记录。

表 7-12 reader 表

借 书 证 号	姓 名	性 别	联 系 电 话	联 系 地 址	借 书 限 额	借 书 量
R00011	王小玉	女	1377354098	紫薇苑小区 10 幢 304	5	2
R00012	刘东	男	1892364802	兰苑小区 4 幢 106	5	2

（4）使用 T-SQL 语句向 borrow 表中插入如表 7-13 所示的记录。

表 7-13 borrow 表

借 书 证 号	图 书 编 号	借 阅 日 期	应 还 日 期	实 还 日 期
R00011	I00001	2017-10-01	2017-11-01	2017-10-20
R00011	I00002	2017-10-01	2017-11-01	2017-11-01
R00011	K00001	2017-11-25	2017-12-25	2017-11-20
R00011	K00002	2017-02-01	2017-03-01	2017-02-25
R00012	I00002	2018-04-11	2018-05-11	2018-04-30
R00012	K00001	2018-03-01	2018-04-01	2018-03-25

2. 修改数据表中的记录

（1）使用“对象资源管理器”修改读者信息（reader 表中的记录）。

① 将借书证号为 R00011 的读者的联系电话修改为 051487654321。

② 将读者“刘东”的姓名修改为“刘冬”，性别修改为“女”。

（2）使用 T-SQL 语句修改图书信息（book 表中的记录）。

① 将图书编号为 I00001 的图书的图书来源修改为“采购”。

② 将书名为“三国演义”的图书的出版社修改为“商务印书馆”，定价修改为 49。

（3）使用 T-SQL 语句批量修改读者信息（reader 表中的记录），将所有读者的借书限额都加 1。

3. 删除数据表中的记录

（1）将 penalty 表中借书证号为 R00003、图书编号为 F00002 的罚款信息记录删除。

（2）将 borrow 表中借书证号为 R00012、图书编号为 I00002 的借阅信息记录删除。

（3）将 reader 表中借书证号为 R00012 的读者信息记录删除。

（4）将 book 表中图书编号为 K00002 的图书信息记录删除。

4. 带子查询的数据更新操作

本部分内容涉及 7.4.3 节第 5 部分内容。

（1）将图书表中电子科技出版社和人民大学出版社出版的图书的图书信息记录追加到图书表 1 中。

（2）修改图书表 1 中电子科技出版社出版的图书定价，使之与图书编号为 T00004 的图书定价相同。

（3）将图书表 2 中与《动画制作》在同一个出版社出版的图书的图书信息记录全部删除。

（4）将借阅表中翠岗小区借阅了书名为《计算机应用基础》的读者的读者信息记录删除。

（5）删除读者表 1 中兰苑小区的读者的读者信息记录。

7.5.4 实训报告要求

- 将实训过程中进行的各项工作和步骤记录在实训报告上。
- 将实训过程中遇到的问题记录下来。
- 结合具体的操作写出实训的心得体会。

7.6 【实训】“社区书房管理系统”数据库索引的应用

7.6.1 实训目的

- 学会使用“对象资源管理器”和 T-SQL 语句创建索引。
- 学会使用“对象资源管理器”和 T-SQL 语句重命名索引。
- 学会使用“对象资源管理器”和 T-SQL 语句删除索引。

7.6.2 实训准备

- 认真阅读本实训内容。
- 认真复习索引的基础知识。
- 认真学习并掌握索引的创建、重命名和删除等操作的相关知识。
- 在实训前务必将完整的 Library 数据库附加到 SQL Server 服务器中。

7.6.3 实训任务

完成下列各题。

（1）基于 book 表，为书名字段创建一个非聚集索引，索引名为 IN_book_name。

（2）基于 book 表，为出版社字段创建一个聚集索引，索引名为 IN_publish。

（3）基于 book 表，为书名和出版社字段创建组合索引，索引名为 IN_bp。

（4）基于 reader 表，在姓名字段上创建一个非聚集索引，索引名为 IN_reader_name。

（5）基于 borrow 表，为借书证号（降序）、图书编号（升序）两列创建一个普通索引 IN_b_jb。

（6）将 borrow 表上的索引 IN_b_jb 重名名为 IN_borrow_jb。

（7）使用系统存储过程查看 borrow 表上 IN_borrow_jb 的索引信息。

（8）删除索引 IN_borrow_jb。

7.6.4 实训报告要求

- 将实训过程中进行的各项工作和步骤记录在实训报告上。
- 将实训过程中遇到的问题记录下来。
- 结合具体的操作写出实训的心得体会。

7.7 【实训】“社区书房管理系统”数据库视图的应用

7.7.1 实训目的

- 学会使用“对象资源管理器”和 T-SQL 语句创建视图。
- 学会使用“对象资源管理器”和 T-SQL 语句管理视图。
- 学会通过视图管理基本表中的数据。

7.7.2 实训准备

- 认真阅读本实训内容。
- 认真复习视图的基础知识。
- 认真学习并掌握视图的创建和管理操作的相关知识。
- 在实训前务必将完整的 Library 数据库附加到 SQL Server 服务器中。

7.7.3 实训任务

1. 创建视图

（1）使用“对象资源管理器”为读者创建一个人民邮电出版社出版的图书视图，名为“人邮View”，包含人民邮电出版社出版的图书编号、书名。

（2）使用 T-SQL 语句为管理员创建一个借阅统计视图，名为 CountView，包含读者的借书证号和借书量。

（3）使用 T-SQL 语句为管理员创建一个借阅清单视图，名为 BorrowView，包含读者的借书证号、姓名，以及所借图书的图书编号、书名、借阅日期、应还日期。

（4）使用 T-SQL 语句为管理员创建一个即将到期归还的图书清单视图，名为 ReturnView，包含即将到期归还图书的书名、借阅日期、应还日期。

（5）使用 T-SQL 语句为读者创建一个图书库存信息视图，名为 StockView，包含所有图书的书名、库存量。

（6）使用 T-SQL 语句为管理员创建一个读者联系视图，名为 PhoneView，包含所有读者的姓名、借书证号、联系电话，并且对视图创建语句加密。

2. 管理视图

（1）使用“对象资源管理器”查询视图 CountView 中的记录。

（2）使用 T-SQL 语句修改视图“人邮 View”，要求包含图书的所有信息。

（3）使用 T-SQL 语句查看视图 PhoneView 的定义信息。

（4）使用 T-SQL 语句修改视图 ReturnView，要求包含借书证号、书名、借阅日期、应还日期，并且按应还日期升序排列。

（5）使用 T-SQL 语句将视图 StockView 重命名为 InventoryView。

（6）利用“对象资源管理器”删除视图 PhoneView。

（7）使用 T-SQL 语句删除视图 InventoryView。

3. 通过视图管理表中数据

（1）通过视图 CountView 和 reader 表查询借书证号为 R00001 的读者的姓名、借书量。

（2）通过视图 BorrowView 查询读者“王琴”的图书借阅情况。

（3）通过视图“人邮 View”向 book 表中插入一条图书记录（T00008，TP，C 语言设计，张晔，人民邮电出版社，2017-08-15，30.00，2018-01-10，5，5，采购）。

（4）通过视图“人邮 View”将图书编号为 T00008 的作者改为“王晔”，库存量改为 3。

（5）通过视图“人邮 View”删除书名为“C 语言设计”的图书的图书信息记录。

7.7.4 实训报告要求

- 将实训过程中进行的各项工作和步骤记录在实训报告上。
- 将实训过程中遇到的问题记录下来。
- 结合具体的操作写出实训的心得体会。

7.8 【实训】“社区书房管理系统”数据库存储过程的应用

7.8.1 实训目的

- 理解存储过程的概念和作用。
- 学会使用“对象资源管理器”和 T-SQL 语句创建存储过程。
- 学会使用“对象资源管理器”和 T-SQL 语句管理存储过程。
- 学会调用存储过程及传递参数的方法。

7.8.2 实训准备

- 认真阅读本实训内容。
- 认真复习存储过程的基础知识。
- 认真学习并掌握存储过程的创建、修改和删除等操作的相关知识。
- 在实训前务必将完整的 Library 数据库附加到 SQL Server 服务器中。

7.8.3 实训任务

完成下列各题。

（1）创建存储过程 pro_reader1，查询借书证号为 R00003 的读者的借阅信息。

（2）创建存储过程 pro_reader2，查询读者“陈芳”的借阅信息。

（3）创建存储过程 pro_reader3，根据借书证号，查询读者的借阅信息。

（4）删除存储过程 pro_reader3。

（5）创建存储过程 pro_book，返回 book 表中书名为“财务管理”的图书的图书信息，并且执行该存储过程。

（6）修改存储过程 pro_book，根据输入的书名显示图书信息，并且执行该存储过程。

（7）创建存储过程 pro_publish，根据出版社名称，统计显示该出版社出版图书的图书信息。

（8）创建存储过程 pro_cj，统计并输出现有各种图书的册数和总金额。如果图书现有册数不到五百本，则显示提示信息“现有图书不足五百本，需要继续购置书籍”；否则显示提示信息“现有图书五百本以上，需要管理员加强书房管理”。

（9）创建存储过程 pro_readernum，根据读者的借书证号，统计该读者的借书量，包括已还和未还数目。

（10）创建存储过程 pro_fy，根据指定每页显示的记录数，实现分页显示借阅信息记录，默认每页输出十条记录。

（11）创建存储过程 pro_borrow，根据读者的借书证号，查询该读者是否有借阅图书的记录，如果有则输出借阅信息记录。

（12）创建存储过程 pro_hs，查询 borrow 表中明天应归还的图书的借阅信息，如果明天应归还图书的借阅信息记录数等于 0，则显示提示信息“明天没有应归还的图书”；如果明天应归还图书的借阅信息记录数大于 0 且小于 10，则将这些借阅信息记录的应还日期加 2 天；否则，输出明天应归还图书的清单，包括书名、读者姓名和借阅日期，并且在清单最后给出应归还图书的总数量。

（13）创建存储过程 pro_price，查询所选图书的定价，根据所有图书的平均价给出所选图书的价格评价：定价为平均价的 10%左右显示“价格适中”，定价在平均价的 50%左右显示“价格偏高”，定价小于 20 元显示“价格便宜”。

（14）创建存储过程 pro_time，统计某段时间内各种图书借阅人次，并且输出结果。如果没有指定起始日期，则以上个月的当日为起始日期；如果没有指定截止日期，则以当日为截止日期。

（15）创建存储过程 pro_kcchange，根据读者的借书证号、所借图书的图书编号，实现借阅信息记录的插入操作。注意在借书完成后，读者的借书量和图书的库存量的变化。

7.8.4　实训报告要求

- 将实训过程中进行的各项工作和步骤记录在实训报告上。
- 将实训过程中遇到的问题记录下来。
- 结合具体的操作写出实训的心得体会。

7.9　【实训】“社区书房管理系统”数据库触发器的应用

7.9.1　实训目的

- 理解触发器的概念和作用。
- 学会使用“对象资源管理器”和 T-SQL 语句创建和管理触发器。
- 掌握激活触发器的方法。

7.9.2　实训准备

- 认真阅读本实训内容。
- 认真复习触发器的基础知识。
- 认真学习并掌握触发器的创建、修改和删除等操作的相关知识。
- 在实训前务必将完整的 Library 数据库附加到 SQL Server 服务器中。

7.9.3　实训任务

完成下列各题。

（1）创建一个触发器 tri_book_insert，在 book 表中添加新书信息成功后，能自动显示新增加的图书信息记录。

（2）创建一个触发器 tri_reader_update，在 reader 表中修改读者信息时不能修改读者的借书证号和借书量。

（3）创建一个触发器 tri_borrow_delete，该触发器实现对 borrow 表删除记录操作的提示：在取消当前删除操作的同时，提示“你无权删除该记录”。

（4）创建一个触发器 tri_bj，在 borrow 表中添加一条借阅信息记录时，将 book 表中对应的借出书的库存量减 1。

（5）创建一个触发器 tri_book，在发生借书操作时判断该书是否有库存，若无库存，则提示“无法进行借书操作”。

（6）创建一个触发器 tri_bh，在还书操作成功后，将 book 表中对应书的库存量加 1。

（7）创建一个触发器 tri_bz，设置 readermanagement 表中的办证日期不能修改。

（8）删除触发器 tri_bh。

（9）创建一个 DDL 触发器防止 Library 数据库中的表被任意修改或删除。

7.9.4　实训报告要求

- 将实训过程中进行的各项工作和步骤记录在实训报告上。

- 将实训过程中遇到的问题记录下来。
- 结合具体的操作写出实训的心得体会。

7.10 【实训】“社区书房管理系统”数据库的安全管理

7.10.1 实训目的

- 学会进行 SQL Server 身份验证模式的设置。
- 学会创建和管理数据库登录账号。
- 学会创建和管理数据库用户。
- 学会创建数据库角色并使用角色去管理用户。
- 学会进行权限的设置。

7.10.2 实训准备

- 认真阅读本实训内容。
- 认真复习 SQL Server 安全管理的基础知识。
- 认真学习并掌握创建数据库登录账号、数据库用户等安全设置操作的相关知识。
- 在实训前务必将完整的 Library 数据库附加到 SQL Server 服务器中。

7.10.3 实训任务

完成下列各题。

（1）创建一个登录账号，名为“book_login”，密码为“123456”，登录后连接数据库 Library。

（2）为 Library 数据库添加一个用户，名为“bk_user”，映射的登录账号为“book_login”。

（3）为用户 bk_user 授予 Library 数据库中 book 表的查询权限。

（4）拒绝用户 bk_user 对 book 表的查询权限。

（5）撤销用户 bk_user 对 book 表的查询权限。

（6）创建一个登录账号，名为“bk_login”，密码为“123456”，登录后连接数据库 Library。

（7）为 Library 数据库添加一个用户，名为“lb_user”，映射的登录账号为“bk_login”。

（8）为 Library 数据库添加一个角色，名为“bk_role”。

（9）使用存储过程为角色 bk_role 授予文学类图书的查询和修改权限。

（10）将用户 bk_user 和 lb_user 添加到角色 bk_role 中。

7.10.4 实训报告要求

- 将实训过程中进行的各项工作和步骤记录在实训报告上。
- 将实训过程中遇到的问题记录下来。
- 结合具体的操作写出实训的心得体会。

7.11　【实训】“社区书房管理系统”数据库的备份与恢复

7.11.1　实训目的

- 掌握数据库备份和还原的方法。
- 了解数据库的备份策略。

7.11.2　实训准备

- 认真阅读本实训内容。
- 认真学习并掌握数据库的备份和恢复操作的相关知识。
- 在实训前务必将完整的 Library 数据库附加到 SQL Server 服务器中。

7.11.3　实训任务

针对“社区书房管理系统”数据库 Library 设计一种数据库备份策略，并且实现这种备份策略，具体步骤如下：

（1）创建一个名为“社区书房管理系统备份”的备份设备；

（2）对 Library 数据库做一次完全数据库备份，备份设备为刚创建好的“社区书房管理系统备份”本地磁盘备份，并且此次备份要覆盖以前所有的备份；

（3）对 Library 数据库进行差异数据库备份；

（4）对 Library 数据库进行事务日志备份；

（5）删除 Library 数据库中的 book 表，然后利用备份文件恢复数据库。

7.11.4　实训报告要求

- 将实训过程中进行的各项工作和步骤记录在实训报告上。
- 将实训过程中遇到的问题记录下来。
- 结合具体的操作写出实训的心得体会。